建筑智能化应用技术

主　编　牛云陞　徐庆继

副主编　田金颖　孟庆宜　张素萍

参　编　牛智远

天津大学出版社
TIANJIN UNIVERSITY PRESS

内容简介

本书采用模块化教学体系编写,涵盖了建筑智能化的新技术。主要内容包括智能楼宇基础导论和网络与综合布线系统、消防系统、安全防范系统、智能建筑现场末端设备、智能建筑现场控制器、智能控制单元、建筑机电设备监控系统七个模块。本书内容与智能楼宇管理员国家职业技能标准高度融合,可作为高等院校本科、应用型本科、高职(高专)院校建筑电气自动化和建筑智能化应用技术专业或相关专业的教材使用,也可作为相关工程技术人员的参考用书。

图书在版编目(CIP)数据

建筑智能化应用技术 / 牛云陞,徐庆继主编. —天津:天津大学出版社,2020.7

ISBN 978-7-5618-6599-6

Ⅰ.①建… Ⅱ.①牛… ②徐… Ⅲ.①智能化建筑—自动化系统—高等职业教育—教材 Ⅳ.①TU855

中国版本图书馆CIP数据核字(2020)第015841号

出版发行	天津大学出版社
地 址	天津市卫津路92号天津大学内(邮编:300072)
电 话	发行部:022-27403647
网 址	www.tjupress.com.cn
印 刷	廊坊市海涛印刷有限公司
经 销	全国各地新华书店
开 本	185mm×260mm
印 张	18
字 数	443千
版 次	2020年7月第1版
印 次	2020年7月第1次
定 价	45.00元

前　言

　　建筑智能化是以建筑为平台,以楼宇自动化系统、办公自动化系统、网络通信自动化系统为核心的建筑弱电系统集成。随着计算机技术和网络通信技术的快速发展,建筑智能化也得到了相应的发展,并与人工智能技术、物联网应用技术、大数据管理等高度融合,新技术、新材料也在不断涌现。建筑能耗管理也在建筑智能化中得到了具体体现。

　　随着我国数字化城市(智慧城市)进程的快速发展,智能楼宇已成为我国沿海城市以及内陆大中城市快速发展的重要标志。国民经济的稳定增长促进了建筑智能化工程行业的迅速发展,建筑智能化工程技术也日趋成熟,我国不少智能建筑技术研发成果已接近国际水平,作为新兴行业的建筑智能化行业已经具备充分的竞争力。

　　我国的教育教学改革正处于如火如荼阶段,开发新型特色教材势在必行,本书为结合建筑智能化的最新技术和职业教育的创新模式,并具有模块化教学体系的高质量教材。教材主编牛云陞、徐庆继教授,是《国家职业技能标准——智能楼宇管理员》的主要编写专家,并承担了《智能楼宇管理员国家职业技能鉴定考试题库》的编写工作。教材的编写与《国家职业技能标准——智能楼宇管理员》高度融合,并涵盖了智能楼宇和自动化领域中的新技术和典型控制系统。

　　本书作为职业能力课程的开发成果,编写上重点突出了知识的核心性和职业能力的应用性。本书框架结构新颖,知识性强。书中设置了基础导论和7个模块,按照学生的认知规律由简单到复杂、由单一到综合,循序渐进地将知识内容优化整合。本书专业性强,可供建筑电气自动化专业和建筑智能化工程技术专业的学生作为专业核心课程教材使用。为了满足教学需求,本书还配备了相应的教学资源供学习者使用。即将出版的《建筑智能化系统安装与调试》可与本书配套使用。

　　本书由天津中德应用技术大学牛云陞、徐庆继教授任主编,田金颖、孟庆宜、张素萍副教授任副主编,牛智远参编。其中,牛云陞教授负责全书的统稿,徐庆继教授负责书中部分内容的统稿。书中智能楼宇基础导论由牛智远编写;模块一的教学单元1、模块二的教学单元1~3、模块四的教学单元1~3、模块五的教学单元1、模块六的教学单元3~4、模块七的教学单元1~3由牛云陞教授编写;模块一的教学单元2~4、模块三的教学单元1、教学单元4由徐庆继教授编写;模块三的教学单元2~3由田金颖副教授编写;模块五的教学单元2、模块六的教学单元2由孟庆宜副教授编写;模块六的教学单元1由张素萍副教授编写。

　　由于编者水平有限,书中难免存在不妥之处,恳请读者批评指正,并提出宝贵意见。

编者
2020 年 6 月

目　　录

绪论　智能楼宇基础导论

建筑智能化是在建筑物中实施各种智能控制和管理,通常称为智能楼宇(又称智能建筑),随着科学技术的发展,智能楼宇也在快速发展。智能楼宇集结构、系统、服务、管理于一体并使它们之间进行最优化组合,使建筑物具有安全、便利、高效、节能的特点。

智能楼宇充分展现了智能化的功能和特点,它的存在拉动了国民经济的发展,也促进了电力、电子、仪表、钢铁、建材、机械、自动化、计算机、通信等产业的发展。目前,智能楼宇在全球范围内得到了广泛应用,而且不断发展。

教学单元1　建筑智能化基本概述

建筑智能化属于建筑弱电系统,它既包含硬件又包含软件。

一、建筑弱电基本概念

建筑弱电通常是指传播信号、进行信息交换的电能。它一般是指直流(交流低压)电路,音频、视频线路,计算机及网络通信线路等。建筑弱电是架接在建筑物中的弱电系统,它是一个复杂的系统工程,是一个由多门学科作为理论依据的服务系统,涉及多种先进的科学技术。

二、建筑弱电基本组成

建筑弱电主要有两类:一类是国家规定的具有安全电压等级及控制电压等级的低压电能(交流 36 V 以下,直流 24 V 以下),如 24 V 直流控制电源或应急照明灯的备用电源;另一类是载有语音、图像、数据等信息的信息源,如电话、电视、计算机等。

目前,在具有现代化控制和管理的建筑物中,建筑弱电主要包含综合布线系统、火灾自动报警与消防联动控制系统、通信网络与信息网络系统、建筑机电设备监控系统、安全防范系统等。

三、智能建筑基本概念

智能建筑(Intelligent Building , IB)是一种高科技的建筑群体。它的发展离不开建筑技术、控制技术、通信技术、计算机技术。它体现了多任务、多集成及建筑管理的特点,是体现国家综合国力和科学技术水平的重要标志。智能建筑可全面提升建筑的适用性,降低使用成本,实施网络大数据管理,这已成为当前的发展趋势。在我国新建的建筑中,智能建筑的比例还远低于美国和日本,市场拓展空间巨大。

四、智能建筑发展史

智能建筑起源于美国康涅狄格州哈特福德市,是 1984 年 1 月由美国联合科技集团(UTBS)兴建的,当时命名为“都市大厦”(City Palace Building)。其建设的内容是对一座旧的金融大厦实施改造,改造内容涉及程控交换机、计算机办公局域网、楼内部分机电设备(空调、供水、供电和防火等系统)的远程监控和管理。它的出现在当时轰动了整个世界,一些科技比较发达的国家和地区开始对智能建筑产生浓厚的兴趣,于是相继兴起了营造智能建筑的热潮。

随着大功率电子技术和计算机技术的迅猛发展,智能楼宇技术也得到了快速发展,硬件控制产品和软件编程技术也在不断提高。迄今为止,智能楼宇已经历了不同阶段的发展,由起初的萌芽期发展到目前的融合演变期。

我国智能建筑真正形成规模发展是在 1992 年前后,当时各地设立了若干开发区,特别是房地产市场的开放,使建设规模空前扩大。在此期间,一些最新的国际先进技术和理念进入我国,新知识、新技术也得到了普及。经过实践的锻炼,我国的技术队伍逐渐趋于成熟,若干国外知名品牌的产品进入我国后,缩小了我国智能建筑行业水平与国际的差距,使我国建筑智能化朝着节能、低耗、环保、绿色的建设方针有序发展。

五、智能建筑结构组成

智能建筑包含 3 个集成子系统,即楼宇自动化系统(Building Automation System,BAS)、办公自动化系统(Office Automation System,OAS)、通信自动化系统(Communication Automation System,CAS),简称"3A"。

智能建筑以系统集成中心(System Integrated Center,SIC)为核心枢纽,借助于综合布线系统(Premises Distribution System, PDS)与"3A"集成子系统连接,构成整体的控制和管理结构。智能建筑结构组成如图 0-1 所示。

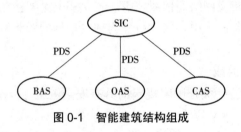

图 0-1　智能建筑结构组成

六、智能建筑基本要素

智能建筑充分体现了 4 个基本要素,即结构、系统、服务和管理。如图 0-2 所示。

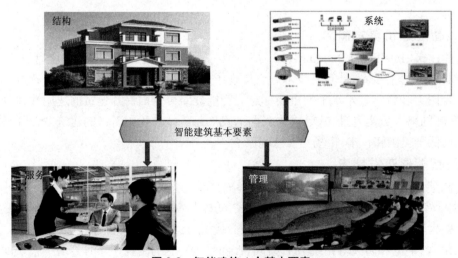

图 0-2　智能建筑 4 个基本要素

1. 结构

这里所说的结构,主要是指建筑结构,建筑物除了应满足现代化建筑风格外,还应满足建筑弱电系统的集成,以便于布线系统和智能控制系统的实施。

2. 系统

系统是指智能建筑应具备建筑弱电系统,如综合布线系统、消防系统、通信网络和信息网络系统、安全防范系统、建筑机电设备监控系统、能耗监测系统等。

3. 服务

智能建筑涉及的服务是指快捷的网络通信和优质的管理,并为使用者提供安全、舒适、快捷的优质服务,以提供激发人们创造性的环境。

4. 管理

智能建筑应当建立一套先进科学的综合管理机制,不仅要求硬件设施先进,而且软件方面和管理人员(使用人员)素质也要相应配套,以达到节省能耗和降低人工成本的效果。

七、智能建筑基本要求

智能建筑的基本要求是在现代化建筑物中要有完整的控制、管理、维护和通信设施。便于进行环境控制、安全管理、监视报警,并有利于提高工作效率和激发人们的创造性。

1. 舒适性

舒适性是指人们在智能建筑中生活和工作(包括公共区域),无论是心理上还是生理上均应感到舒适,故空调、照明、噪声、绿化、自然光及其他环境条件应达到较佳或最佳状态。

2. 高效性

高效性是指智能建筑要能提高办公业务、通信、决策方面的工作效率以及建筑物所属设备系统使用的管理效率,节省人力、时间、空间、资源、能耗、费用。

3. 方便性

方便性是指智能建筑除了集中管理、易于维护外,还应具有高效的信息服务功能。

4. 适应性

适应性是指智能建筑对办公组织机构、办公方法和程序的变更以及设备更新的适应性强,当网络功能发生变化和更新时,不会妨碍原有系统的使用。

5. 安全性

安全性是指智能建筑除了要保证生命、财产、建筑物安全外,还要考虑信息的安全性,防止信息网中的信息被泄露和干扰,特别是防止信息数据被破坏、篡改以及黑客入侵。

6. 可靠性

可靠性是指智能建筑选用的设备硬件和软件技术成熟、运行良好、易于维护,当出现故障时能及时修复。

八、智能建筑技术基础

智能建筑是建筑科学、行为科学、信息科学、环境科学、美学、社会工程学和系统工程学等多种学科相互渗透的综合体现。它融入了现代计算机技术、现代通信技术、现代控制技术、现代图像显示技术,由此构成了智能建筑的技术基础,简称"4C"技术。

1. 现代计算机技术

现代计算机技术具有明显的综合特性,与多种技术相融合,内容也非常广泛。它采用分布式运算技术,可同时处理多种数据,有助于多机合作重构、减少冗余和提高容错能力,用较低的成本实现更高的性能和效率。如我国自行研发的"天河一号",其运算速度可达每秒千万亿次,其测试运算速度可达到每秒 2570 万亿次。

2. 现代通信技术

通信就是实现人与人沟通的方法。无论是电话还是网络,其解决的最基本问题实际上还是人与人的沟通。现代通信技术实现了语音、数据、视频的快速传递,包含程控交换技术、通信网络技术、卫星通信技术、数字微波通信技术、移动通信技术等。随着电信业务从以语音为主向以数据为主转移,交换技术也相应地从传统的电路交换技术逐步转向数据交换和宽带交换,以适应网络向基于 IP 业务综合特点的软交换方向发展。

3. 现代控制技术

在智能建筑中,现代控制技术主要指集散型的监控系统(Distribution Control System,DCS)。所谓集散控制,就是利用现场控制器对建筑物中的建筑机电设备实施监控,并通过上位计算机实施在线管理。现场控制器的硬件采用标准化、模块化、系列化的设计;软件采用具有实时多任务、多用户分布式操作系统(嵌入式系统);上位监控管理计算机运行界面友好、交互性强,各种场景画面、数据报表、分析曲线、报警信息都可随时查询。

4. 现代图像显示技术

随着新技术的不断出现,手机、平板电脑、触摸屏、触控一体机作为图像显示终端,不仅可以显示本地信息,还可以通过 Wi-Fi 显示网络信息,并作为远程监测终端浏览各种图像信息和网络直播信息。借助于 LED 拼接屏,还可对物联网智慧消防、建筑能耗监测、安全防范信息等内容实施对外的信息发布。其利用组态技术取代传统的仪表监测盘,使文本、画面、数据、曲线、图形、影像有机地结合在一起,并通过数据库进行整体协调。

教学单元 2 智能建筑功能特点

一、智能建筑的功能

（1）具有信息处理功能,信息范围遍布全世界。

（2）能对建筑物内建筑机电设备实施监控。

（3）上位计算机能实现现场自动化控制和远程监控管理。

（4）对建筑物内的火灾能实施自动报警和消防联动控制。

（5）具有视频监控、防盗报警、出入口管理等安防措施。

二、智能建筑的特点

（1）集智能化、集成化、协调化于一体。

（2）系统稳定性高、扩展能力强、维护方便。

（3）提高建筑物的安全性、舒适性和高效便捷性。

（4）具备网络集成和上位机远程监控功能。

（5）降低设备维护费用和人工管理费用。

（6）节能减排、低碳环保等。

教学单元 3　智能建筑系统集成

智能建筑涉及多种学科、多种技术、多种系统和多种设备,将具有不同功能的子系统进行集成。所谓系统集成,就是用一个统一的系统把具有不同功能和品牌的产品连接起来,形成整体结构,并最好具有一个公共操作平台。系统集成作为一种达到这些要求的手段,无疑是非常必要的。

一、楼宇自动化系统

楼宇自动化系统是智能建筑控制管理的核心,主要功能是实现对大楼内所有机电设备的实时监控、联动和管理。

1. 楼宇自动化系统组成

楼宇自动化系统是一套中央监控系统,由中央控制室、通信网络、分布式现场控制器、现场末端设备等组成,如图 0-3 所示。

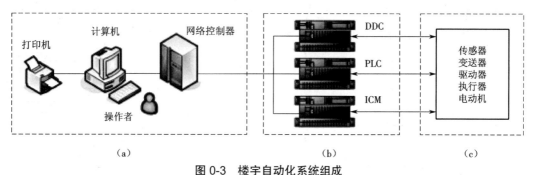

图 0-3　楼宇自动化系统组成
（a）中央控制室　（b）现场控制分站　（c）现场末端设备

由图 0-3 可见,楼宇自动化系统由中央控制室、现场控制分站、现场末端设备组成。现场控制分站通常采用直接数字控制器(Direct Digital Controller,DDC)、可编程序控制器(Programmable Logic Controller,PLC)、智能控制模块(Intelligent Control Module,ICM)。连接现场末端设备实现对智能建筑内的空调、冷热源、给排水、送排风、照明、供配电、电梯等设备的分散控制,再由上位计算机借助于组态软件实现对现场控制器的监控和管理。

2. 楼宇自动化监控系统

我国最新标准《智能建筑设计标准》(GB/T 50314—2015)中规定,广义的楼宇自动化系统除了完成对智能建筑内机电设备的监控外,还应对防灾、保安、车库管理等项目一起实施监控和管理。广义的楼宇自动化监控系统基本组成如图 0-4 所示。

二、办公自动化系统

办公自动化系统是利用计算机技术、通信技术等对事务层办公、管理层办公、决策支持层办公等实施自动化管理,把基于不同技术的办公设备用联网的方式集成为一体,建立信息采集、加工、传输、保存体系和计算机终端、打印机、复印机、传真机等设备的资源共享,将数据处理、文字处理、声音处理、图形图像处理、电子邮件、电视会议、电子报表等功能组合在一个系统中,构成服务于某种目标的人机信息处理系统,工作人员在办公室就能很方便地处理和利用这些功能,以提高办公效率和使办公更加科学化。

1. 办公系统要素

办公系统要素包括人员、业务、机构、制度、设备、环境等。过去对办公系统的分析强调使自动化系统以人的行为和组织结构为中心。但近年来,人们认识到主动适应信息化的发展才能走在社会发展的前列。这就要求,不仅人的思想、观念、行为习惯需遵循信息化的变化,而且组织机构等硬结构也要随其快速演变。因此,系统分析的原则是办公系统应是以知识为中心的信息共享体系,一切系统要素全应以此为原则而展开。

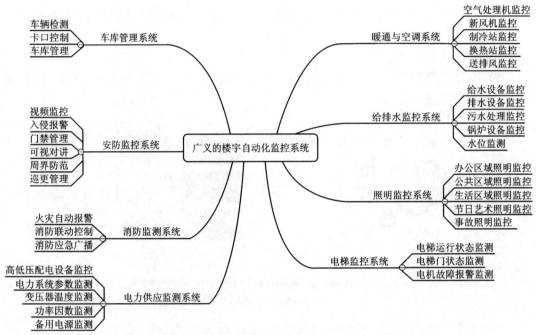

图 0-4　广义的楼宇自动化监控系统基本组成

2. 办公系统模式

办公系统模式分为信息流模式和工作流模式。信息流模式是指在系统分析中需明确信息处理环节、信息量、信息利用率、信息流向、信息使用要求、信息重要程度、信息共享需求和信息安全需求等,并对此作出规范化的描述。工作流模式是对办公活动、办公过程、工作规程的分解,使之达到可以成为由自动化系统模拟的最简单元流程。

3. 办公自动化主要内容

办公自动化的主要内容包括收发文件管理(公文的拟定、收发、审批、归档、查询、检索、打印等)、电子邮件管理、外出人员管理、个人用户管理、领导活动安排、档案管理、会议管理、远程办公、综合业务管理等。

三、通信自动化系统

通信自动化系统是实现智能建筑内、外各种信息交流和通信的网络机构,主要提供各功能子系统之间的数据、语音、图像通信的高速网络和多样化的通信方式。实际上,它的作用是为楼宇自动化系统和办公自动化系统提供通信的网络和服务平台,促进智能建筑的商业活动更加快速便捷,使整体管理水平具有较高的效率。

通信自动化系统主要由综合布线系统、计算机网络系统、电话通信系统、视频会议系统、有线电视用户分配系统、ADSL 宽带接入系统、卫星电视接收系统、无线寻呼系统、可视图文系统、全球卫星定位系统等组成。它的存在使智能建筑内的商业活动和办公环境均上升到了一定的等级,同时也可以为业主提供更多的人性化服务。

教学单元4 建筑智能化典型应用

建筑智能化主要应用于医院、地铁、学校、宾馆、酒店、公寓、写字楼、机场、车站、商业中心等区域,如图 0-5 所示。

图 0-5 建筑智能化应用于大型公共建筑

由图 0-5 可见,它们均属于大型公共建筑,在大型公共建筑中会不同程度地含有建筑智能化系统。其典型应用主要包括计算机网络系统、综合布线系统、楼宇设备自控系统、火灾自动报警系统、广播系统、会议系统、可视会议系统、视频点播系统、保安监控及防盗报警系统、智能卡系统、车库管理系统、通信系统、卫星天线及有线电视系统、智能化小区综合物业管理系统、大屏幕显示系统、智能灯光音响控制系统等。

一、计算机网络系统

计算机网络系统是利用通信设备和线路将地理位置不同、功能独立的多台计算机(智能设备或智能终端)互联互通,以功能完善的网络软件实现网络中的资源共享和信息传递,通过网络连接,实现计算机之间的通信。从而实现计算机系统之间的信息、软件和设备资源的共享以及协同工作等功能。其本质特征在于实现计算机之间各类资源的高度共享,实现便捷的信息交流和交换。计算机网络系统结构如图 0-6 所示。

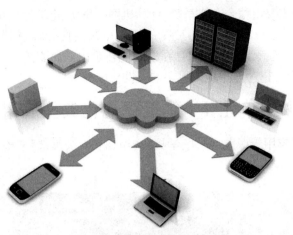

图 0-6　计算机网络系统结构

二、综合布线系统

综合布线系统是为了顺应发展需求而特别设计的一套分布式布线系统,对于现代化的智能建筑而言,其就如体内的神经,它采用了一系列高质量的标准材料,以模块化的组合方式把语音、数据、图像和部分控制信号系统用统一的传输媒介进行综合,经过统一的规划设计,综合在一套标准的布线系统中,将现代建筑的三大子系统有机连接起来,为现代建筑的系统集成提供了物理介质。综合布线系统结构如图 0-7 所示。

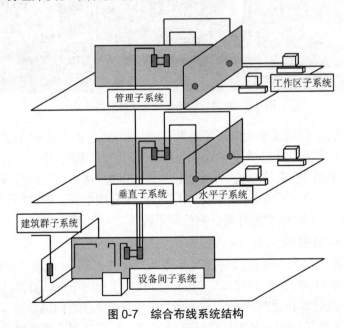

图 0-7　综合布线系统结构

三、楼宇设备自控系统

楼宇设备自控系统是由冷热源系统、空调通风系统、风机盘管系统、送排风系统、给排水系统、供配电系统、照明系统、电梯系统组成的一套弱电全集成。系统主要通过对变量的运行状态和故障报警实施在线监测,并实现对建筑物中的机电设备进行高效率的管理和控制,在提供最佳舒适环境、现代化管理模式的同时,大大降低能量消耗,因此广泛应用于办公、宾馆、酒店、地铁、医院、商场等建筑中。楼宇设备自控系统如图0-8所示。

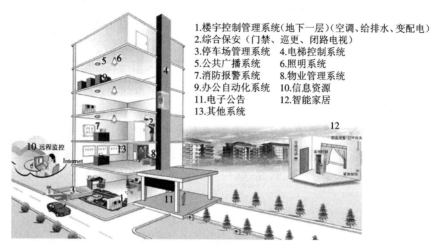

1.楼宇控制管理系统(地下一层)(空调、给排水、变配电)
2.综合保安(门禁、巡更、闭路电视)
3.停车场管理系统　　4.电梯控制系统
5.公共广播系统　　　6.照明系统
7.消防报警系统　　　8.物业管理系统
9.办公自动化系统　　10.信息资源
11.电子公告　　　　12.智能家居
13.其他系统

图0-8　楼宇设备自控系统

四、火灾自动报警系统

火灾自动报警系统一般由火灾探测器、区域报警器和集中报警器组成,也可以根据工程的要求和各种灭火设施及通信装置联动,以形成中心控制系统,即由自动报警、自动灭火、安全疏散引导、系统过程显示、消防档案管理等组成一个完整的消防控制系统。火灾自动报警系统如图0-9所示。

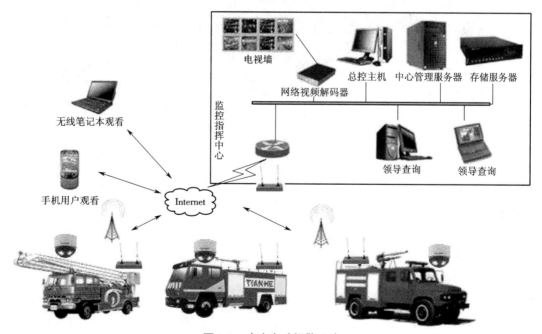

图0-9　火灾自动报警系统

五、广播系统

数字媒体广播（Digital Media Broadcasting，DMB）是通信和广播相融合的多媒体移动广播服务，并被称为第 3 代无线电广播。该项技术除了支持传统的音频广播之外，还可以通过 MPEG-4H.264、MPEG-2 和 AAC+ 等多种方式，把交通信息和新闻等多种多媒体信息传输到手机上，提供高质量的音质和多样化的数据服务。而且其采用与移动电话一致的 CDM 技术，特别适合移动接收环境，能够更好地应对移动接收环境中信号质量下降的多路径干扰问题。

六、会议系统

会议系统包括基础话筒发言管理、代表人员检验与出席登记、电子表决功能、脱离电脑与中控的自动视像跟踪功能，资料分配和显示以及多语种的同声传译。它广泛应用于监控、指挥、调度、公安、消防、军事、气象、铁路、航空等监控系统和视讯会议、查询系统等。会议系统如图 0-10 所示。

图 0-10　会议系统

七、可视会议系统

可视会议系统又称会议电视系统，是指两个或两个以上在不同地方的个人或群体，通过传输线路及多媒体设备，将声音、影像及文件资料互传，实现即时且互动的沟通，以实现会议目的的系统设备。视频会议的使用有点像电话，除了能看到通话的人并进行语言交流外，还能看到他们的表情和动作，使处于不同地方的人就像在同一房间沟通一样。可视会议系统如图 0-11 所示。

八、视频点播系统

视频点播系统是 20 世纪 90 年代在国外发展起来的，英文简称为 VOD。顾名思义，就是根据观众的要求播放视频节目，把用户所点击或选择的视频内容传输给所请求的用户。视频点播系统如图 0-12 所示。

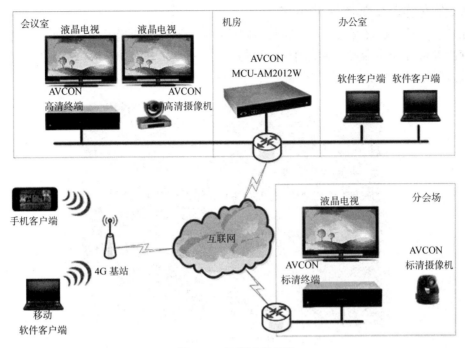

图 0-11　可视会议系统

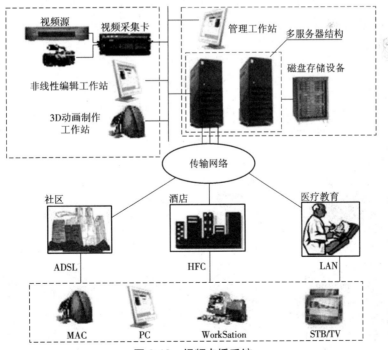

图 0-12　视频点播系统

九、保安监控及防盗报警系统

保安监控及防盗报警系统主要包括视频监控系统和入侵报警系统,由前端监视设备或报警探测设备、传输设备、后端控制显示设备三大部分组成。其中,后端控制显示设备可进一步分为中心控制设备和分控制设备。保安监控及防盗报警系统如图0-13所示。

图0-13　保安监控及防盗报警系统

十、智能卡系统

智能卡系统主要用于接收和处理外界(如手机或读卡器)发给智能卡的各种信息,执行外界发送的各种指令(如鉴权运算),管理卡内的存储空间,向外界回送应答信息等。智能卡系统如图0-14所示。

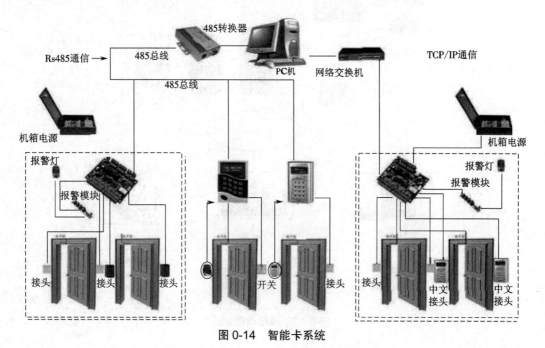

图0-14　智能卡系统

十一、车库管理系统

车库管理系统将 IC 卡识别技术和高速的视频图像存储比较相结合,通过计算机的图像处理和自动识别,对车辆进出车库的收费、保安、车位引导等进行全方位管理。车库管理系统如图 0-15 所示。

图 0-15　车库管理系统

十二、通信系统

通信系统将语音、传真、电子邮件、移动短消息和多媒体数据等所有信息类型集合为一体,可用电话、传真、手机、PC、平板电脑等通信设备中的任何一种接收,在有线、无线、互联网之间架构起一个信息互联通道。通信系统如图 0-16 所示。

图 0-16　通信系统

十三、卫星天线及有线电视系统

卫星天线及有线电视系统是建筑智能化系统中的重要组成部分,为系统提供电视信号源。卫星天线及有线电视系统的功能是在系统的前端将来自卫星的电视信号经过适当的处理,使之与其他电视信号一起进入系统的传输通道。有线电视系统是一套标准的视频传输系统,由信号源、前端设备、干线传输及用户分配 4 个部分组成。卫星天线及有线电视系统如图 0-17 所示。

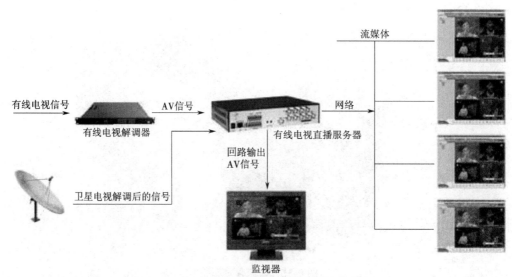

图 0-17　卫星天线及有线电视系统

十四、智能化小区综合物业管理系统

物业管理系统是现代居住小区不可缺少的一部分。一个好的物业管理系统可以提升小区的管理水平,使小区的日常管理更加方便。将计算机的强大功能与现代的管理思想相结合,建立现代的智能小区是物业管理发展的方向,重视现代化的管理和细致周到的服务是小区工作的宗旨,以提高物业管理的经济效益、管理水平、确保取得最大经济效益为目标。智能化小区综合物业管理系统如图 0-18 所示。

十五、大屏幕显示系统

大屏幕显示系统是集多种接收处理信息和多类人员操作控制于一体的多媒体互动系统,涉及声、光、电多方面技术问题,也涉及有关部门的管理协调问题,它与显示大厅整体结构密不可分,必须注重以需求为主且统筹兼顾,运用综合集成技术,才能使之达到预期效果。大屏幕显示系统广泛应用于通信、电力、军队指挥机构,在提供共享信息、决策支持、态势显示方面发挥着重要作用。大屏幕显示系统如图 0-19 所示。

十六、智能灯光音响控制系统

智能灯光控制系统用于实现对家庭内部所有灯光的智能集中控制与管理功能。可实现对灯光随意调光、一对一开关控制、全开全关控制以及灯光"一键场景"开启,让家庭生活更舒适、方便、智能。而音响控制系统一般包括扬声器系统、AV 放大器、影碟机、电视接收机、传声器(话筒)等。智能灯光音响控制系统如图 0-20 所示。

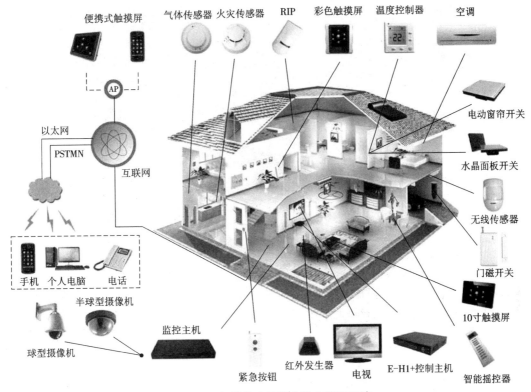

便携式触摸屏　气体传感器　火灾传感器　RIP　彩色触摸屏　温度控制器　空调

AP

以太网

PSTMN

互联网

手机　个人电脑　电话

半球型摄像机

球型摄像机

监控主机

紧急按钮

红外发生器

电视

E-H1+控制主机

电动窗帘开关

水晶面板开关

无线传感器

门磁开关

10寸触摸屏

智能摇控器

图 0-18　智能化小区综合物业管理系统

图 0-19　大屏幕显示系统

图 0-20　智能灯光音响控制系统

以上是对建筑智能化系统的简单介绍。通过本内容的学习,能使读者对建筑智能化有一个初步的了解和认知,为后续建筑智能化的其他内容学习奠定必要的基础。

模块小结

建筑智能化是在建筑物中实施各种智能控制和管理,它是集结构、系统、服务、管理及它们之间的最优化组合,使建筑物具有安全、便利、高效、节能的特点。建筑智能化属于建筑弱电系统,它既包含硬件又包含软件。

智能建筑的发展离不开建筑技术、控制技术、通信技术、计算机技术。它由楼宇自动化系统、办公自动化系统、通信自动化系统组成。其基本要求是在现代化建筑物中要有完整的控制、管理、维护和通信设施,便于进行环境控制、安全管理、监视报警,并有利于提高工作效率,激发人们的创造性。

智能建筑涉及多种学科、多种技术、多种系统和多种设备,它是将具有不同功能的子系统进行集成。所谓系统集成,就是用一个统一的系统把具有不同功能和品牌的产品连接起来,形成整体结构,并最好具有一个公共操作平台。

楼宇自动化系统是智能建筑控制管理的核心,主要实现对大楼内(空调、冷热源、给排水、送排风、照明、供配电、电梯等)设备的分散控制,再由上位计算机进行监控和管理。

办公自动化系统是利用计算机技术、通信技术等对事务层办公、管理层办公、决策支持层办公等实施自动化管理。

通信自动化系统是实现智能建筑内、外各种信息交流和通信的网络机构,主要提供各功能子系统之间的数据、语音、图像通信的高速网络和多样化的通信方式。

建筑智能化主要应用于医院、地铁、学校、宾馆、酒店、公寓、写字楼、机场、车站、商业中心等区域。

复习思考题

1. 什么是智能建筑？它的主要功能和特点有哪些?

2. 什么是智能建筑的技术基础？它的基本要求有哪些？

3. 什么是楼宇自动化系统？它的主要特征有哪些？

4. 什么是办公自动化系统？它包含哪些具体内容？

5. 什么是通信自动化系统？它在智能建筑中具有哪些地位？

6. 建筑智能化具有哪些典型的应用？

模块一　网络与综合布线系统

综合布线系统是为通信和计算机网络而设计的,是建筑物内的"信息高速公路"。其主要功能是实现数据(数据、语音、图像、通信设备、交换设备)的交换和管理。本模块包括4个教学单元,即计算机网络系统、综合布线系统概述、综合布线系统传输介质、综合布线系统连接器件与布线器材。通过本模块的学习,能使学生在理论知识学习的基础上加深对计算机网络系统和综合布线系统的理解和认知。

教学单元1　计算机网络系统

计算机网络已被越来越多的人所认知,熟练使用计算机网络是现代人必须掌握的一个基本技能。那么,在了解计算机网络之前,就需要进一步掌握计算机网络的概念。

一、计算机网络概述

计算机网络是将分布在不同地理位置且功能独立的多台计算机系统实施互联,而连接这些计算机的媒介就是通信设备和线路(铜缆、光缆),计算机网络可实现计算机之间的通信和信息交换,从而达到计算机之间各类资源的高度共享以及提供便捷快速的服务。计算机网络按覆盖范围划分,可分为局域网、城域网、广域网3种类型。

1.局域网

局域网(Local Area Network, LAN)覆盖区域比较小,如一个办公室、一个办公楼、一所学校、一个企业等。局域网包含计算机、网络连接设备和网络管理软件。局域网系统组成如图1-1所示。

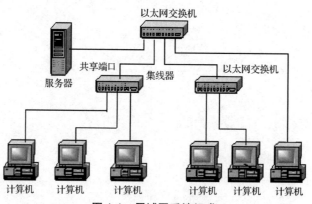

图1-1　局域网系统组成

局域网中经常使用共享信道,即所有的机器都接在同一条电缆上。传统局域网具有高数据传输率(10 Mb/s 或 100 Mb/s)、低延迟和低误码率的特点。新型局域网的数据传输率可达每秒千兆位甚至更高。

2. 城域网

城域网（Metropolitan Area Network，MAN）所采用的技术基本上与局域网类似,只是规模上要大一些。城域网既可以覆盖相距不远的几栋办公楼,也可以覆盖一个城市。城域网支持数据和语音传输,也可以与有线电视相连。城域网一般只包含 1 到 2 根电缆,没有交换设备,因而其设计比较简单。城域网系统组成如图 1-2 所示。

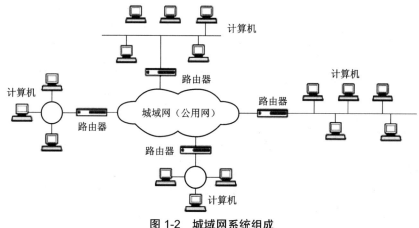

图 1-2　城域网系统组成

城域网采用分布式队列双总线技术,该技术已被列入国际标准（IEEE 802.6）,工作范围一般是 160 km,数据传输率为 44.736 Mb/s。

3. 广域网

广域网（Wide Area Network，WAN）又称外网、公网,是连接不同地区局域网或城域网计算机通信的远程网,通常跨接很大的物理范围,所覆盖的范围从几十千米到几千千米,它能连接多个地区、城市和国家,或横跨几个洲,并能提供远距离通信,形成国际性的远程网络。国际互联网是目前最大的广域网。广域网系统组成如图 1-3 所示。

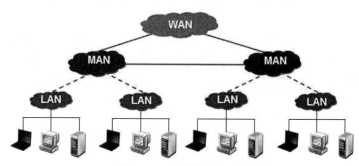

图 1-3　广域网系统组成

4. 网络模型

网络模型即开放式通信系统互联（Open System Interconnection，OSI）参考模型,它是国际标准化组织（ISO）提出的一个试图使各种计算机在世界范围内互联为网络的标准框架。网络模型如图 1-4 所示。

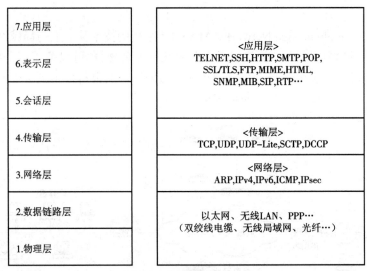

图 1-4　网络模型(OSI)

由图 1-4 可见,网络模型包含 7 层,即物理层、数据链路层、网络层、传输层、会话层、表示层、应用层,每层的功能如下。

1)物理层

物理层是 OSI 参考模型的最低层,用来提供网络的物理连接。所以,物理层是建立在物理介质上(而不是逻辑上的协议和会话),它提供的是机械和电气接口,主要包括电缆、物理端口和附属设备,如双绞线、同轴电缆、接线设备(如网卡等)、RJ45 接口、串口和并口等在网络中都工作在这个层次上。

2)数据链路层

数据链路层以帧为单位进行数据传输,它的主要任务就是进行数据封装和数据链接的建立。在封装的数据信息中,地址段含有发送节点和接收节点的地址,控制段用来表示数据连接帧的类型,数据段包含实际要传输的数据,差错控制段用来检测传输中帧出现的错误。

3)网络层

网络层是解决网络与网络之间,即网际的通信问题。其主要功能是提供路由,即选择到达目标主机的最佳路径,并沿该路径传送数据包。除此之外,网络层还要能够消除网络拥挤,具有流量控制和拥挤控制的能力。网络边界中的路由器就工作在这个层次上,现在较高档的交换机也可直接工作在这个层次上,因为它们也提供了路由功能,俗称“第三层交换机”。

4)传输层

传输层解决的是数据在网络之间的传输质量问题,它属于较高层次。传输层用于提高网络层服务质量,提供可靠的端到端的数据传输。传输层主要涉及的是网络传输协议,如 TCP 协议。

5)会话层

会话层利用传输层来提供会话服务,会话可能是一个用户通过网络登录到一个主机,或是一个正在建立的用于传输文件的会话。

6）表示层

表示层用于处理通信双方数据管理的不同表示形式，如用于文本文件的 ASCII 和 EB-CDIC，用于表示数字的 1S 或 2S 补码表示形式。如果通信双方采用不同的数据表示方法，它们就不能互相理解，表示层就是用来屏蔽这种不同之处。

7）应用层

应用层是 OSI 参考模型的最高层，它解决的是程序应用过程中的问题，它直接面对用户的具体应用。应用层包含用户应用程序执行通信任务所需要的协议和功能，如电子邮件和文件传输等。在这一层中，TCP/IP 协议中的 FTP、SMTP、POP 等协议得到了充分应用。

5. 计算机网络的功能

1）数据通信

数据通信是计算机网络最基本的功能。它用来快速传送计算机与终端、计算机与计算机之间的各种信息，包括文字信件、新闻消息、咨询信息、图片资料、报纸版面等。利用这一特点，可以将分散在各个地区的单位或部门用计算机网络联系起来，进行统一的调配、控制和管理。

2）资源共享

"资源"指的是网络中所有的软件、硬件和数据资源。"共享"指的是网络中的用户都能够部分或全部地享受这些资源。例如，某些地区或单位的数据库可供全网使用；某些单位设计的软件可供需要的地方有偿调用或办理一定手续后调用；一些外部设备如打印机，可面向用户，使不具有这些设备的地方也能使用这些硬件设备。

3）分布处理

当某台计算机负担过重，或该计算机正在处理某项工作时，计算机网络可将新任务转交给空闲的计算机来完成，这样处理能均衡各个计算机的负载，提高处理问题的实时性；对大型综合性问题，可将其各部分交给不同的计算机分头处理，充分利用网络资源，扩大计算机的处理能力，即增强实用性。

6. 计算机网络的特点

1）可靠性和可用性

计算机网络中的每台计算机都可通过网络相互成为后备机。一旦某台计算机出现故障，它的任务就可由其他的计算机代为完成，这样可以避免在单机情况下，一台计算机发生故障而引起整个系统瘫痪的现象，从而提高系统的可靠性。而当网络中的某台计算机负担过重时，网络又可以将新的任务交给较空闲的计算机完成，均衡负载，从而提高每台计算机的可用性。

2）集中管理

计算机在没有联网的条件下，每台计算机都是一个"信息孤岛"，在管理这些计算机时，必须分别管理。而计算机联网后，可以在某个中心位置实现对整个网络的管理，如数据库情报检索系统、交通运输部门订票系统等。

3）均衡负荷

当网络中某台计算机的任务负荷太重时，通过网络和应用程序的控制和管理，可将作业分散到网络中的其他计算机中，由多台计算机共同完成。

二、计算机网络设备

1. 服务器

服务器是提供计算服务的设备。由于服务器需要响应服务请求并进行处理,因此一般来说服务器应具备承担服务并且保障服务的能力。

服务器的构成包括处理器、硬盘、内存、系统总线等,与通用的计算机架构类似,但是由于需要提供可靠性高的服务,因此在处理能力、稳定性、可靠性、安全性、可扩展性、可管理性等方面要求较高。

服务器的种类很多,典型的服务器包括 OA 办公服务器、ERP 服务器、WEB 服务器、FTP 服务器、数据库服务器、邮件服务器、视频监控服务器、云端服务器等。网络服务器如图 1-5 所示。

图 1-5　网络服务器

2. 工作站

工作站是一种高端的通用微型计算机,被连接到网络上并形成网络上的一个节点。工作站也被称为网络客户,其作用是为工作站操作者服务。工作站可为单用户使用,并提供比个人计算机更强大的性能,尤其是图形处理、任务并行方面的能力,通常配有高分辨率的大屏、多屏显示器及容量很大的内部存储器和外部存储器,并且具有极强的信息和高性能的图形、图像处理功能的计算机。另外,连接到服务器的终端机也可称为工作站。工作站如图 1-6 所示。

图 1-6　工作站

3. 网络适配器

网络适配器也称为网卡,是局域网中连接计算机和传输介质的接口,能实现与局域网传输介质之间的物理连接和电信号匹配及帧的发送与接收、帧的封装与拆封、介质访问控制、数据编码与解码以及数据缓存功能等。网络适配器如图 1-7 所示。

台式机网卡 无线网卡

图 1-7 网络适配器

4. 中继器

中继器是一种放大模拟信号或数字信号的网络连接设备,通常具有两个端口。中继器接收传输介质中的信号,将其复制、调整和放大后再发送出去,从而使信号传输得更远,延长信号传输的距离。中继器不具备检查和纠正错误信号的功能,它只是转发信号。中继器安装在 OSI 的物理层。

5. 集线器

集线器是构成局域网的最常用的连接设备之一。集线器是局域网的中央设备,它的每一个端口可以连接一台计算机,局域网中的计算机通过它来交换信息。常用的集线器可通过两端装有 RJ45 连接器的双绞线与网络中计算机上安装的网卡相连,每个时刻只有两台计算机可以通信。

6. 交换机

交换机又称交换式集线器,它具有多个端口,每个端口都具有桥接功能,可以连接一个局域网或一台高性能服务器或工作站。在网络中,交换机用于完成与它相连的线路之间的数据单元的交换,是一种基于 MAC(网卡的硬件地址)识别,完成封装、转发数据包功能的网络设备。交换机如图 1-8 所示。

图 1-8 交换机

在局域网中,可以用交换机来代替集线器,其数据交换速度比集线器快得多。这是由于集线器不知道目标地址在何处,只能将数据发送到所有的端口;而交换机中会有一张地址表,通过查找表格中的目标地址,把数据直接发送到指定端口。交换机是一个互联设备,实际上,交换机有时被称为多端口网桥,可提供足够的缓冲区,并通过流量控制消除网络拥塞。

7. 路由器

路由器是一种连接多个网络或网段的网络设备,它能将不同网络或网段之间的数据信息进行"翻译",以使它们能够相互"读懂"对方的数据,实现不同网络或网段间的互联互通,从而构成一个更大的网络。在因特网中,路由器是根据信道的情况自动选择和设定路由,以最佳路径按前后顺序发送信号的设备。路由器是互联网络的枢纽,可分为有线路由器和无线路由器两种。路由器如图 1-9 所示。

图 1-9　路由器

路由器的工作方式与交换机不同,交换机利用物理地址(MAC 地址)来确定转发数据的目的地址,而路由器则是利用网络地址(IP 地址)来确定转发数据的目的地址。另外,路由器具有数据处理、防火墙及网络管理等功能。

8. 程控数字交换机

程控数字交换机,全称为存储程序控制交换机,通常专指用于电话交换网的交换设备,以计算机程序控制电话的接续。程控数字交换机是利用现代计算机技术,完成控制、接续等工作的电话交换机。程控数字交换机如图 1-10 所示。

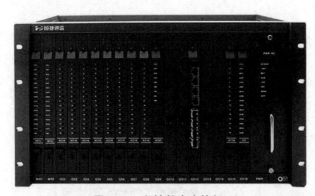

图 1-10　程控数字交换机

程控数字交换机和其他类型的交换机有着相同的功能,此外还有其独特的功能。它能完成本局用户之间相互呼叫、本局用户与其他局用户之间的呼叫,呼叫内容包括中继接续、长途和国际长途等,并可完成特殊业务电话的接续、非语音业务的交换接续、对各种交换业务进行计费、交换机内部信息的联系、为用户提供多样的服务性能、为本机运转维护和网路管理提供各种服务性能。

三、计算机网络协议及 IP 地址

1.TCP/IP 协议

TCP/IP 是互联网协议,也是当今计算机网络中应用最成熟、最广泛的一种网络协议标准。

TCP/IP 提供了点对点的链接机制,对数据的封装、定址、传输、路由以及在目的地如何接收,都加以了标准化;采取协议堆栈的方式,分别实现不同的通信协议,如远程登录、文件传输和电子邮件等,而 TCP 协议和 IP 协议是保证数据完整传输的两个基本的重要协议。

1)TCP 协议

TCP 协议位于 OSI 的传输层,是面向链接的通信协议,通过三次握手建立链接,通信完成时要拆除链接。由于 TCP 是面向链接的,所以只能用于端到端的通信。TCP 提供的是一种可靠的数据流服务,采用"带重传的肯定确认"技术来保证传输的可靠性。TCP 还采用一种称为"滑动窗口"的方式进行流量控制,所谓窗口实际表示接收能力,用以限制发送方的发送速度。

2)IP 协议

IP 协议位于 OSI 的网络层,它能将多个包交换网络链接起来,并在源地址和目的地址之间传送一种称为数据包的东西;它还提供对数据的重新组装功能,以适应不同网络对数据包大小的要求。IP 不提供可靠的传输服务,即不提供端到端的或(路由)节点到(路由)结点的确认,对数据没有差错控制,它只使用报头的校验码,不提供重发和流量控制。

2. IP 地址

IP 地址是指互联网协议地址,是 IP 协议提供的一种统一的地址格式,它为互联网上的每一个网络和每一台主机分配一个逻辑地址,以此来屏蔽物理地址的差异。IP 地址长度为 32 位,每位以 × 表示,××××××××为一个字节(8 位二进制),其值为 0~255(十进制)。IP 地址由网络号(网络 ID)和主机号(主机 ID)两部分构成,分为 A、B、C、D、E 五类。

1)A 类 IP 地址

A 类 IP 地址是指在 IP 地址的四段号码中,第一段号码为网络号码,剩下的三段号码为本地计算机的号码,如图 1-11 所示。

图 1-11　A 类 IP 地址

由图 1-11 可见, A 类 IP 地址由 1 字节的网络地址和 3 字节的主机地址组成,网络地址的最高位必须是"0"。A 类 IP 地址中网络的标识长度为 8 位(取值范围 1~126),主机的标识长度为 24 位。A 类网络地址数量较少,有 126 个网络,每个网络可以容纳主机数达 1 600 多万台。

2）B类IP地址

B类IP地址是指在IP地址的四段号码中，前两段号码为网络号码，剩下的两段号码为本地计算机的号码，如图1-12所示。

网络位　　　　　　　　　　主机位

图1-12　B类IP地址

由图1-12可见，B类IP地址由2字节的网络地址和2字节的主机地址组成，网络地址的最高位必须是"10"。B类IP地址中网络的标识长度为16位（取值范围128~191），主机的标识长度为16位。B类网络地址适用于中等规模的网络，有16 384个网络，每个网络所能容纳的计算机数为6万多台。

3）C类IP地址

C类IP地址是指在IP地址的四段号码中，前三段号码为网络号码，剩下的一段号码为本地计算机的号码，如图1-13所示。

网络位　　　　　　　　　　　　　　主机位

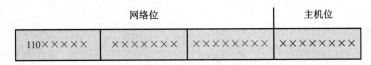

图1-13　C类IP地址

由图1-13可见，C类IP地址由3字节的网络地址和1字节的主机地址组成，网络地址的最高位必须是"110"。C类IP地址中网络的标识长度为24位（取值范围192~223），主机的标识长度为8位。C类网络地址数量较多，有209万多个网络，适用于小规模的局域网络，每个网络最多只能包含254台计算机。

4）其他取值范围IP地址

IP地址除了A、B、C三类外，还有D、E两大类，D类IP地址用于组播，对外不开放；而E类IP地址为特殊IP地址，不能分配给主机。D类、E类IP地址32位全部为网络号，网络地址的最高位必须分别是"1110"和"1111"。D类IP地址中网络的标识长度为32位（取值范围224~239）；E类IP地址中网络的标识长度也为32位（取值范围240~255）

3.子网掩码

子网掩码从逻辑上把一个大网络划分成一些小网络。它也是由32位的二进制数组成，并与IP地址成对出现。子网掩码为1时，IP地址中相应位为网络部分；子网掩码为0时，IP地址中相应位为主机部分。由此把具有相同网段的IP地址解析出来。

A类IP地址默认子网掩码为255.0.0.0；B类IP地址默认子网掩码为255.255.0.0；C类IP地址默认子网掩码为255.255.255.0。

4.默认网关

用于TCP/IP协议的配置项是一个可直接到达的IP路由器的IP地址。配置默认网关可以在IP路由表中创建一个默认路径，一台主机可以有多个网关。默认网关的意思是一台主机如果找不到可用的网关，就把数据包发送给默认指定的网关，由这个网关来处理数据包。一般默认网关即是本网络中服务器的 IP 地址。

四、计算机网络组建与维护

1. 计算机网络的组建

计算机网络主要是由服务器、网络连接设备（交换机、路由器）、网卡、网线等组成。计算机网络连接如图 1-14 所示。

图 1-14　计算机网络连接

现以一个局域网连接为例,给每台网络终端计算机配上网卡,再将服务器和网络终端计算机连接到同一个网络交换机（路由器）上,如果要组建的网络是无线网,则要给每台网络终端计算机配置无线网卡,再通过无线路由器搭建 Wi-Fi 无线网络环境,这样局域网中的所有计算机就都具备上网功能了。

若想将这些计算机和服务器组建在同一个局域网上,还需对网络终端计算机进行 IP 地址分配,设置网络交换机（有线或无线路由器）参数,最终将它们设置在同一个网段上。

2. 计算机网络的维护

计算机网络维护是一种日常维护,包括网络设备管理（如计算机、服务器）、操作系统维护（系统打补丁、系统升级）、网络安全（病毒防范）维护等。

在网络正常运行的情况下,对网络基础设施的管理主要包括确保网络传输的正常,掌握公司主干设备的配置及配置参数变更情况,备份各个设备的配置文件。计算机网络维护主要包括以下内容:

（1）联网时观察计算机网口指示灯是否闪烁;

（2）进入网上邻居,观察本地连接是否已连接;

（3）检查局域网的物理连接是否可靠;

（4）定期查杀网络中的病毒;

（5）使用 Ping 命令检查多台计算机连接情况;

（6）每日进行数据备份和病毒查杀;

（7）定期检查防火墙,及时处理外来的攻击;

（8）定期下载系统补丁,更新系统及升级。

3. 计算机网络的检修

计算机网络在运行过程中会出现一定的故障,这就要求计算机网络管理员对计算机网络系统的故障进行排查和检修。计算机常见的故障主要有以下几种：

（1）计算机和其他设备有冲突（Modem、显卡）；

（2）计算机感染病毒，网卡驱动程序被修改或删除；

（3）网卡插拔不到位，造成线路损坏；

（4）计算机与服务器不在一个工作组中；

（5）使用 Ping 命令检查与服务器之间的线路连接；

（6）网络交换机没有供电，造成不通信；

（7）挪动计算机，造成网线拉拽；

（8）计算机网络设置故障（IP 地址、子网掩码、默认网关）。

教学单元 2　综合布线系统概述

一、综合布线系统的概念

在计算机网络技术和通信技术快速发展的基础上，为进一步适应社会信息化和经济国际化需要，综合布线系统应运而生。它采用了一系列高质量的标准材料，以模块化的组合方式，把语音、数据、图像和部分控制信号系统用统一的传输介质组合在一套标准的布线系统中，将现代建筑的三大子系统有机连接起来。可以说，结构化布线系统的成功与否直接关系到现代化大楼的成败。

建筑物与建筑群综合布线系统是建筑物或建筑群内的传输网络，是建筑物内的"信息高速路"。它既使语音和数据通信设备、交换设备和其他信息管理系统彼此相连，又使这些设备与外界通信网络相连接。它包括建筑物到外部网络或电话局线路上的连接点与工作区的语音和数据终端之间的所有电缆及相关联的布线部件。

综合布线系统是智能化办公室建设数字化信息系统的基础设施，是将所有语音、数据等系统进行统一的规划设计的结构化布线系统，为办公提供信息化、智能化的物理介质，支持语音、数据、图文、多媒体等综合应用。

二、综合布线系统的发展概况

20 世纪 50 年代，发达国家在兴建新式大型高层建筑中，为了增加和提高建筑物的使用功能和服务水平，首先提出楼宇自动化的要求。在建筑物内装设各种仪表、控制装置和信号显示等设备，并采取集中控制、监视的方法，以便于运行操作和维护管理。这些设备都分别设有独立的传输线路，将分散设置在建筑物内的设备连接起来，组成各自独立的集中监控系统，这种线路称为专业布线系统。

随着科学技术的不断发展，尤其是通信、计算机网络、控制和图形显示技术的相互融合和发展，高层建筑服务功能的增加和客观要求的提高，传统的专业布线系统已经不能满足需要，主要表现在以下两个方面。

（1）各种系统（电话系统、计算机系统、局域网、楼宇自控化系统等）的布线各自独立，不同的设备采用不同的传输线缆和接续构件，相互之间达不到共用的目的，加上施工时期不同，致使形成的布线系统存在极大差异，难以互换、通用。

（2）各种系统没有统一的设计，施工、使用和管理都不方便。当系统需要变化、改建和扩建时，施工难度非常大，限制了系统的变化以及系统规模的扩充和升级。

　　为了克服传统布线系统的缺点,美国 AT&T 公司贝尔实验室的专家们经过多年研究,于 20 世纪 80 年代率先推出了结构化综合布线系统。

　　综合布线系统从一出现就不断向前发展,1992 年出现了 3 类布线系统;1995 年出现了 5 类布线系统;1999 年出现了超 5 类布线系统;2000 年 6 类布线系统正式登场;2004 年超 6 类布线系统进入人们视线;7 类布线系统目前已有应用;光纤布线系统已成为常规的布线子系统。

三、综合布线系统与智能建筑的关系

　　智能建筑是信息时代的必然产物,是信息技术与现代建筑的巧妙集成。而综合布线系统是智能建筑中的神经系统,能够满足智能建筑高效、可靠、灵活的要求,可为智能建筑提供快速的信息通道。目前来看,综合布线系统是智能建筑中一种比较理想的布线方式,它能将智能建筑的三大子系统有机地连接起来。

　　综合布线系统与智能建筑的关系主要表现在以下几点。

1. 综合布线系统是衡量智能建筑智能化程度的重要标志

　　在衡量智能建筑的智能化程度时,主要是看综合布线系统的配线能力,如设备配置是否成套,技术功能是否完善,网络分布是否合理,工程质量是否优良等。这些是决定智能建筑的智能化程度高低的重要因素,对于智能建筑能否为用户更好地服务,综合布线系统具有决定性的作用。

2. 综合布线系统是智能化建筑中必备的基础设施

　　综合布线系统把智能建筑内的通信、计算机和各种设备及设施,相互连接形成完整配套的整体,以实现高度智能化的要求,并且能够适应各种设施当前需要和今后发展,所以它是智能建筑能够保证优质高效服务的基础设施之一。

3. 综合布线系统必须与房屋建筑融合为整体

　　综合布线系统和房屋建筑既是不可分离的整体,又是不同类型和性质的工程建设项目。综合布线系统分布在建筑物内,必然会有相互融合的需要,同时也有可能彼此产生矛盾。所以,在综合布线系统的工程设计、安装施工和使用管理的过程中应经常与建筑工程设计、施工、建设等有关单位密切联系、配合协调,寻求妥善合理的方式解决问题,以最大限度地满足各方面的要求。

4. 综合布线系统能适应智能化建筑今后发展的需要

　　房屋的建筑寿命一般都在几十年以上,因此在建筑规划或设计新建筑时,应有长期性的考虑,并能够适应今后的发展需要。由于综合布线系统具有很高的适应性和灵活性,且能在今后相当长的时期内满足客观发展的需要,因此在新建的高层或重要的智能建筑中,应积极采用综合布线系统。

　　总之,智能建筑在规划、设计直到今后使用的过程中,与综合布线的关系极为密切,必须在各个环节加以重视。

四、综合布线系统的特点

　　综合布线同传统布线相比,有许多优越性,是传统布线所无法比拟的。其特点主要表现在它具有兼容性、开放性、灵活性、可靠性、先进性和经济性,而且在设计、施工和维护方面也给人们带来了许多方便。

1. 兼容性

兼容性是综合布线系统的首要特点,是指它自身是完全独立的,而与应用系统相对无关,可以适用于多种应用系统。过去在建筑物中传送语音、数据及图像等信号,需使用不同型号的电缆、电线、配线插座及接头等,各应用系统间技术性能差别极大,彼此不能兼容。一旦要改变终端设备位置,就必须敷设新的线缆及插座和接头。

综合布线系统将语音、数据与监控设备的信号线进行统一的规划和设计,采用相同的传输介质、信息插座、交连设备、适配器等,把这些不同信号综合到一套标准的布线中。由此可见,综合布线系统比传统布线系统更为简化,可节约大量的物资、时间和空间。

2. 开放性

对于传统的布线方式,只要用户选定了某种设备,也就选定了与之相适应的布线方式和传输媒体。如果更换另一设备,那么原来的布线就要全部更换。对于一个已经完工的建筑物,这种变化是十分困难的,要增加很多投资。

综合布线系统是开放式体系结构,符合多种国际上现行的标准,几乎对所有著名厂商的产品都是开放的,能支持任何厂商的任意网络产品,支持任意网络结构,对几乎所有的通信协议也是开放的。

3. 灵活性

传统的布线方式是封闭的,其体系结构是固定的,若要迁移设备或增加设备非常困难,甚至是不可能的。

综合布线系统采用标准的传输线缆和相关连接硬件,采用模块化设计,所有通道都是通用的,系统中任何信息点都能连接不同类型的终端设备,如电话、计算机、打印机、网络摄像机等,所有设备的开通及变更均不需改变布线,只需增减相应的设备及进行简单的插接操作以及在配线架上进行必要的跳线管理即可完成。

4. 可靠性

传统的布线方式,由于各个应用系统互不兼容,因而在一个建筑物中往往要有多种布线方案。因此,建筑系统的可靠性要由所选用的布线可靠性来保证,当各应用系统布线不当时,还会造成交叉干扰。

综合布线系统各个部分都采用高质量材料和标准化部件,所有线缆和相关的连接件均通过 ISO 认证,每条通道都要采用专用仪器测试相关参数以保证其性能;系统布线全部采用点到点连接,任何一条链路故障均不影响其他链路的运行,这就为链路的运行维护及故障检修提供了方便,从而保障了应用系统的可靠运行;各应用系统采用相同的传输介质,因而可互为备用,提高了备用冗余。

5. 先进性

综合布线系统目前主要采用光纤和对绞线作为传输介质,所有布线均采用世界上最新的通信标准,系统传输速率高,完全能满足目前的使用要求,并能适应以后的发展,是真正面向未来的先进技术。

6. 经济性

传统的布线方式,由于系统之间互不兼容,每个系统都是独立设计、独立布线的,因而费用增加很大。

综合布线系统虽然初期投资较大,但当系统个数增加时,因其布线系统是相互兼容的,所以以后的投资很少。另外,采用综合布线系统后可以使管理人员减少。因为综合布线系统模块化的结构,使得系统的维修难度大大降低,导致维护费用也很低。

五、综合布线系统的标准

1. 美国标准

ANSI/TIA/EIA(美国国家标准委员会/美国通信工业协会/美国电子工业协会)从1985年开始制定《商业建筑物电信布线标准》(ANSI/EIA/TIA-568),经过6年的编制,于1991年形成第1版。该标准将电话和计算机两种网络的布线结合在一起而出现综合布线系统,所以它是综合布线系统最早的奠基性标准,也是世界上第一个综合布线标准。

TIA/EIA-568在1995年颁布了第2版,也是最广为接受的版本,即ANSI/TIA/EIA-568A。

2001年,TIA/EIA-568发布了第3版,即ANSI/TIA/EIA-568B。ANSI/TIA/EIA-568B布线标准详细说明了重要的标准需求,例如拓扑结构、设计和施工所需的电缆和布线长度等。为了测试需要,568B标准详细定义了例如插入损耗、近端串音(NEXT)、远端串音(FEXT)、回波损耗及其他和结构化布线系统相关的测量参数。该标准详细定义了已安装电缆的性能测试指标。ANSI/TIA/EIA-568B标准在2009年被ANSI/TIA-568C替代。

ANSI/TIA-568C共分成4个部分:ANSI/TIA-568.C.0(《用户建筑物通用布线标准》)、ANSI/TIA-568C.1(《商业楼宇电信布线标准》)、ANSI/TIA-568C.2(《平衡双绞线电信布线和连接硬件标准》)、ANSI/TIA-568C.3(《光纤布线和连接硬件标准》)。

2. 国际标准

1995年7月,国际标准化组织/国际电工技术委员会(ISO/IEC)在美国国家标准协会制定的有关综合布线标准基础上进行修改后正式推出了《信息技术——用户建筑物综合布线》(ISO/IEC 11801:1995(E))国际标准。

ISO/IEC 11801是全球认可的针对结构化布线的通用标准,由ISO/IEC JTC1 SC25 WG3委员会负责编写和修订,除了针对传统的商用楼宇,如租用型办公楼、自用型办公楼以外,还包含了对工业建筑、居民住宅建筑、数据中心的结构化布线的设计及传输介质应用等级的描述。

ISO/IEC 11801综合布线国际标准推出后,在2002年推出了第2版,在2008年推出了第2版增补一,在2010年推出了第2版增补二。

ISO/IEC 11801目前正在修订第3版,致力于将原先分散的多部结构化布线标准(包含ISO/IEC 24702工业部分、ISO/IEC 15018家用布线、ISO/IEC 24764数据中心)整合成一部完整的、通用结构化布线标准,同时新加入了针对无线网、楼宇自控、物联网等楼宇内公共设施的结构化布线设计。

3. 欧洲标准

国际电工技术委员会——电工技术标准化欧洲委员会(IEC-CENELEC)TCI15"电信设备的电工技术方面"小组,于1995年7月公布了《信息技术综合布线系统》(EN50173:1995)欧洲标准,供英、法、德等国家使用。该标准基本取材于国际标准《信息技术——用户建筑物综合布线》(ISO/IEC 11801:1995(E)),并结合欧洲国家的特点有所补充。欧洲标准与国际标准基本上是一致的,但要比国际标准更加严格,更强调电磁兼容性,提出通过线缆屏蔽层使线缆内部的对绞线在高带宽传输的条件下具备更强的抗干扰能力和防辐射能力。该标准也已先后出了多个版本。

4. 中国标准

我国于 2000 年颁布了《建筑与建筑群综合布线系统工程设计规范》(GB/T 50311—2000)及《建筑与建筑群综合布线系统工程验收规范》(GB/T 50312—2000),这是我国颁布的最早的综合布线系统国家标准。这两个标准于 1999 年上报国家信息产业部、国家建设部、国家技术监督局审批 2000 年 2 月 28 日发布,在 2000 年 8 月 1 日开始执行。该标准主要由我国通信行业标准《大楼通信综合布线系统》(YD/T 926—1997)升级而来。这两个标准只是关于 5 类布线系统的标准,不涉及 Cat5e 以上的布线系统。

后来上述两项国标又修订为 2007 版和 2016 版。该两项标准是目前国内针对布线系统最为重要的标准,其内容已经从 1992 年的协会标准延续完善至今,2007 版的国家布线标准修订为《综合布线系统工程设计规范》(GB 50311—2016)、《综合布线系统工程验收规范》(GB 50312—2016),对规范布线行业和保证布线工程的质量起到了积极的作用。

六、综合布线系统的结构

1. 综合布线系统(美国标准)的结构组成

美国 ANSI/EIA/TIA-568A 标准把综合布线系统分成工作区子系统、水平区子系统、管理子系统、垂直干线子系统、设备间子系统及建筑群子系统等 6 个子系统,系统结构如图1-15 所示。

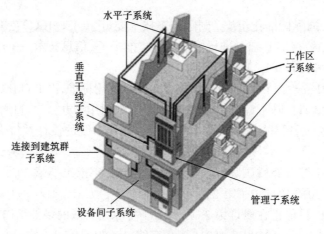

图 1-15　综合布线系统的结构(美国标准)

1)工作区子系统

工作区子系统是指连接各种终端设备的区域,是综合布线系统的最末端。其组成包括从信息插座到终端设备的接线处之间的所有设备,包括连接软线、适配器等。工作区子系统可支持电话机、计算机、传真机、打印机及传感器等终端设备,其规模的大小由信息插座的数量决定,不作统一规定。

2)水平子系统

水平子系统是连接工作区子系统和管理子系统的部分,由两端分别接在信息插座及楼层电信间的配线架（FD）上的电缆或光缆及信息插座（TO）组成。它是局限于同一楼层的布线系统，功能是将干线子系统线路延伸到工作区。

3）管理子系统

管理子系统设置在每个楼层中，由配线设备、输入/输出设备等组成，主要设备是配线架。其重要功能是将垂直干线子系统与各楼层间的水平子系统相互连接，同时又可为同层组网提供条件。

4）垂直干线子系统

垂直干线子系统通常安装在弱电竖井中，由两端分别接到管理子系统和设备间子系统配线架上的大对数电（光）缆组成。它是整幢建筑综合布线系统的主干部分，是整个大楼的信息交通枢纽。

5）设备间子系统

设备间指建筑物内专设的安装综合布线系统设备的房间，也是网络管理和值班人员的工作场所。设备间子系统由设备间中的电（光）缆、各种大型设备（电话交换机、计算机主机等）、主配线架（BD）及防雷电保护装置等构成。它把建筑物内公共系统用的各种不同设备相互连接起来，还可以完成各个楼层水平子系统之间的通信线路的调配、连接和测试等任务，并与建筑物外的公用通信网连接，形成对外传输的通道。设备间子系统是整个综合布线系统的中心单元。

6）建筑群子系统

建筑群子系统是指将两个以上建筑物间的通信信号连接在一起的布线系统，其两端分别安装在设备间子系统的接续设备上，可实现大面积地区建筑物之间的通信连接。建筑群子系统的设备包括对绞电缆、光缆、建筑群配线架（CD）以及防止浪涌电压进入建筑物的保护设备等。

2. 综合布线系统（中国标准）的结构组成

中国国家标准将综合布线系统的结构划分为配线子系统、垂直干线子系统和建筑群子系统，如图 1-16 所示。

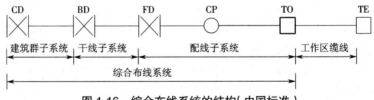

图 1-16 综合布线系统的结构（中国标准）

由图 1-16 可见，工作区由配线子系统的信息插座模块（TO）延伸到终端设备处的连接缆线及适配器组成；配线子系统由工作区用的信息插座模块、信息插座模块至楼层配线设备（FD）的电缆或光缆、楼层配线设备及设备缆线和跳线等组成；干线子系统由设备间至楼层配线设备的干线电缆和光缆、安装在设备间的建筑物配线设备（BD）及设备缆线和跳线组成；建筑群子系统由建筑群配线设备（CD）、建筑物之间的干线电缆或光缆、设备缆线、跳线等组成。

七、综合布线系统的发展趋势

综合布线从 20 世纪 90 年代初期 10 兆以太网的出现,到 90 年代中期转换到 100 兆以太网,到今天成为主流的千兆以太网,再到目前数据中心已使用的万兆以太网,甚至于下一代数据中心即将使用的 40 G 网络,网络速度在以爆炸性的速度增长。配合网络的更新速度,布线系统也在相应地不断发展。

目前,搭建网络所用的主流配置仍是桌面采用超五类屏蔽与非屏蔽或者六类屏蔽与非屏蔽布线产品及主干采用光纤产品。但事实上,2006 年 IEEE802.3an 工作组就发布了 10 GBase-T 的网络标准,10 G 以太网要求采用更高的超六类布线系统(Cat.6A 或 Class EA),10 GBase-T 每对线缆上双向传输 2.5 Gb/s,4 对线对共计传输 10 Gb/s,正如六类布线系统正在取代超五类布线系统一样,万兆的 Cat.6A 布线系统是未来数据中心布线发展的必由之路。

为了满足更高的传输要求,2002 年 ISO 曾经提出过传输带宽为 600 MHz 的 Cat.7 类传输标准(满足万兆传输标准的 Cat.6A 线缆带宽仅为 500 MHz),2010 年 ISO 又推出传输带宽为 1 000 MHz 的 Cat.7A 类传输标准,ISO 和 TIA 这些国际标准组织正在开发下一代数据中心支持 40 GBase-T 的 Cat.8 布线系统。

从目前的发展趋势来看,数据中心采用光纤的比例可能会大于 Cat.7 或者 Cat.7A 产品。因为从传输距离上来看,即便是在万兆以太网上,光纤中短波能够支持比七类线缆更长的传输距离,而价格也可能会更实惠。而且,在实际使用中,光纤有其特长之处,如传输距离远、传输稳定、不受电磁干扰的影响、支持带宽高、不会产生电磁泄漏。根据第三方的市场研究报告,2013 年中国数据中心网络主干光缆和铜缆的比例大约是 70∶30,在 2008 年这个比例大约是 20∶80。由此可见,在数据中心市场"光进铜退"趋势已经非常明显。

数据中心布线系统需要不断提升带宽,以便为快速增长的网络传输应用提前铺好道路,而采用光纤传输可以为不断发掘带宽潜力提供保障。与单模光纤相比较,由于多模光纤技术较低的有源 + 无源的综合成本,将促使多模光纤在数据中心的应用中占有优势,大中型数据中心超过 85% 的光纤布线系统采用的是多模光纤。

随着 2010 年 6 月 IEEE802.3ba 新的以太网 40 G/100 G 标准发布后,多模光纤在数据中心领域的应用翻开了新的一页,40 G 与 100 G 的高速传输不再仅仅依靠单模采用成本极高的 WDM 串行方式进行传输,新一代以太网 40 G/100 G 标准采用 OM3 与 OM4 多模光纤多通道并行传输的方式,这种多模并行传输的方式相比较单模 WDM 串行传输方式,在 40 G/100 G 上的总体成本分别只占单模系统的 1/3 与 1/10,可见多模光纤优势十分明显。2009 年 8 月,TIA 正式批准 OM4 多模光纤标准,该标准的推出为今后更高速的网络应用提供了更广泛的前景。

传统的结构化布线系统安装完成以后,给用户留下一大堆图纸和点位记录表,面对机房内成百上千的配线端口,用户往往很难建立并实施一套切实可行且有效的网络维护流程。在网络运行一段时间后,特别是当发生一些人员更迭的情况后,很难维持对现有布线系统信息的准确掌握。一旦有问题发生,网络管理人员将耗费大量的时间和精力去现场查找问题链路的各个部件。解决以上问题的办法就是综合布线系统的智能化管理,实现智能化管理的产品就是电子配线架。

电子配线架的出现是结构化布线领域的一大技术飞跃,它把传统的定位于无源基础设施的布线系统提升了一个台阶,使得网络管理人员不再通过烦琐且不可靠的纸面查询程序来获取实时的网络链接状况报告,通过查询管理系统,便可随时了解布线系统的结构,从而提高了网管的工作效率。

无线布线的方式已经相当普及,相对于有线方式来说,无线方式是一种延伸和补充,无线离不开有线的支持,IEEE 802.3ac 无线网络已经达到了 1Gb/s 的网络传输速率。

传统无线网络的解决方案是不同的运营商建设不同的基站和不同的射频发射装置,对于用户来说,这大大增加了时间和空间成本,意味着更多的投资。市场上有的厂商推出了新一代的数字一体化的分布式天线覆盖系统,能够将多家运营商传统的 2G、3G、4G 网络和Wi-Fi 网络集成在一起,通过一个共享的无线基站和一个多系统共享的远端射频收发装置覆盖更广阔的区域。未来数据中心网络采用有线 PC 终端或者移动终端采用无线(包括Wi-Fi 和蜂窝移动通信覆盖),将成为网络发展的必然趋势。

教学单元 3　综合布线系统传输介质

目前,综合布线系统常用的传输介质是对绞电缆和光缆。

一、对绞电缆

对绞线由两根绝缘导线按一定的密度相互扭绞而成。绝缘铜导线扭绞在一起可以降低信号受干扰的程度,即能够把对外的电磁辐射和遭受外部的电磁干扰减小到最少。一对或多对对绞线外加绝缘护套便成了对绞电缆。典型的对绞电缆中有四对对绞线组成,也有更多对对绞线放在一个电缆套管中的,称为大对数对绞电缆。

对绞电缆按其特性阻抗的不同分为 150 Ω 和 100 Ω 两类;按照其有无外覆屏蔽层分为非屏蔽对绞电缆(UTP)和屏蔽对绞电缆(TP)两类。

非屏蔽对绞电缆是由多对对绞线和一个塑料外皮护套构成,具有质量轻、体积小、弹性好、使用方便和价格适宜等特点,所以使用较多。但其抗外界电磁干扰的性能较差,安装时因受牵拉和弯曲,易使其均衡的绞距受到破坏。同时,非屏蔽对绞线在传输信息时,由于对外产生电磁辐射,所以相对安全性较差。而屏蔽对绞电缆根据屏蔽方式的不同,分为 FTP(纵包铝箔)、SFTP(纵包铝箔加铜编织网)和 STP(每对芯线和电缆纵包铝箔加铜编织网)三种。由于外加屏蔽层,因此屏蔽对绞电缆具有防止外来电磁干扰和对外电磁辐射的特性,但存在质量重、体积大、价格贵和不易施工等问题,并且在施工中只有达到完全屏蔽和正确接地,才能保证其屏蔽效果。对绞电缆的结构如图 1-17 所示。

国标 GB 50311—2016 引用了 ISO/IEC 11801—2002 中对屏蔽电缆的命名方法:根据防护的要求,分为 F/UTP(电缆金属箔屏蔽)、U/FTP(线对金属箔屏蔽)、SF/UTP(电缆金属编织丝网加金属箔屏蔽)、S/FTP(电缆金属箔编织网屏蔽加上线对金属箔屏蔽)等几种结构。

一般认为金属箔对高频、金属编织丝网对低频的电磁屏蔽效果为佳。如果采用双重绝缘(SF/UTP 和 S/FTP),则屏蔽效果更为理想,可以同时抵御线对之间和来自外部的电磁辐射干扰,减少线对之间及线对外部的电磁辐射干扰。因此,屏蔽布线工程有多种形式

的电缆可以选择,但为保证良好屏蔽,电缆的屏蔽层与屏蔽连接器件之间必须做好360°
的连接。

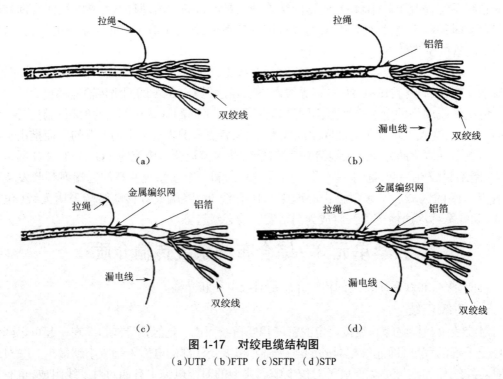

图 1-17　对绞电缆结构图
（a）UTP　（b）FTP　（c）SFTP　（d）STP

　　按照电气性能的不同,目前对绞线可分为1类、2类、3类、4类、5类、超5类、6类、超6
类和7类对绞线等几种。不同类别的对绞线价格相差较大甚至相差悬殊,应用范围也大不
相同。

　　（1）1类对绞线的最高频率带宽是750 kHz,支持20 kb/s的信号频率,主要用于传输语
音,不适用于数据传输。

　　（2）2类对绞线的最高频率带宽为1 MHz,支持音频和最高传输速率4 Mb/s的数据
传输。

　　（3）3类对绞线的最高频率带宽为16 MHz,用于语音传输及最高传输速率为10 Mb/s
的数据传输,主要用于10 Mb/s以太网(10 base-T)和4 Mb/s令牌环局域网。

　　（4）4类对绞线的最高频率带宽为20 MHz,用于语音传输及最高传输速率为16 Mb/s
的数据传输,适用于包括16 Mb/s令牌环局域网在内的数据传输,未被广泛采用。

　　（5）5类对绞线的最高频率带宽为100 MHz,该类电缆增加了绕线密度,外套一种高质
量的绝缘材料,用于语音传输和最高传输速率为100 Mb/s的数据传输,主要用于10 base-T
和100 base-T网络。

　　（6）超5类对绞线是在对5类对绞线的部分性能加以改善后出现的电缆,具有衰减小、
串扰少的特点,并且衰减与串扰的比值(ACR)和信噪比(SNR)更高,时延误差更小,但其最
高频率带宽仍为100 MHz。超5类对绞线不仅支持100 Mb/s以太网,还支持最高传输速率
为1 000 Mb/s以太网。

（7）6类对绞线在外形和结构上与5类或超5类对绞线都有一定的差别,不仅增加了绝缘的十字骨架,将对绞线的四对线分别置于十字骨架的四个凹槽内,保持四对对绞线的相对位置,提高电缆的平衡特性和串扰衰减,保证在安装过程中电缆的平衡结构不遭到破坏。而且电缆的直径也更粗,带宽也扩展至250 MHz或更高。6类对绞线由于与超5类布线系统具有非常好的兼容性,且能够非常好地支持1000Base-T。

（8）IEEE802.3an 10G Base-T标准正式提出了超6类的概念。在IEEE802.3an标准中,6类布线系统在10Gb/s以太网中所支持的长度应不大于55 m,并且还需要采用消除干扰的手段。后来,在TIA/EIA-568B.2-10标准中规定了超6类布线系统支持的传输带宽为500 MHz,传输距离可以达到100 m。目前,超6类对绞线分为非屏蔽和屏蔽两种。非屏蔽超6类对绞线从外观上看与6类对绞线差不多,细节上看区别就比较明显了,超6类的绞距更小些,而且导体也比较粗。屏蔽超6类对绞线采用对对屏蔽的结构,这种屏蔽结构可以防止每对线芯对其他线芯的干扰,既能防止外界的干扰,还可以增强自己的信号,使衰减值最小化。

（9）1997年9月,ISO/IEC确定7类布线标准的研发。7类对绞线具有更高的传输带宽,至少为600 MHz,而且7类布线系统采用的是双屏蔽对绞线。在制定网络接口时,确定7类标准分为RJ型接口及非RJ型接口两种模式。由于RJ型接口目前达不到600 MHz的传输带宽,7类布线标准还没有最终论断。2002年7月30日,西蒙公司开发的TERA7类连接件被正式选为非RJ型7类标准工业接口的标准模式。TERA连接件的传输带宽高达1.2 GHz,超过600 MHz的7类标准传输带宽。由于TERA的紧凑型设计及1、2、4对的模块化多种连接插头,一个单独的7类信道(4对)可以同时支持语音、数据和宽带视频多媒体等的混合应用,从而降低高速局域网设备的成本。

二、光缆

1. 光纤

1)光纤的结构

光纤是光导纤维的简写,可作为光传导工具,是目前综合布线系统中不可缺少的一种传输介质。典型的光纤结构自内向外由纤芯、包层、涂覆层和护套构成,如图1-18所示。

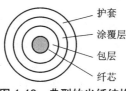

图 1-18 典型的光纤结构

（1）在综合布线系统中,纤芯的材料主要由高纯度的二氧化硅制成,并有极少量的掺杂剂,是光波的主要传输通道。

（2）包层紧包在纤芯的外面,通常也用高纯度二氧化硅制成,起到保护纤芯和封闭光束的作用。为了完全封闭光束,使光波实现全反射传输,要求包层材料的折射率要低于纤芯。另外,纤芯与包层是不可分离的,纤芯与包层合起来组成裸光纤,光纤的传输特性主要由裸光纤决定。

（3）涂覆层包括一次涂覆层、缓冲层和二次涂覆层,涂覆层保护光纤不受水汽的侵蚀并避免机械的擦伤,同时又能增加光纤的柔韧性,起到延长光纤寿命的作用。

（4）护套起到对光纤的保护作用。

与其他有线传输介质相比,光纤具有频带宽、质量轻、体积小、传输距离长、抗干扰能力强等优点,适用于传输距离长、数据容量大以及要求防电磁干扰和防窃听的场合。

2）光纤的分类

光纤的种类有很多,按不同的角度有不同的分类方法,如可按制作材料、传输模式、折射率分布、工作波长、制造方法等进行分类。下面主要介绍按照折射率分布和传输模式进行分类。

Ⅰ.按照折射率分布情况分类

按照折射率分布情况,可以将光纤分为阶跃型和渐变型。

阶跃型光纤的纤芯折射率高于包层折射率,使得输入的光束能在纤芯－包层交界面上不断产生全反射而前进。这种光纤纤芯的折射率是均匀的,包层的折射率稍低一些。光纤从纤芯中心到包层的折射率是突变的,只有一个台阶,所以称为阶跃型光纤,简称阶跃光纤,也称突变光纤。这种光纤的传输模式很多,各种模式的传输路径不一样,经传输后到达终点的时间也不相同,因而产生时延差,使光脉冲受到展宽。所以,这种光纤的模间色散高、传输频带不宽、传输速率不能太高,用于通信不够理想,只适用于短途低速通信。

为了解决阶跃光纤存在的弊端,又研制出了渐变折射率的多模光纤,简称渐变光纤。其光纤从纤芯中心到包层的折射率是逐渐变小的,可使高次模的光按正弦形式传播,这能减少模间色散,提高光纤带宽,增加传输距离,但成本较高,现在的多模光纤多为渐变型光纤。渐变光纤的包层折射率分布与阶跃光纤一样,是均匀的。渐变光纤纤芯中心的折射率最大,沿纤芯半径方向逐渐减小。由于高次模和低次模的光线分别在不同的折射率层界面上按折射定律产生折射,进入低折射率层中,因此光的行进方向与光纤轴方向所形成的角度将逐渐变小。同样的过程不断发生,直至光在某一折射率层产生全反射,使光改变方向,朝中心较高的折射率层行进。这时,光的行进方向与光纤轴方向所构成的角度,在各折射率层中每折射一次,其值就增大一次,最后达到中心折射率最大的地方。在这以后,和上述完全相同的过程不断重复进行,由此实现了光波的传输。

Ⅱ.按光纤信号的传输模式分类

按光纤信号的传输模式,可以将光纤分为多模光纤和单模光纤。

光学上把具有一定频率、一定偏振状态和传播方向的光波称为光波的一种模式,或称为光的一种波形。传输模式是光学纤维最基本的传输特性之一。若一种光纤只允许传输一种模式的光波,则称它为单模光纤。如果一种光纤允许同时传输多种模式的光波,则称它为多模光纤。

单模光纤的纤芯很细,只能传输一种模式(基模)的光,即光线只沿光纤的内芯进行传输。由于完全避免了模式色散,故单模光纤的传输频带很宽,因而适用于大容量、长距离的光纤通信。

多模光纤的纤芯较粗,可传多种模式的光。但其模间色散较大,这就限制了传输数字信号的频率,而且随着距离的增加模间色散会更加严重,因此多模光纤的传输距离较近。

2. 光缆

1）光缆的结构

将多根光纤置于特制的塑料绑带或铝皮内,再被涂覆塑料或钢带铠装,然后外加护套就成为光缆。

光缆的基本结构一般是由缆芯、加强钢丝、填充物和护套等几部分组成,另外根据需要还有防水层、缓冲层、绝缘金属导线等构件。

2）光缆的分类

光缆的种类有很多,从不同的角度有不同的分类方法,如可按传输性能及距离和用途的不同、光缆内使用光纤种类的不同、光缆内光纤纤芯的多少、加强件配置方法的不同、传输导体及介质状况的不同、敷设方式的不同、结构方式的不同、光纤套塑方法的不同、护层材料性质的不同等进行分类。下面主要介绍按照敷设方式和结构方式对光缆进行分类。

Ⅰ.按光缆敷设方式的不同分类

按光缆敷设方式的不同,可以将光缆分为管道光缆、直埋光缆、架空光缆和水底光缆。

（1）管道光缆一般敷设在城市地区,管道敷设的环境比较好,因此对光缆护层没有特殊要求,无须铠装。制作管道的材料可根据地理位置选用混凝土、石棉水泥、钢管、塑料管等。

（2）直埋光缆外部由钢带或钢丝铠装,直接埋设在地下,要求其有抵抗外界机械损伤的性能和防止土壤腐蚀的性能。

（3）架空光缆是架挂在电杆上使用的光缆,主要用于二级干线及其以下等级的光缆线路,适用于地形平坦、起伏较小的地区。架空光缆主要有挂在钢绞线下和自承式两种吊挂方式,目前基本都采用钢绞线支承式。其敷设方式为通过杆路吊线托挂或捆绑（缠绕）架设。

（4）水底光缆是敷设于水底,穿越河流、湖泊和滩岸等处的光缆。这种光缆的敷设环境比管道敷设、直埋敷设的条件差得多。水底光缆必须采用钢丝或钢带铠装的结构,护层的结构要根据河流的水文地质情况综合考虑,施工的方法也要根据河宽、水深、流速、河床及河床土质等情况进行选定。海底光缆也是水底光缆,但是敷设环境比一般水底光缆更加严峻、要求更高。

Ⅱ.按光缆结构方式的不同分类

按光缆结构方式的不同,光缆可分为层绞式、单位式、骨架式和带状式等几种。

（1）层绞式光缆是由多根容纳光纤的套管绕中心的加强构件绞合成圆整的缆芯。金属或非金属加强件位于光缆的中心,容纳光纤的松套管围绕加强件排列。层绞式光缆的最大优点是易于分叉,即光缆部分光纤需分别使用时,不必将整个光缆开断,只需将需分叉的光纤开断即可。

（2）单位式光缆是将十几根光纤芯线集合成一个单位,再由数个单位以强度元件为中心绞合成光缆。这种光缆的芯数一般为几十芯。

（3）骨架式光缆是缆芯由一次被覆光纤嵌入具有加强件的螺旋塑料骨架的凹槽中而形成的光缆,可分为一槽单纤和一槽多纤两大类型,具有耐侧压、抗弯曲、抗拉的特点。

（4）带状式光缆即按照相关的标准,将多芯光纤（4、6、8、12芯等）用特殊材料粘排起来,形成一组（也叫一带）,再由多组（带）组成一根光缆,最常用的有6芯、12芯带的带状光缆。通常带状光缆可分为两类结构形式:一是束管式,束管式带状光缆又分中心束管式及层绞式两类。二是骨架式,骨架式带状光缆也有单骨架及复合骨架多种结构形式。

以上几种光缆的结构如图 1-19 所示。

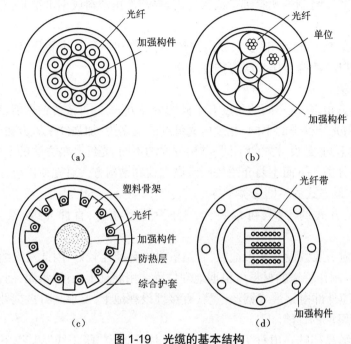

图 1-19　光缆的基本结构
(a)层绞式　(b)单位式　(c)骨架式　(d)带状式

教学单元 4　综合布线系统连接器件与布线器材

一、对绞电缆连接器件

对绞电缆布线系统的连接器件包括 RJ45 水晶头、RJ45 信息插座、对绞线配线架和电缆跳线等,主要用于端接或直接对绞电缆,使对绞电缆和连接器件组成一个完整的信息传输通道。

1. RJ45 水晶头

RJ 是 Registered Jack 的缩写,意思是注册的模块,RJ45 代表 8 线位结构模块。RJ45 水晶头是铜缆布线中的标准连接器件,通常接在对绞电缆的两端,以便插接到网卡、路由器、交换机等网络设备的 RJ45 接口上进行网络通信。RJ45 水晶头分为非屏蔽和屏蔽两种。屏蔽 RJ45 插头外围用屏蔽包层覆盖,与屏蔽 RJ45 信息模块搭配使用。RJ45 水晶头如图 1-20 所示。

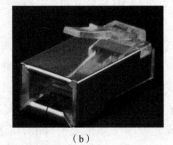

(a)　　　　　　　　　　(b)

图 1-20　RJ45 水晶头
(a)非屏蔽　(b)屏蔽

2. RJ45 信息插座

RJ45 信息插座由信息插座面板、底盒和 RJ45 信息模块组成,安装在墙面、桌面和地面上,用来完成终端设备和综合布线系统的连接。

1)信息插座面板

信息插座按照面板外形尺寸的不同有 K86 和 MK120 两个系列, K86 系列的尺寸是 86 mm × 86 mm, MK120 系列的尺寸是 120 mm × 75 mm,并有单 / 双 / 四位、平口和斜口等不同类型。

2)底盒

信息插座底盒按照安装方式的不同分为暗装盒和明装盒两种类型。明装盒安装在墙面外面,一般和线槽配合使用,拆装方便,但整体视觉效果不好。暗盒安装在墙面里侧,一般和线管配合使用,适用于新建筑或需要装修的旧建筑。

3)RJ45 信息模块

RJ45 信息模块的核心是模块化插座。插座主体设计采用了整体锁定机制,当模块化插头插入时,在插头和插孔的界面处可产生很大的拉拔强度。RJ45 信息模块上的接线块通过线槽来连接对绞线,锁定弹片可以在面板等信息出口装置上固定信息模块。RJ45 信息模块的典型结构如图 1-21 所示。

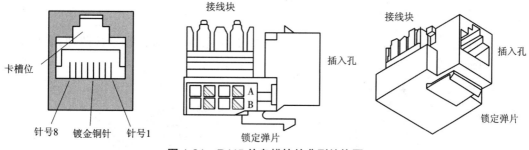

图 1-21　RJ45 信息模块的典型结构图

由于不同厂商生产的 RJ45 信息模块在接线结构和外观上都有差别,因此其分类方法也不一样。

(1)按照是否屏蔽来分,信息模块可分为非屏蔽式和屏蔽式两种,如图 1-22 和图 1-23 所示。常见的非屏蔽模块高 2 cm、宽 2 cm、厚 3 cm,塑体抗高压、阻燃、UL 额定热熔 94V-0,可卡接到任何 M 系列模式化面板、支架或表面安装盒中,并可在标准面板上以 90°(垂直)或 45° 斜角安装,特殊的工艺设计可提供至少 750 次重复插拔,且使用了 T568A 和 T568B 布线通用标签,还带有一白色的扁平线插入盖。这类模块通常需要打线工具——带有 110 型刀片的 914 工具打接线缆。这种非屏蔽模块也是国内综合布线系统中应用得最多的一种模块,无论 3 类、5 类还是超 5 类、6 类,它们的外形都保持了一致性。当安装屏蔽电缆系统时,整个链路,包括信息模块都需要屏蔽。

(2)按照模块端接时是否需要打线来分,信息模块可分为打线式和免打式两种。打线式信息模块需要用专用的打线工具将对绞线压入信息模块的接线槽内。免打式信息模块的免打线工具设计是模块的人性化设计的一个体现,这种模块端接时无须用专用刀具,具有免打线工具设计的 Siemon MX-c5 模块及 Nexans LANmark-6 Snap-in 模块,如图 1-24

所示。

图 1-22　非屏蔽模块

图 1-23　屏蔽模块

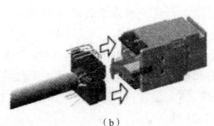

（a）　　　　　　　　　　　（b）

图 1-24　具有不同设计的免打线工具 RJ45 信息模块

（a）Siemon MX-c5 模块　（b）Nexans LANmark-6 Snap-in 模块

（3）按照接线部位的不同来分，信息模块可分为上部端接和尾部端接两种，如图 1-25 所示。目前大部分产品采用上部端接方式。

（a）　　　　　　　　　　　（b）

图 1-25　不同端接位置的信息模块

（a）上部端接　（b）尾部端接

3. 对绞线配线架

配线架是综合布线系统的核心产品，起着对传输信号的转接、分配及管理的作用。综合布线工程中常用的配线架有对绞线配线架和光纤配线架。其中，对绞线配线架分为 110 型配线架系列和模块式快速配线架系列。另外，随着信息技术的发展，针对传统配线架的种种不足，市场上又出现了一种新型的配线架，即电子配线架。

1）110 型配线架

110 型连接管理系统由 AT&T 公司于 1988 年首先推出，该系统后来成为工业标准的蓝本。110 型连接管理系统基本部件是配线架、连接块、跳线和标签。110 型配线架是 110 型连接管理系统的核心部分，110 型配线架是由阻燃、注模塑料做成的基本器件，布线系统中的电缆线对就端接在其上。

110 型配线架有 25 对、50 对、100 对、300 对多种规格，它的套件还应包括 4 对连接块或

5 对连接块、空白标签和标签夹、基座。110 型配线系统使用方便的插拔快接式跳接可以简单地进行回路的重新排列,这样就为非专业技术人员管理交叉连接系统提供了方便。

根据结构的不同,110 型配线架主要有以下类型。

(1)110AW2:100 对和 300 对连接块,带腿。

(2)110DW2:25 对、50 对、100 对和 300 对接线块,不带腿。

(3)110AB:100 对和 300 对带连接器的终端块,带腿。

(4)110PB-C:150 对和 450 对带连接器的终端块,不带腿。

(5)110AB:100 对和 300 对接线块,带腿。

(6)110BB:100 对连接块,不带腿。

110 型配线架的缺点是不能进行二次保护,所以在入楼的地方需要考虑安装具有过流、过压保护装置的配线架。

根据端接硬件的不同,110 型配线架主要有 110A 型、110P 型、110JP 型、110VisiPatch 型和 XLBET 超大型等五种类型。110A、110P、110JP、110VisiPatch 和 XLBET 型配线架具有相同的电气性能,但是其性能、规格及占用的墙空间或面板大小有所不同,每一种硬件都有其自己的优点。

(1)110A 型配线架。110A 型配线架配有若干引脚,俗称"带腿的 110 配线架"。SYS-TIMAX SCS 110A 型配线架如图 1-26 所示。110A 型配线架可以应用于所有场合,特别是大型电话应用场合,也可以应用在电信间接线空间有限的场合。在 110A 与 110P 配线线路数目相同的情况下,110A 占用的空间是 110P 的一半。110A 系统一般用 CCW-F(一种实心的专用聚氯乙烯绝缘的软铜导线)单连线进行跳线交连,而 CCW-F 跳线性能只达到 3 类,这限定了 110A 系统的性能在使用 CCW 跳线时只能达到 3 类水平。但如果使用 110A 快接式跳线可以将性能提高到超 5 类或 6 类水平。110A 系统是 110 配线架系统中价格最低的组件。

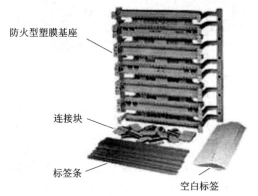

防火型塑膜基座

连接块

标签条

空白标签

图 1-26　SYSTIMAX SCS 110A 型配线架

(2)110P 型配线架。110P 型配线架的硬件外观简洁,用简单易用的插拔快接式跳线代替了跨接线,所以其对管理人员的技术水平要求不高。但是 110P 型配线架的硬件不能重叠放在一起。尽管 110P 系统组件的价格高于 110A 系统,但是由于其管理简便,因此可以相应降低其成本。110P 型配线架由 100 对配线架及相应的水平过线槽组成,并安装在一个背板支架上,110P 型配线架有 300 对和 900 对两种型号。110P 型由 110DW 配线架及在

100DW 上的 110B3 过线槽组成,其底部是一个半密闭状的过线架, SYSTIMAX SCS 110P 型配线架如图 1-27 所示。

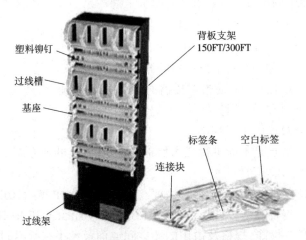

图 1-27 SYSTIMAX SCS 110P 型配线架

（3）110JP 型配线架。110JP 型配线架是 110 型模块插孔配线架,它包括一个 110 型配线架装置和与其相连接的 8 针模块化插座,这种设计可以避免端接模块中间部件的使用,并节省劳动力。110JP 型配线架如图 1-28 所示。

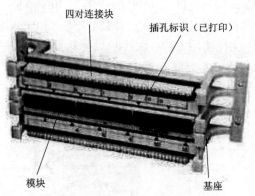

图 1-28 110JP 型配线架

（4）110VisiPatch 型配线架。110VisiPatch 型配线架是 110IDC 技术的革新,独特的反向暗装式跳线管理,增加了配线密度,降低了线缆混乱,线路整体整洁美观,有墙面安装式及机柜安装式两种,并且可垂直叠加。110VisiPatch 型配线架如图 1-29 所示。

（5）超大型建筑物进线终端架。超大型建筑物进线终端架系统(XLBET)适用于建筑群子系统,用来连接从中心机房来的电话网络电缆。因为有些场所需要大的进线设备和专用小交换机(PBX),以充分利用机房的空间范围,故有 XLBET。每个模块按 24 in(61 cm) ×23 in(58.4 cm)标准设计,以 7 ft(2.13 m)高的单片或双面钢质中继导轨为间隔。超大建筑物进线终端架系统最大负载能力为平行安装 110~300 对线,每个架上有透明的指示标签。XLBET 主要包括三个部分:框架模块、配线架模块和保护模块。框架模块含有一种轻型焊接钢制框架,有单面 3 600 对与双面 7 200 对两种设计形式,如图 1-30 所示。

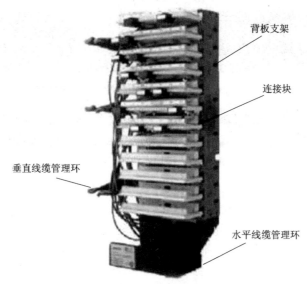

图 1-29　110VisiPatch 型配线架

图 1-30　单面 3 600 对与双面 7 200 对的 XLBET

2）模块式配线架

模块式快速配线架又称为机柜式配线架，如图 1-31 所示。它是一种 19 in（48.3 cm）的模块式嵌座配线架，以线架后部安装在一块印刷电路板上的 110D 连接块为特色，这些连接块计划用于端接工作站、设备或中继电缆。110D 绝缘移动接头（IDC）区通过印刷电路板的内部连接已与配线架前部的 8 针模块式嵌座连接起来。配线架是一种 in EIA RS-310 导轨安装单元，可容纳 24、32、64 或 96 个嵌座。其中，24 口配线架高度为 2U（89.0 mm）。机柜式配线架附件包括标签与嵌入式图标，方便用户对信息点进行标识。机柜式配线架在 19 in（48.3 cm）标准机柜上安装时，还需选配水平线缆管理环和垂直线缆管理环。

图 1-31　模块式快速配线架

3）电子配线架

电子配线架又称综合布线管理系统或者智能布线管理系统,是在原有模块式快速配线架结构的基础上,把原有标签位置更换成可视化标签系统,配备一台控制器对其进行远程的输入和显示控制。每台控制器可管理若干个电子标签配线架,并且有一套专用的综合布线管理软件与之配套。

电子配线架按照其原理可分为端口探测型配线架和链路探测型配线架;按布线结构可以分为单配线架方式和双配线架方式;按跳线种类可分为普通跳线和 9 针跳线;按配线架生产工艺可分为原产型和后贴传感器条型。

电子配线架具有以下功能。

（1）可实时探测配线架之间跳线的连接关系。也就是说,一旦有两个端口被连接起来,或两个端口的连接断开了,系统都马上能探测到。

（2）可实时地将探测到的连接关系生成数据库。即使系统断电,数据库数据全部丢失,而一旦恢复供电,系统可以马上重新扫描每一端口的连接关系,并即刻生成新的数据库。

（3）可根据探测到的跳接变化实时地自动更新数据库。一旦有人进行跳线操作,无论是断开还是连接,系统都能立即探测到,并根据刚刚探测到的连接关系更新数据库。

有了以上三个最基本的功能,电子配线架就可以派生出许许多多其他非常有用的功能,例如 LED 引导跳线功能、跳线操作纠错功能等。

电子配线架的使用减少了工作人员的工作压力,提高了网络布线的可靠性,增强了布线系统的维护和管理功能。

4. 对绞线跳线

跳线用于实现配线架与集线设备之间、信息插座与计算机之间、集线设备之间以及集线设备与路由设备之间的连接。跳线主要分为对绞线跳线和光纤跳线两类,分别应用于不同的综合布线系统。

对绞线跳线由标准的跳线电缆和连接硬件制成,跳线电缆有 2 芯到 8 芯不等的铜芯,连接硬件为模块插头。对绞线跳线主要种类有 RJ45 跳线、鸭嘴跳线、RJ45- 鸭嘴跳线等几种。

1）RJ45 跳线

RJ45 跳线如图 1-32 所示。它是综合布线系统中使用最多的对绞线跳线,跳线两端均为 RJ45 水晶头。RJ45

图 1-32　RJ45 跳线

跳线根据用途的不同,可分为直通跳线和交叉跳线;根据是否屏蔽,可分为屏蔽跳线和非屏蔽跳线。RJ45 跳线可在工作区中用于连接 RJ45 信息插座和终端设备,也可作为设备间和电信间配线架上的跳线。

2) 鸭嘴跳线

鸭嘴跳线一般用在 110 型配线架上,有 1 对、2 对、3 对、4 对四种,如图 1-33 所示。

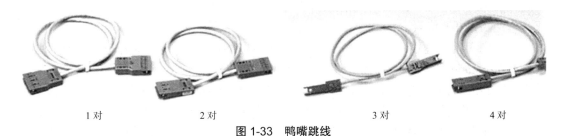

| 1 对 | 2 对 | 3 对 | 4 对 |

图 1-33　鸭嘴跳线

3) RJ45- 鸭嘴跳线

RJ45- 鸭嘴跳线如图 1-34 所示。RJ45- 鸭嘴跳线一端带有 RJ45 水晶头,另一端带有 110 型接头,用于网络设备和配线架的连接。

图 1-34　RJ45- 鸭嘴跳线

二、光纤连接器件

光缆布线系统的连接器件包括光纤连接器、光纤耦合器、光纤跳线、光纤尾纤、光纤面板、光纤配线架、光纤接续盒及光纤配线箱等。

1) 光纤连接器

光纤连接器是用于连接两根光纤或光缆形成连续光通路的可以重复使用的无源器件,广泛应用在光纤传输线路、光纤配线架和光纤测试仪器、仪表中,它是目前使用数量最多的光无源器件。

Ⅰ. 光纤连接器的性能

光纤连接器的性能首先是光学性能,此外还要考虑光纤连接器的互换性、重复性、抗拉强度、温度和插拔次数等。

(1)光学性能。对于光纤连接器光学性能方面的要求,主要是插入损耗和回波损耗这两个最基本的参数。插入损耗即连接损耗,是指因连接器的导入而引起的链路有效光功率的损耗。插入损耗越小越好,一般要求应不大于 0.5 dB。回波损耗是指连接器对链路光功率反射的抑制能力,其典型值应不小于 25 dB。实际应用的光纤连接器,插针表面经过了专门的抛光处理,可以使回波损耗更大,一般不低于 45 dB。

(2)互换性、重复性。光纤连接器是通用的无源器件,对于同一类型的光纤连接器,一般都可以任意组合使用,并可以重复多次使用,由此而导入的附加损耗一般都在小于 0.2 dB 的范围内。

(3)抗拉强度。对于做好的光纤连接器,一般要求其抗拉强度应不低于 90 N。

(4)温度。一般要求光纤连接器必须为 -40 ℃ ~ +70 ℃ 的温度时能够正常使用。

(5)插拔次数。目前使用的光纤连接器一般都可以插拔 1 000 次以上。

Ⅱ.常用光纤连接器

按照不同的分类方法,光纤连接器可以分为不同的种类。按传输介质的不同,可分为单模光纤连接器和多模光纤连接器;按结构的不同,可分为 FC、SC、ST、D4、DIN、Biconic、MU、LC、MT 等各种形式;按连接器插针端面,可分为 FC、PC(UPC)和 APC;按光纤芯数,可分为单芯和多芯。

在实际应用过程中,一般按照光纤连接器结构的不同来加以区分。以下介绍一些目前比较常见的光纤连接器。

(1)FC 型光纤连接器。FC 型光纤连接器由日本 NTT(Nippon Telegraph and Telephone Public Corporation,日本电报电话公共公司)研制,如图 1-35 所示。其外部加强方式采用金属套,紧固方式为螺丝扣。FC 型光纤连接器最早采用的陶瓷插针的对接端面是平面接触方式(FC)。此类连接器结构简单、操作方便、制作容易,但光纤端面对微尘较为敏感,且容易产生菲涅尔反射,提高回波损耗性能较为困难。后来,对该类型连接器做了改进,采用对接端面呈球面的插针(PC),而外部结构没有改变,使得插入损耗和回波损耗性能有了较大幅度的提高。

(2)SC 型光纤连接器。SC 型光纤连接器如图 1-36 所示。它是一种由日本 NTT 公司开发的光纤连接器,其外壳呈矩形,所采用的插针与耦合套筒的结构尺寸与 FC 型完全相同。其中,插针的端面多采用 PC 或 APC 型研磨方式,采用插拔销闩式紧固方式,不需旋转。此类连接器价格低廉,插拔操作方便,介入损耗波动小,抗压强度较高,安装密度高。

图 1-35　FC 型光纤连接器

图 1-36　SC 型光纤连接器

(3)ST 型光纤连接器。ST 型光纤连接器如图 1-37 所示,其外壳呈圆形,有一个卡销式金属圆环,以便与匹配的耦合器连接,上有一个卡槽,直接将插孔的"密钥"卡进卡槽并旋转即可。其所采用的插针与耦合套筒的结构尺寸与 FC 型完全相同,插针的端面多采用 PC 型或 APC 型研磨方式。

(4)双锥型光纤连接器。双锥型光纤连接器如图 1-38 所示,它由两个经精密模压成型的、端头呈截头圆锥形的圆筒插头和一个内部装有双锥形塑料套筒的耦合组件组成。

图 1-37　ST 型光纤连接器

图 1-38　双锥型光纤连接器

（5）DIN4 型光纤连接器。DIN4 型光纤连接器是一种由德国开发的连接器,如图 1-39 所示。该连接器采用的插针和耦合套筒的结构尺寸与 FC 型相同,端面处理采用 PC 研磨方式。与 FC 型连接器相比,其结构要复杂一些,内部金属结构中有控制压力的弹簧,可以避免因插接压力过大而损伤端面。另外,这种连接器的机械精度较高,因而介入损耗值较小。

（6）MT-RJ 型光纤连接器。MT-RJ 型光纤连接器如图 1-40 所示。它起步于日本 NTT 公司开发的 MT 型光纤连接器,带有与 RJ-45 型 LAN 电连接器相同的闩锁机构,通过安装于小型套管两侧的导向销对准光纤。为便于与光收发机相连,连接器端面光纤为双芯（间隔 0.75 mm）排列设计。它是主要用于数据传输的下一代高密度光纤连接器。

图 1-39　DIN4 型光纤连接器　　　　　　　　图 1-40　MT-RJ 型光纤连接器

（7）LC 型光纤连接器。LC 型光纤连接器如图 1-41 所示。它由 Bell 研究所研究开发,采用操作方便的模块化插孔（RJ）闩锁机理制成。其所采用的插针和套筒的尺寸是普通 SC、FC 型光纤连接器等所用尺寸的一半,为 1.25 mm,这样可以提高光配线架中光纤连接器的密度。目前,在单模 SFF 方面,LC 类型的连接器实际已经占据了主导地位,在多模方面的应用也增长迅速。

（8）MU 型光纤连接器。MU 型光纤连接器是以目前使用最多的 SC 型光纤连接器为基础,由 NTT 研制开发出来的世界上最小的单芯光纤连接器,如图 1-42 所示。该连接器采用直径 1.25 mm 的套管和自保持机构,其优势在于能实现高密度安装。利用 MU 的 l.25 mm 直径的套管, NTT 已经开发了 MU 系列连接器。它们有用于光缆连接的插座型光连接器（MU-A 系列）,具有自保持机构的底板连接器（MU-B 系列）以及用于连接 LD/PD 模块与插头的简化插座（MU-SR 系列）等。

图 1-41　LC 型光纤连接器　　　　　　　　图 1-42　MU 型光纤连接器

2）光纤耦合器

光纤耦合器又称光纤适配器,是与光纤活动连接器实现对接的部件,如图 1-43 所示。它能够把光纤的两个端面精密对接起来,使发射光纤输出的光能量能最大限度地耦合到接收光纤中,并使其介入光链路从而对系统造成的影响降到最低。光纤耦合器固定在光纤配线架、光纤通信设备、光纤仪器等的面板上,有多种接口类型,与光纤连接器配套使用。

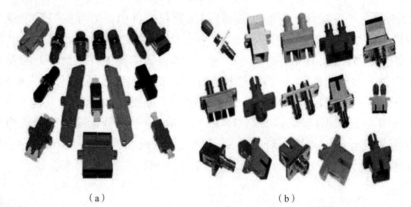

（a） （b）

图 1-43 光纤耦合器

（a）直通型耦合器 （b）异型连接耦合器

3）光纤跳线

光纤跳线如图 1-44 所示,由光纤和光纤连接器构成,用于实现光路的活动连接,如光纤配线架或光纤信息插座到交换机的连接、交换机之间的连接、交换机与计算机之间的连接、光纤信息插座与计算机之间的连接等。光纤跳线有单芯和双芯、多模和单模之分,也可按所接连接器的不同分类。光纤跳线长度的规格有 0.5 m、1 m、2 m、3 m、5 m、10 m 等。

图 1-44 光纤跳线

4）光纤尾纤

光纤尾纤只有一端有光纤连接器,另一端是一根光缆纤芯的断头,如图 1-45 所示。光纤尾纤通过熔接与其他光缆纤芯相连,常出现在光纤终端盒内。将一根光纤跳线一分为二可以作为尾纤用。

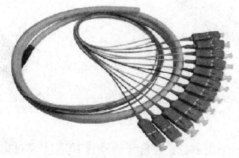

图 1-45 光纤尾纤

5）光纤面板

光纤信息插座是一个带光纤耦合器的光纤面板,其连接结构和光纤配线架一样。光缆敷设至底盒后,与一条光纤尾纤熔接,尾纤上的光纤连接器插入光纤面板上的光纤耦合器的一端,光纤耦合器的另一端用光纤跳线连接到终端设备。光纤面板外观如图1-46所示。

图1-46 光纤面板外观

6)光纤配线架

光纤配线架如图1-47所示。光纤配线架是光缆和光通信设备之间或光通信设备之间的配线连接设备,主要由箱体、光纤固定环、连接面板、光纤耦合器等组成。光纤配线架具有光缆固定、分纤缓冲、熔接、保护以及光纤的分配、组合、调度等功能。

（a）

（b）

图1-47 光纤配线架

（a）机架式 （b）壁挂式

光纤配线架根据结构的不同,可分为壁挂式和机架式。壁挂式光纤配线架可直接固定于墙体上,适用于光缆条数和光纤芯数都较小的场所。机架式光纤配线架可直接安装在标准机柜中,适用于较大规模的光纤网络。

机架式配线架又分为两种:一种是固定配置的配线架,光纤耦合器被直接固定在机箱上;另一种采用模块化设计,用户可根据光缆的数量和规格选择相对应的模块,便于网络的调整和扩展。

7)光纤接续盒

光纤接续盒如图1-48所示,主要用于机柜以外地点的光缆接续。它能够阻止大自然中热、冷、光、氧和微生物引起的材料老化,并且具有优良的力学强度。坚固的光纤接续盒外壳及主体结构件能够忍受最恶劣的环境变化,同时起到阻燃、防水的作用。

光纤接续盒适用于各种结构光缆的架空、穿管、直埋等敷设方式的直通和分支连接

图1-48 光纤接续盒

及光缆在终端机房内的接续。

光纤接续盒按照光缆的连接方式可分为直通型和分歧型;按照光缆的敷设方式可分为架空型、管道(隧道)型和直埋型;按照是否可以装配适配器可分为可装配适配器型和不可装配适配器型;按照外壳材料可分为塑料外壳和金属外壳;按照密封方式可分为热收缩密封型和机械密封型。

8)光纤配线箱

图 1-49　光纤配线箱

光纤配线箱适用于光缆与光通信设备的配线连接,通过配线箱内的适配器,用光纤跳线引出光信号,实现光配线功能。光纤配线箱适用于光缆和配线尾纤的保护性连接,也适用于光纤接入网中的光纤终端点采用。光纤配线箱如图 1-49 所示。

模块小结

计算机网络是对分布在不同地理位置且功能独立的多台计算机系统实施互联,并达到通信和信息交换目的,计算机网络按覆盖范围划分为局域网、城域网、广域网 3 种类型。

网络模型即开放式通信系统互联(OSI)参考模型,是国际标准化组织(ISO)提出的一个试图使各种计算机在世界范围内互联为网络的标准框架。网络模型包含 7 层,即物理层、数据链路层、网络层、传输层、会话层、表示层、应用层。

计算机网络的功能是数据通信、资源共享、分布处理;特点是集中管理、均衡负荷、具有可靠性和可用性。计算机网络由服务器、工作站、网络适配器、中继器、集线器、交换机、路由器、程控交换机等设备组成。它采用 TCP/IP 协议,IP 地址是指互联网协议地址,它为互联网上的每一个网络和每一台主机分配一个逻辑地址,以此来屏蔽物理地址的差异。

综合布线系统是为通信和计算机网络而设计的,其主要功能是实现数据(数据、语音、图像、通信设备、交换设备)的交换和管理。综合布线标准分为美国标准、欧洲标准、国际标准、中国标准。美国 ANSI/EIA/TIA 568A 标准把综合布线系统分成工作区子系统、水平区子系统、管理子系统、垂直干线子系统、设备间子系统及建筑群子系统等 6 个子系统。

对绞线由两根绝缘导线按一定的密度相互扭绞而成。一对或多对对绞线外加绝缘护套便成了对绞电缆。典型的对绞电缆里有四对对绞线,也有更多对对绞线放在一个电缆套管里的,称为大对数对绞电缆。对绞电缆按其特性阻抗的不同分为 150 Ω 和 100 Ω 两类;按照其有无外覆屏蔽层分为非屏蔽对绞电缆(UTP)和屏蔽对绞电缆(TP)。

光纤是光导纤维的简写,可作为光传导工具,是目前综合布线系统中不可缺少的一种传输介质。典型的光纤结构自内向外由纤芯、包层、涂覆层和护套构成。将多根光纤置于特制的塑料绑带或铝皮内,再被涂覆塑料或钢带铠装,然后外加护套就成为光缆。光缆的基本结构一般是由缆芯、加强钢丝、填充物和护套等几部分组成。

对绞电缆布线系统的连接器件包括 RJ45 水晶头、RJ45 信息插座、对绞线配线架和绞线跳线等,主要用于端接或直接对绞电缆,使对绞电缆和连接器件组成一个完整的信息传输通道。

　　光缆布线系统的连接器件包括光纤连接器、光纤耦合器、光纤跳线、光纤尾纤、光纤面板、光纤配线架、光纤接续盒及光纤配线箱等。

复习思考题

　　1.计算机网络是如何进行划分的?

　　2.什么是 IP 地址? 它在计算机网络中的作用是什么?

　　3.综合布线系统具有哪些功能和特点?

　　4.综合布线系统是由哪些子系统组成的?

　　5.跳线的主要作用是什么? 如何制作 RJ45 跳线?

　　6.光纤的主要分类及特点有哪些?

模块二　消防系统

消防系统主要用来实施火灾自动报警和消防联动控制,其控制的核心设备是火灾报警控制器。本模块包括火灾的危害及预防、火灾自动报警系统、消防联动控制系统3个教学单元。通过学习本模块,可使学生在理论知识学习的基础上,加深对消防系统的理解和认知,培养学生掌握一定的消防知识和综合应用能力。

教学单元1　火灾的危害及预防

火灾是指在时间或空间上失去控制的燃烧所造成的灾害。在自然界的各种灾害中,火灾是最为常见的一种,通常绝大部分的火灾会发生在建筑物中,给人身安全和国家财产带来重大损失。随着社会的发展,人类在利用火源创造财富的同时,也能对火灾进行有效的控制。所以说,人类使用火的历史与同火灾作斗争的历史是相伴相生的,人们在用火的同时,也在不断总结火灾发生的规律,尽可能地减少火灾的发生及其对人类造成的危害;在火灾发生时,需要尽快地安全逃生。

一、物质燃烧过程中所产生的现象

物质通常划分为可燃物质和不可燃物质,大部分可燃物质在燃烧过程中都会产生火焰、热(温)度、烟雾、气体,如图2-1所示。

图2-1　可燃物质燃烧过程中产生的现象

火灾无疑给国家财产和人身安全带来了危害,所以预防火灾刻不容缓。要想了解火灾的危害,首先要了解燃烧的概念。

1. 燃烧的概念

燃烧是物体快速氧化,产生光和热的过程。燃烧的本质是氧化还原反应。广义的燃烧不一定要有氧气参加,任何发光、发热、剧烈的氧化还原反应,都可以叫燃烧。

燃烧需要三种要素并存才能发生,三种要素分别是可燃物(燃料)、助燃物(氧气)以及温度要达到燃点。燃烧的种类主要分为以下几种。

1)闪燃

闪燃是指易燃或可燃液体挥发出来的蒸气与空气混合后,遇火源发生一闪即灭的燃烧现象。发生闪燃现象的最低温度点称为闪点。在消防管理分类上,把闪点小于28 ℃的液体划为甲类液体,也叫易燃液体;闪点大于28 ℃、小于60 ℃的液体称为乙类液体;闪点大于

60 ℃的液体称为丙类液体,乙、丙两类液体又统称为可燃液体。

2)着火

着火是指可燃物质在空气中受到外界火源或高温的直接作用,开始起火持续燃烧的现象。物质开始起火持续燃烧的最低温度点称为燃点。

3)自燃

自燃是指热量积聚达到一定的温度时,不经点火也会引起自发燃烧的现象。自燃可以是受热自燃,也可以是自热自燃。受热自燃是指物质在外部热能逐步积累的情况下而形成的自燃,自热自燃是指因物质自身产生热量而形成的自燃。

4)爆炸

爆炸是指物质在瞬间急剧氧化或分解产生大量的热和气体,并以巨大压力急剧向四周扩散和冲击而发生巨大响声的现象。能够产生爆炸的物质包括可燃气体、蒸气或粉末,它们与空气组成的混合物遇火源后即可发生爆炸。物质产生爆炸时,需要达到一定的浓度(爆炸极限),最低浓度称为爆炸下限,最高浓度称为爆炸上限。

2. 物质燃烧的现象

1)火焰

火焰是一种常见的物理现象,火焰的温度很高且散发出光和热。燃烧是化学现象,同时也是物理现象。火焰既可以给人带来益处,也可以给人带来危害,火焰的组成分为3层,即内层、中层、外层。

(1)火焰的内层为深蓝色,因供氧不足,燃烧不完全,温度最低,有还原作用。

(2)火焰的中层为深红色或浅黄色,颜色明亮。温度比内层高。

(3)火焰的外层为无色,因供氧充足,燃烧完全,温度最高,有氧化作用。

2)热度

凡是物质燃烧必然有热量释放,从而使环境温度升高。但在燃烧速度非常缓慢的情况下,这种热(温)度不容易察觉出来。当火势凶猛时,其周围温度会迅速上升。

3)烟雾

物质在燃烧时还会产生烟雾。烟雾和气体都具有很大的流动性,能潜入建筑物的任何空间,所以人们还没有接触到火焰时,可能就已经受到烟雾的伤害了。烟雾可以使人窒息,据有关资料统计,在烟雾密集的环境中,2~3 min 就可以使人窒息死亡。

4)气体

物质在燃烧开始阶段,首先释放出来的是燃烧产生的气体,如 CO 和 CO_2 等。若燃烧的是化学物质,还会产生不同的有害气体,它是在发生火灾过程中导致人员中毒死亡的主要根源。

【案例 1】某日的 14 时,某栋高层公寓起火。公寓内住着不少退休教师,起火点位于 10至 12 层之间,整栋楼都被大火包围着,楼内还有不少居民没有撤离。大火已导致 58 人遇难,另有 70 余人正在接受治疗。

【案例 2】某日凌晨 2 时 59 分,位于北京的某商场开始着火,大火整整烧了 8 个多小时,直到上午 11 时才被扑灭,过火面积约 1 500 m²。北京市公安局指挥中心共计调派了 15 个消防中队的 63 辆消防车、300 余名官兵会同石景山分局相关部门赶赴现场处置。由于火灾发生在凌晨,大厦工作人员及商户无人员伤亡,但两名参与救火的消防官兵不幸牺牲。

二、火灾的主要危害

火灾作为一种灾害,对人民的生命及财产所造成的损失是不可估量的,任何其他灾害最后都可能导致火灾。火灾能烧掉人类经过辛勤劳动创造的物质财富,使工厂、仓库、城镇、乡村和大量的生产、生活资料化为灰烬,在一定程度上还会影响社会经济的发展和人们的正常生活。火灾还会污染大气,破坏生态环境。火灾不仅使一些人陷于困境,还会夺去许多人的生命和健康,造成难以消除的身心痛苦。

1. 发生火灾的原因

火灾的产生与多种因素有关,如吸烟、明火作业而无保护措施、工艺物料过热、电气故障、燃料排泄、焊接火花、静电放电等。

1）吸烟

在有可燃性或爆炸性气体存在的场所吸烟,极易发生火灾;而在具有可燃物密集的场所吸烟,也极易造成火灾。所以,在容易发生火灾的场所,都会有"禁止吸烟"的提示牌。人们在吸烟时,应遵守环境要求,不要在有"禁止吸烟"提示牌的场所吸烟,更不要随意乱丢没有熄灭的烟头,从行为上避免火灾的发生。

2）明火作业而无保护措施

明火作业是指有外露火焰或炽热表面的操作,如焊接、切割、热处理、烘烤、熬炼等。在操作过程中,如果操作者技术不熟练,或操作失误、违反动火规定等,都可能引起火灾。

3）工艺物料过热

某些物料由于自身的工艺处理原因,其温度会上升,最终导致自燃。当这些物料与可燃物密切接触时,就可能发生火灾。所以,对待具有自燃特性的物料,在储存或加工的过程中,要严格按照管理制度执行,避免火灾的发生。

4）电气故障

在火灾事故中,绝大部分的火灾与电气事故有关,因为电气系统(特别是传输导线)在发生故障(短路、过载)时极易发生着火事件,这是因为电气故障最终的结果往往会使温度升高,高温下可使电气绝缘装置损坏,导致绝缘材料起火而点燃周围的可燃物。所以,强化电气系统的维护与巡检,是避免火灾的有力措施。

5）燃料泄漏

某些燃料特别是易燃易爆物品,在密封措施不到位时,就会造成其泄漏,遇到明火发生火灾事故。燃料泄漏不仅可以发生火灾,还极易发生爆炸事故。

6）焊接火花

在进行焊接时,由于焊接产生的火花而点燃周围的可燃物,这也是造成火灾事故的原因之一,特别是在建筑施工的高空作业中,焊接作业致使火花飞溅而点燃可燃物的现象时有发生。

7）静电放电

静电是由于原子外层的电子受到各种外力的影响而发生转移,分别形成正负离子造成的。任何两种不同材质的物体接触后都会发生电荷的转移和积累,从而形成静电。静电放电是指具有不同静电电位的物体互相靠近或直接接触引起的电荷转移。静电放电的表现形式是能量释放,即产生火花或电弧,当遇到易燃易爆气体、液体或其他可燃物后就会形成爆炸或着火。

2. 火灾的危害性

火灾的燃烧对象有建筑物、森林树木、生产装置、公共设施、交通工具、露天仓库、电气设备等,从而增加了火灾的复杂性。火灾能引起各种伤害,严重时可导致人员死伤。在火场中,由于逃避不及时,会直接被火烧伤或烧死。

烟雾引起窒息是火灾致伤、致死的主要原因。火灾烟雾中有大量的一氧化碳和其他有害气体,人体吸入以后容易造成窒息。烟雾的蔓延速度超过火的 5 倍,其能量超过火的 5~6 倍。烟雾的流动方向就是火势蔓延的途径,温度极高的浓烟,在 2 min 内就可形成烈火,而且对相距很远的人也能构成威胁。此外,由于烟的出现严重地阻碍了人们的视线,从而使能见度下降。一般情况下,只要人的视野降至 3 m 以内,想逃离火场就不大可能了。

火灾中的浓烟危害很大,被浓烟熏呛致死的概率是烧死的 4~5 倍,浓烟致人死亡的主要原因是一氧化碳中毒。在一氧化碳浓度达 1.3% 的空气中,人吸入两三口气就会失去知觉,呼吸 1~3 min 就会导致死亡。而常用的建筑木材燃烧时所产生的烟气中,一氧化碳的含量高达 2.5%。此外,火灾中的烟气里还含有大量的二氧化碳。在通常情况下,二氧化碳在空气中的体积约占 0.06%,当达到 2% 时,人就会感到呼吸困难,达到 6%~7% 时,人就会窒息死亡。另外,还有一些物资,如聚氯乙烯材料和尼龙、羊毛、丝绸等纤维类物品,燃烧时能产生剧毒气体,对人的威胁更大。

三、火灾的预防

了解燃烧材料的特性,加强防火安全教育,制定防火安全管理制度是预防火灾发生的有效措施。对火灾扑救,通常采用窒息(隔绝空气)、冷却(降低温度)和拆除(移去可燃物)等三种方式。

1. 防火相关知识

(1)随手扔烟头是很多烟民的不良习惯,当周围可燃物多时,特别要警惕因吸烟而引起火灾;更不要躺在床上或沙发上吸烟,尤其是在酒后或疲劳时吸烟。

(2)家庭电器已经相当普及,使用电炉、电热毯、电熨斗和取暖设备等,要做到用前检查、用后保养,避免因线路老化、年久失修或经常搬运、碰破电线而引发火灾事故,使用家用电热器时人不要离开。

(3)冬季烤火取暖严禁使用汽油、煤油、酒精等易燃物引火;家庭不可用可燃材料进行装饰,避免给火势蔓延创造条件。

(4)教育小孩不要玩火,并将打火机、火柴等物品放在小孩不容易拿到的地方。

(5)过道里、楼梯上不要堆放物品,安全出口不要上锁。

(6)不要在家里储存易燃易爆的汽油、酒精、香蕉水(醋酸正戊酯)等危险物品。

(7)不要在树林中抽烟、乱扔烟头、野炊、烧荒、烧灰积肥或焚烧物品。

2. 燃烧材料的分类

具备可燃性的物质称为燃烧材料,我国消防安全管理条例中,将燃烧材料分为 4 类,即 A、B、C、D。不同的燃烧材料具有不同的燃烧特性,需用不同的灭火方式实施灭火。

1)A 类燃烧材料

A 类燃烧材料是指易燃物或纤维材料,如木柴、纸张、布料、垃圾、橡胶和一些塑料等,也包括非金属的固体易燃物。通常使用水来冷却、降低此类物质的燃点温度以达到灭火目的。

2）B 类燃烧材料

B 类燃烧材料是指可燃液体,如汽油、煤油、油漆、油漆稀释溶液、石油、油脂等,也包括任何非金属的可燃液体。通常使用隔离氧气的方法来灭火,严禁用水来灭 B 类燃料引起的火灾。

3）C 类燃烧材料

C 类燃烧材料火灾是指由电气故障引起的火灾。灭电气火灾最好的方式是关闭电源。这类火灾也可以使用具有绝缘性质的灭火器材,如干粉灭火器、二氧化碳灭火器,绝对不能使用水对电气火灾进行灭火。

4）D 类燃烧材料

D 类燃烧材料是指某些可燃的金属,如钾、铝、镁和钠。这些金属在高温下燃烧,释放出充足的氧气来维持燃烧。这类火灾要使用专门的灭火剂。D 类火灾遇水可能产生可燃的气体,如氢化钠、磷化锌,故只能选用特别的干粉灭火器,使用水性灭火器可能会引起剧烈爆炸。

3. 火源和气体管理的注意事项

（1）天然气皮管道不应破损或漏气,使用后阀门应切实关闭和关紧。

（2）营业性的餐厅、厨房、浴室的锅炉间,要求指定专人负责安全检查和维护。

（3）大楼内部工程施工中的用火,必须指定施工期间的负责人,以明确责任和范围。

（4）厨房的尘垢、油污应经常清洗,烟囱及油烟通风管道应加装铁丝罩。

（5）未经许可,非法经营或使用藏置危险物品者,应立即通报当地消防部门或公安机关。

（6）家长外出,勿将小孩反锁在家中,以免发生火灾时无法逃出。

4. 安全用电常识

（1）保险丝熔断是用电过量的预警,应及时排查,以免短路时引起电线着火。

（2）电线陈旧,最易破损,应注意检查更换。

（3）衣柜内不可装设电灯烘烤衣物。

（4）电暖炉附近不可放置易燃物品或靠近衣服。

（5）电热水器检查其自动调节装置是否损坏,以免发生过热,引起爆炸后发生火灾。

（6）电气机房及配电所开关附近应备干粉灭火器以备灭火。

5. 高楼防火注意事项

（1）安全门或楼梯及通道应保持畅通,不得任意封闭、加锁或堵塞。

（2）楼房窗户不应装置防窃铁栅或广告牌等阻塞逃生的设施,如装置应预留逃生口。

（3）高楼楼顶平台为临时避难场所,除蓄水池与瞭望台外,不可加盖房屋或其他设备,以免影响逃生。

（4）缺水或消防车抢救困难地区,应配置灭火器材或自备充足的消防用水。

教学单元2　火灾自动报警系统

一、火灾自动报警系统

1. 火灾自动报警系统组成

火灾自动报警系统是由触发装置、火灾报警装置、联动输出装置以及具有其他辅助功能的装置组成,如图 2-2 所示。火灾自动报警系统由火灾报警控制器、火灾探测器、智能单元、消防模块、消防通信设施等组成。当火灾发生时,能在第一时间内发送报警信息,通知救火人员实施灭火,最大限度地减少因火灾造成的生命和财产损失,它是人们同火灾作斗争的有力工具。

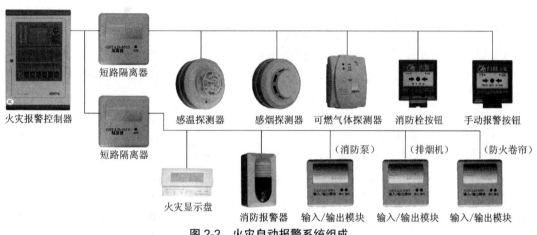

图 2-2　火灾自动报警系统组成

2. 火灾自动报警系统主要功能

火灾自动报警系统以火灾报警控制器为核心,并通过控制器的总线对外部探测器、智能控制单元、输入 / 输出单元、通信单元进行连接。火灾报警控制器采用了双微处理器的并行处理方式,具有计算机的数字控制功能,并可实现多台火灾报警控制器的联网。

火灾自动报警系统中的探测器、智能单元、消防模块均采用了微处理器,可对其自身信息进行运算处理,并通过总线与火灾报警控制器通信,实时进行数据交换。

火灾自动报警系统能在火灾初期,将燃烧产生的烟雾、热量、火焰等物理量,通过火灾探测器变成电信号,再传输到火灾报警控制器,并同时以声或光的形式通知整个楼层疏散,由控制器记录火灾发生的部位、时间等,使人们能够及时发现火灾,并及时采取有效措施实施灭火。

火灾自动报警系统可在本地实施监控管理,也可通过上位计算机实现远程监控管理。系统中所有火灾报警控制器的数据,都可上传到计算机中,并在监控系统中显示。

二、火灾探测器

1. 火灾探测器基本概述

火灾探测器用来探测具有某种特征的物理量信号,如烟雾、热量、可见光、可燃气体等。火灾探测器通常自身带有微处理器,可将探测信息经过处理转换成电信号,并传给火灾报警控制器发送报警。

火灾探测器分为总线式和非总线式。总线式火灾探测器需要连接在火灾报警控制器的输出总线上,并对其进行编码。非总线式火灾探测器不需要火灾报警控制器提供专用总线,只需借助输入模块与火灾报警控制器相连。

火灾探测器宜采用水平安装方式,必须倾斜安装时,倾斜角度不大于45°,且底座要固定牢固。同时,还需注意安装位置与空调出风口的距离。

2. 火灾探测器分类

火灾探测器可按其物理结构、探测参数、使用环境等方式进行分类。

(1)火灾探测器按照物理结构划分,可分为点型和线型两种。点型火灾探测器的探测元件集中在一个特定位置上,用来探测该位置周围的火灾情况(或响应某点周围的火灾参数),点型火灾探测器必须与报警主机相连,不能进行自我控制。线型火灾探测器是对较大(较远)区域实施火灾探测的器件,它能响应连续线路周围的火灾参数并对其实施探测,线型火灾探测器也叫感温线缆,主要用于隧道、线缆井等区域。

(2)火灾探测器按探测参数划分,可分为感烟、感温、感光、可燃气体及复合型等。

(3)按使用环境划分,火灾探测器按使用环境划分,可分为防爆型、非防爆型、船用型、陆用型等。

火灾探测器的主要分类见表2-1。

表 2-1　火灾探测器的主要分类

探测器类别	探测结构	探测参数	探测器类别	探测参数
感烟探测器	点型	离子式	可燃气体探测器	气敏半导体型
		光电式		铂丝型
		电容式		铂铑型
		半导体式		光电型
	线型	激光型		固体电解质型
		红外光束型	复合型探测器	感温感烟型
感温探测器	点型	定温式		感温感光型
		差温式		感烟感光型
		差定温式		感温感烟感光型
	线型	定温式		红外线感烟感温型
		差温式		微差压型
感光探测器	紫外火焰型		其他	静电感应型
	红外火焰型			漏电流感应型

3. 几种常用的火灾探测器

火灾探测器种类繁多,而且不同的火灾探测器,其物理结构、探测参数、适用场所也有所不同,下面就介绍几种常用的火灾探测器。

1)感烟探测器

感烟探测器能够对燃烧或热解产生的固体或液体微粒予以响应,可以探测物质初期燃烧所产生的气溶胶（直径为 0.01~0.1 mm 的微粒）或烟粒子浓度。目前,常用的感烟探测器有离子感烟探测器、光电感烟探测器及红外光束线型感烟探测器。感烟探测器的优点是性能稳定可靠、抗潮湿性强,能够在火灾初期实施探测并报警,所以应用最为广泛。感烟探测器主要适用于宾馆、饭店、办公楼、教学楼、银行、仓库、图书馆、计算机房及配电室等场所。

感烟探测器上有 1 个红色 LED 灯,巡检时闪烁,报警时常亮。通常一个感烟探测器的保护面积是:空间高度为 6~12 m 时,对于一般保护场所而言为 80 m²;空间高度为 6 m 以下时,保护面积为 60 m²。

（1）离子感烟探测器。

离子感烟探测器中的电极,极间含有少量放射性物质（镅 -241）,从而使得极间（电离室）内的空气成为导体,允许一定电流在两个电极之间的空气中通过,并持续不断地放出 α 粒子, α 粒子以高速运动撞击空气分子,使极板间的空气分子电离为正离子和负离子,则电极之间的空气就具有了导电性。当烟粒子进入电离化区域时,由于它们与离子相结合而降低了空气的导电性,从而使离子移动的趋势减弱,而当导电性低于预定值时,探测器发出警报。

（2）光电感烟探测器。

光电感烟探测器是通过判断烟雾粒子的浓度而实施火灾探测,根据烟雾粒子对光的吸收和散射作用,光电感烟探测器可分为减光式和散射式两种。目前,散射式已成为主流,它在探测室（黑暗室）中安装了一组对管（红外发射、接收二极管）,在无烟环境下,红外接收管几乎接收不到信号,当火灾发生时,会有烟雾进入探测室,由于烟雾对光线的散射作用,使红外接收管接收到一个较弱的信号,放大电路对该信号进行放大,触发电路对放大后的信号进行阈值判别,若达到报警门限,探测器发出警报。光电感烟探测器为减少干扰及降低功耗,发射电路采用脉冲方式工作,可提高发射管使用寿命。光电感烟探测器外形结构如图 2-3 所示。

图 2-3　光电感烟探测器外形结构

2）感温探测器

感温探测器是一种利用热敏元件来探测火灾发生的装置。火灾发生时,除了产生大量烟雾外,周围环境的温度也相应升高,因此可以根据异常温度、温升速率和温差现象来判断火灾的发生。对应不同的判断依据,感温探测器可分为定温式、差温式、差定温式三种。

感温探测器的优点是反应速度快、探测准确性高,适用于车间、仓库、商业中心、火车站、机场等场所。感温探测器上有 1 个红色 LED 灯,巡检时闪烁,报警时常亮。通常一个感温探测器的保护面积,空间高度小于 8 m 时,对一般保护场所而言为 20~30 m²。感温探测器外形结构如图 2-4 所示。

图 2-4　感温探测器外形结构

（1）定温式感温探测器。

定温式感温探测器是在温度达到或超过预定值时响应的感温探测器,有线型和点型两种结构。线型定温式感温探测器是当局部环境温度上升到规定值时,探测器易熔绝缘物体熔化,导致两根导线短路,从而产生火灾报警信号。点型定温式感温探测器是利用双金属片、易熔金属、热电偶、热敏半导体电阻等元件,在规定的温度值上动作,从而产生火灾报警信号。

（2）差温式感温探测器。

差温式探测器是当火灾发生时,室内温度升高速率达到预定值时响应的探测器,有点型和线型两种结构。其主要感温器件是空气膜盒、热敏半导体电阻元件等。

（3）差定温式感温探测器。

差定温式感温探测器兼有差温和定温两种功能,当其中某一种功能失效时,另一种功能仍能起作用,因而大大提高了可靠性。差定温式感温探测器分为机械式和电子式两种,一般多为膜盒式或热敏半导体电阻式。

3）感光探测器

感光探测器又称为火焰探测器,它通过对光谱特性、光强度和火焰闪烁频率的敏感响应,达到探测火灾信息的目的。感光探测器有红外感光探测器和紫外感光探测器两种类型。

（1）红外感光探测器主要用来探测低温产生的红外辐射,可用在电缆沟、地下隧道等处,特别适用于无阴燃阶段的燃料火灾的早期报警。

（2）紫外感光探测器能够探测到火灾引起的紫外辐射,主要探测高温火焰产生的紫外辐射。由于紫外光对烟雾的穿透能力弱,所以常用于无烟或少烟燃烧的场所。它不受风、雨及高温等因素的影响,在室内、室外均可使用。

感光探测器不宜用在火焰出现前有浓烟扩散的场所,探测器镜头易被污染、遮挡的场所,探测器易受阳光或其他光源直接或间接照射的场所;在正常情况下,可在有明火作业的场所以及有 X 射线、弧光等影响的场所中使用。

4）可燃气体探测器

可燃气体探测器是利用测试环境的可燃性气体（煤制气或天然气）对气敏元件造成影响而制成的火灾探测器。它主要应用于易燃易爆场合可燃性气体的监测,当现场泄漏的可燃气体浓度在爆炸下限的 1/6~1/4 时,就会发出报警信号,以便采取应急措施。可燃气体探测器外形结构如图 2-5 所示。

图 2-5　可燃气体探测器外形结构

可燃气体探测器适用于对家庭、宾馆、公寓等存在可燃气体的场所进行安全监控。该系列探测器采用 DC24 V 供电,可提供一对有源触点,适用于 DC12 V 单向直流脉冲电磁阀,以直接控制煤气管道电磁阀(关闭气源)或机械手(打开窗户)。

可燃气体探测器的优点是反应速度快、探测准确性高。其面板上有 1 个绿色电源灯,运行时常亮;1 个报警双色灯,报警状态为红色,故障状态为黄色;报警时蜂鸣器每秒鸣叫约 2 次,报故障时蜂鸣器约每 3 秒鸣叫 1 次;还有 1 个检查键,按下时指示灯循环闪亮 1 次,并伴有蜂鸣器的 3 声鸣叫。

三、火灾报警控制器

1. 火灾报警控制器基本概念

火灾报警控制器是火灾自动报警系统的心脏,可向探测器供电,接收火灾信号,并通过控制模块启动火灾报警和联动控制装置,还可以用来指示着火部位和记录有关信息,协调并管理消防广播系统和消防电话系统,保证自动监视系统的正确运行和对特定故障给出声、光报警。

2. 火灾报警控制器主要分类

1)按系统组成分类

火灾报警控制器按系统组成分类,可分为区域火灾报警控制器、集中火灾报警控制器、带联动功能的火灾报警控制器三种。

(1) 区域火灾报警控制器。

区域火灾报警控制器用来完成简单的火灾自动报警,它可直接与火灾探测器相连,用来对一个报警区域进行火灾监测。在运行巡检过程中,发现火灾信号或故障信号,及时发出声光警报信号。有些区域火灾报警控制器还有联动控制功能。

(2) 集中火灾报警控制器。

集中火灾报警控制器适用于较大范围内多个区域的保护,它与区域火灾报警控制器相连,处理区域火报警控制器送来的信号,常使用在较大型的系统中。控制中心报警控制系统是在集中火灾报警控制器的基础上,增加联动功能。

2)按接线方式分类

火灾报警控制器按接线方式分类,可分为总线制和多线制。

(1)总线制火灾报警控制器。

总线制火灾报警控制器是利用其输出的二总线与所有探测器、智能控制单元、消防输入/ 输出模块、报警单元、楼层显示器等进行连接。其特点是接线少,安装、调试、使用方便,但在使用前需对各单元进行编码。

（2）多线制火灾报警控制器。

多线制火灾报警控制器的特点是其探测器与控制器的连接采用一一对应方式,连线较多,仅适用于小型火灾报警控制器系统。我国早期开发的火灾报警系统基本上都属于这种类型。

3）按外形结构分类

火灾报警控制器按外形结构分类,可分为壁挂式、台式、立柜式。一般区域火灾报警控制器多用于壁挂式,集中火灾报警控制器多用于台式或立柜式。

3. 火灾报警控制器功能和特点

火灾报警控制器(JB-QB-GST200-16联网型)采用双微处理器控制,具有配置灵活、可靠性高、控制方式简单、功能强大等特点,并采用智能化操作、汉化窗口、汉化菜单等。火灾报警控制器采用交流直接供电、直流备用供电方式,打印机可打印系统所有报警、故障及各类操作的汉字信息。最大容量为242个总线制报警联动控制点,具有全面现场编程能力。

4. 火灾报警控制器结构组成

火灾报警控制器内部由主板、联网板、扬声器、电源系统、分项控制板、接线端子、面板(门上)、智能手动盘(门上)、多线制控制盘(门上)、连接软电缆等组成。其外部结构组成如图2-6所示。

图2-6　火灾报警控制器外部结构组成

1—面板;2—智能手动盘;3—多线制控制盘

1）面板组成

面板由信息(灯)显示、液晶显示屏、操作按键三部分组成。

（1）信息(灯)显示,用来显示火灾报警控制器的工作状态、运行状态、故障报警等信息。

（2）液晶显示屏,用来显示火灾报警控制器的检查、火警、故障、编程、定义、注册、参数等信息。

（3）操作按键,用来完成数据输入、功能调用、命令操作等。

2）智能手动盘

智能手动盘由30个手动按键组成,每个按键的左侧都有2个"红色"指示灯,上为启动灯,下为反馈灯;右侧为1个膜片袋(插入被控设备名称标签)。智能手动盘如图2-7所示。

　3）多线制控制盘

　　多线制控制盘可直接控制重要的消防联动设备,如消防泵、排烟机、送风机等。它满足国标《消防联动控制系统》(GB 16806—2006)中的各项要求,每路输出具有短路和断路检测,并有相应的灯光指示,每路输出均有相应的手动直接控制按键,并配置手动锁,只有手动锁处于允许状态,才能使用手动直接控制按键。多线制控制盘如图 2-8 所示。

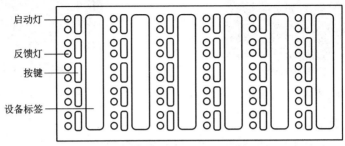

图 2-7　火灾报警控制器智能手动盘结构组成

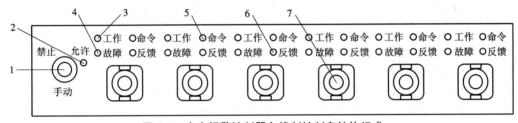

图 2-8　火灾报警控制器多线制控制盘结构组成

1—手动锁;2—允许灯;3—工作灯;4—故障灯;5—命令灯;6—反馈灯;7—按键

四、其他消防智能单元

1. 手动火灾报警按钮

　　手动火灾报警按钮(以下简称手报按钮)由面板和底盒组成,面板表面装一按片,底盒用来连接线路,其外形结构如图 2-9 所示。手报按钮通常安装在公共场所,发生火灾时经人工按下,即可向火灾报警控制器发出信号(总线),火灾报警控制器接收到报警信号后,将显示出手报按钮的编码信息并发出报警声响。手报按钮还配有消防电话插孔,发生火灾时,将消防电话分机插入电话插孔即可与电话主机通信。手报按钮一经按下,按片不能自行弹起,需用专用钥匙复位。

2. 消火栓按钮

　　消火栓按钮由面板和底盒组成,连接方式采用卡接。当面板上的按片按下时,内部无源触点接通,并向火灾报警控制器发出信号(总线)。其外形结构如图 2-10 所示。

　　当启用消火栓时,可直接按下按片,此时消火栓按钮的红色启动指示灯亮,黄色警示物弹出,表明已向消防控制室发出报警信息,火灾报警控制器在确认消防水泵已启动运行后,即向消火栓按钮发出命令信号,点亮绿色应答指示灯,消火栓按钮上的绿色应答指示灯可由火灾报警控制器点亮,也可由泵控制箱引来的指示泵运行状态的开关信号点亮。

图 2-9　手动火灾报警按钮

图 2-10　消火栓按钮

3. 火灾声光警报器

火灾声光警报器(以下简称警报器)由面板和底盒组成。面板表面装有声光指示灯,用于在火灾发生时提醒现场人员注意。它适用于车间、仓库、厂房,商业中心、火车站、机场等地,外形结构如图 2-11 所示。警报器是一种安装在现场的声光报警设备,当现场发生火灾并被确认后,可由消防控制中心的火灾报警控制器启动,也可通过安装在现场的手报按钮直接启动。警报器启动后发出强烈的声光信号,以达到提醒现场人员注意的目的。

4. 输入 / 输出模块

输入 / 输出模块由面板和底盒组成,底盒用来连接线路,输入 / 输出模块主要用于连接需要火灾报警控制器控制的消防联动设备,如消防泵、排烟机、防火卷帘、送风阀、防火门等,并可接收设备的动作反馈应答信号。外形结构如图 2-12 所示。输入 / 输出模块的输出方式包括有源输出端子(DC 24 V)和无源触点(常开)。

图 2-11　火灾声光警报器

图 2-12　输入 / 输出模块

5. 火灾显示盘

火灾显示盘(以下简称显示盘)由面板和底盒组成,底盒用来连接线路。显示盘的屏幕为汉字显示方式,用来显示已报火警的探测器位置编号及其汉字信息,外形结构如图 2-13所示。

显示盘底座由内接线端子和外接线端子组成,显示盘对应的输出线应与底座中的内接线端子连接,火灾报警控制器对应的输出线应与底座中的外接线端子连接。显示盘通过 A、

B(RS-485)数据通信总线与火灾报警控制器连接并通信,由液晶屏显示相应信息,并驱动相应的声光指示。

图 2-13　火灾显示盘

6.隔离模块

隔离模块由面板和底盒组成,底盒用来连接线路。隔离模块的作用是当分支总线发生故障时,将发生故障的分支总线与整个系统隔离开来,以保证系统的其他部分能够正常工作,同时便于确定发生故障的总线部位。隔离模块上有 1 个红色 LED 隔离动作确认灯,正常时不亮,实施隔离时常亮。其外形结构如图 2-14 所示。

图 2-14　隔离模块

教学单元3　消防联动控制系统

消防联动控制系统是火灾自动报警系统中的一个重要组成部分。它通常包括消防联动控制器、传输设备、消防电气控制装置、消防设备应急电源、消防电动装置、消防联动模块、消防应急广播、消防电话等设备和组件。消防联动灭火设施包括自动灭火系统和手动灭火系统。

一、消火栓

消火栓是消防供水装置,由消火栓给水系统提供水源,消火栓给水系统如图 2-15 所示。

消火栓分为室外消火栓和室内消火栓,其作用是提供室内外消防用水,为灭火提供水源保障。

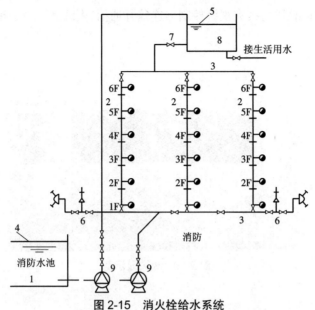

图 2-15 消火栓给水系统

1—消防水池;2—消火栓竖管;3—消火栓干管;4、5—浮球;
6—水泵结合器附件;7—闸阀;8—高位水箱;9—消防水泵

1. 室外消火栓

1)室外消火栓组成

室外消火栓用于建筑物以外区域的灭火,并可为消防车提供消防用水。室外消火栓平时应满足消防供水的流量、压力、水质的基本要求。室外消火栓还包括水带和水枪。室外消火栓如图 2-16 所示。

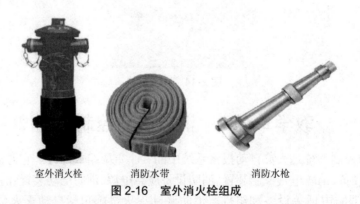

室外消火栓　　　　消防水带　　　　消防水枪

图 2-16 室外消火栓组成

2)室外消火栓设置范围

(1)城市、居民区、工厂、仓库、学校、商业中心等场所应设置室外消火栓。

(2)民用建筑、厂房(仓库)、储罐(区)、堆场周围应设置室外消火栓。

(3)消防救援和消防车停靠的区域应设置室外消火栓。

(4)耐火等级不低于二级,且建筑物体积小于或等于 3 000 m³ 的戊类厂房;或居住区人数不超过 500 人,且建筑物层数不超过 2 层的居住区,可不设室外消火栓系统。

具有室外消火栓的场所,必须同时配置消防供水系统。

2. 室内消火栓

1)室内消火栓组成

室内消火栓是室内管网向火场供水的消防供水装置,它带有阀门的接口,是工厂、仓库、高层建筑、公共建筑及船舶等室内固定消防设施,通常安装在消火栓箱内,与消防水带和水枪等器材配套使用。室内消火栓如图 2-17 所示。

图 2-17　室内消火栓组成

2)室内消火栓设置场所

(1)建筑占地面积大于 300 m² 的厂房和仓库。

(2)高层公共建筑和建筑高度大于 21 m 的住宅建筑。

(3)体积大于 5 000 m³ 的车站、码头、机场的候车(船、机)建筑、展览建筑、商店建筑、旅馆建筑、医疗建筑和图书馆建筑等单、多层建筑。

(4)特等、甲等剧场,超过 800 个座位的其他等级的剧场和电影院等,以及超过 1 200 个座位的礼堂、体育馆等单、多层建筑。

(5)建筑高度大于 15 m 或体积大于 1 000 m³ 的办公建筑、教学建筑和其他单、多层民用建筑。

二、消防自动灭火系统

消防自动灭火系统属于固定式灭火系统,是目前世界上采用较为广泛的一种固定式消防设施。它能在火灾发生后,自动地进行灭火,并能在灭火的同时发出警报。

1. 喷水灭火系统

喷水灭火系统根据喷头形式不同,分为闭式自动喷水灭火系统和开式自动喷水灭火系统。喷水灭火系统应在人员密集、不易疏散、外部增援灭火与救生较困难,且性质重要或火灾危险性较大的场所中设置。是否需要设置自动喷水灭火系统,决定性的判定因素是火灾的危险性和火灾初期自动扑救的必要性,而不是建筑规模。

1)闭式自动喷水灭火系统

闭式自动喷水灭火系统采用闭式喷头(常闭喷头),喷头带有感温闭锁装置(莲花喷头),只有在预定的温度环境下闭锁装置才会脱落,从而开启喷头。所以,发生火灾时,只有处于火焰中或靠近火源的喷头才会开启喷水功能。

闭式自动喷水灭火系统由水源、管网、喷淋水泵及控制柜、闭式喷头、报警控制装置等组成,是一种能够自动探测火灾并自动启动喷淋水泵灭火的固定灭火系统。闭式自动喷水灭火系统的分类如图 2-18 所示。

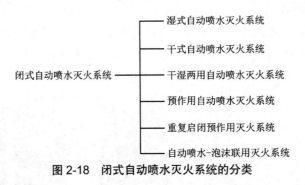

图 2-18　闭式自动喷水灭火系统的分类

（1）湿式自动喷水灭火系统。

湿式自动喷水灭火系统属于闭式自动喷水灭火系统,它的应用极其广泛。该系统的管网内平时充满压力水,长期处于备用工作状态,适用于温度为 4~70 ℃ 的环境。当保护区域内某处发生火灾时,环境温度升高,喷头的温度敏感元件(玻璃球)破裂,喷头自动启动系统将水直接喷向着火区域,并发出报警信号,以达到报警、灭火、控火的目的。湿式自动喷水灭火系统如图 2-19 所示。

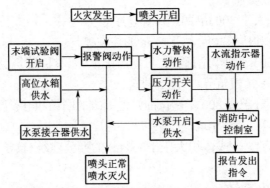

图 2-19　湿式自动喷水灭火系统图

由图 2-19 可见,湿式自动喷水灭火系统由消防水池、高位水箱、湿式报警阀、延时器、压力开关、水力警铃、消防水泵接合器、消防电气控制箱、压力罐、消防水泵、闭式喷头、水流指示器、试警铃阀、放水阀、末端试水装置、连接管路组成。

①消防水池。消防水池用来储存消防用水,位于装有自动喷水灭火系统的建筑物中,当室外给水管道和天然水源不能满足消防用水量要求时应设消防水池,水池容量按火灾延续时间不小于 1 h 计算。但在能保证发生火灾时水源连续补水的条件下,水池容量可减去火灾延续时间内连续补充的水量。自动喷水灭火系统最不利处是喷头压力不应小于 4.9×10^4 Pa(0.5 kg/cm²),加上水箱供水时的沿程损失,水箱设置高度应满足上述要求,当水箱设置高度不能满足要求时,应设置增压装置。消防水池的构成如图 2-20 所示。

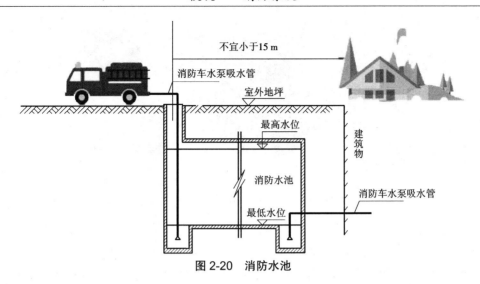

图 2-20　消防水池

②高位水箱。高位水箱在正常状态下维持管网的压力，在火灾发生的初期给管网提供灭火用水，其容量应按 10 min 室内消防用水量计算，但可不大于 18 m³。合用水箱应有确保消防用水不被动用的技术措施。为了保证消防泵启动时消防用水不进入水箱，水箱消防出水管上应设止回阀。

③湿式报警阀。湿式报警阀安装在总供水干管上，连接供水设备和配水管网。它必须十分灵敏，当管网中即使有一个喷头喷水而破坏了阀门上下的静止平衡压力时，就必须立即开启，任何延迟都会耽误报警的发生。湿式报警阀一般采用止回阀的形式，其作用是防止管网内的水回流造成水源的污染。当管网中有喷头喷水时，报警阀打开，接通水源和管网，同时部分水流通过阀座上的环形槽，经信号管道送至水力警铃，发出音响报警信号。

④延时器。延时器安装在报警阀与水力警铃之间，用以对由于水源压力突然发生变化而引起的报警阀短暂开启，或对因报警阀局部渗漏而进入警铃管道的水流起一个暂时容纳作用，避免虚假报警。当真正发生火灾时，喷头和报警阀相继打开，水流源源不断地流入延时器，经 30 s 左右充满整个容器，然后冲入水力警铃报警。

⑤压力开关。压力开关是自动喷水灭火系统的自动报警和控制附件，它能将水压力信号转换成电信号。当压力超过或低于预定工作压力时，电路就会闭合或断开，输出信号至火灾报警控制器或直接控制启动其他电气设备。

⑥水力警铃。水力警铃是自动喷水灭火系统中的重要部件，当火灾发生时，由报警阀流出带有一定压力的水，驱动水力警铃报警。水力警铃宜安装在报警阀附近，其连接管的长度不宜超过 6 m，高度不宜超过 2 m，以保证驱动水力警铃的水流有一定的压力，火力警铃不得安装在受雨淋和曝晒的场所，以免影响其性能。

湿式报警阀、延时器、压力开关、水力警铃是湿式自动喷水灭火系统的主要核心部件，其外形结构如图 2-21 所示。

图 2-21　湿式自动喷水灭火系统主要核心部件

⑦消防水泵接合器。消防水泵接合器应至少有两套,用于给消防车提供供水口,且口径应考虑与当地消防车的装备情况配套。每个水泵接合器的流量宜按 10~15 L/s 计算。水泵接合器应设在便于同消防车连接的地点,其周围 15~40 m 内应设室外消火栓或消防水池。

⑧消防电气控制箱。消防电气控制箱应安装在控制室内,用于接收系统传来的电信号及发出相关控制指令。

⑨压力罐。压力罐用于自动启闭消防水泵。当管网中的水压过低时,与压力罐连接的压力开关发出信号给消防电气控制箱,消防电气控制箱接收到信号后发出指令启动消防泵给管网增压,当管网水压达到设定值后消防水泵停止供水。

⑩消防水泵。消防水泵用于消防管网的供水。消防水泵应能在泵房就地控制,也能在消防中心手动控制。在自动情况下,水流指示器和对应的报警阀动作时能自动开启水泵;在故障情况下,备用泵应能自动投入运转。泵的预选、手动状态、运转、故障及电源情况应能在消防中心报警联动主机上显示。消防供水装置如图 2-22 所示。

图 2-22　消防供水装置

⑪闭式喷头。闭式喷头分为易熔金属式、双金属片式和玻璃球式三种,其中以玻璃球式应用最多。正常情况下,喷头处于封闭状态;当有火灾发生且温度达到动作值时,喷头开启喷水灭火,喷头的动作温度应比环境最高温度高 30 ℃。

⑫水流指示器。水流指示器用于火灾报警。其动作原理是当水流指示器感应到水

流动时,其电接点动作,接通延时电路(延时 20~30 s),延时时间到后,通过继电器触发,发出声光信号给控制室,以识别火灾区域。水流指示器的报警信号可以显示火灾发生的地点,并且可以与报警阀信号联动控制消防水泵启动,以减少单一信号引起的误报、误动作。

⑬试警铃阀。试警铃阀用于系统性能的人工测试。打开试警铃阀泄水,使报警阀自动打开,水流充满延迟器后可使压力开关及水力警铃动作报警。

⑭放水阀。当进行系统检修时,有时需要将管网中的水放空,放水阀就起到放空管网余水的作用。

⑮末端试水装置。末端试水装置设在管网末端,用于系统的调试及定期检查,以确定系统是否能正常工作。末端试水装置可采用电磁阀或手动阀。如设有消防控制室,采用电磁阀可直接从控制室启动试验阀,以给检查带来便利。

湿式自动喷水灭火系统的工作原理:当发生火灾时,温度上升,喷头上装有热敏液体的玻璃球达到动作温度炸裂,喷头开始喷水灭火;喷头喷水使管网中的压力下降,报警阀的阀板自行开启,接通管网和水源;报警阀动作后,水力警铃经过延时器的延时后发出声报警信号;管网中的水流指示器感应到水流动时,经过一段时间的延时,发出电信号到控制室;当管网压力下降到一定值时,管网中压力开关也发出电信号,启动水泵供水。湿式喷水灭火系统的工作原理如图 2-23 所示。

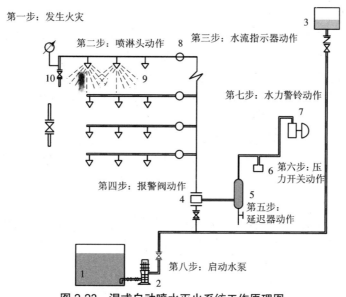

图 2-23　湿式自动喷水灭火系统工作原理图
1—水池;2—消防水泵;3—水箱;4—报警阀;5—延迟器;
6—压力开关;7—水力警铃;8—水流指示器;9—喷头;10—放水阀

(2)干式自动喷水灭火系统。

干式自动喷水灭火系统管网中平时不充水,对建筑物装饰无影响,对环境温度也无要求,适用于采暖期长而建筑内无采暖的场所,如地下停车场、冷库等。干式自动喷水灭火系统主要由闭式喷头、管网、干式报警阀、报警装置、充气设备、排气设备和供水设备等组成。

平时报警阀后管网充有有压空气(或氮气),水源至报警阀的管段内充以有压水。空气压缩机把压缩空气通过单向阀压入干式报警阀至整个管网之中,把水阻止在管网以外。

当火灾发生时,闭式喷头周围的温度升高,在达到其动作温度时,闭式喷头的玻璃球爆裂,喷水口开放。但其首先喷射出来的是空气,随着管网中压力下降,水即顶开干式阀门流入管网,并由闭式喷头喷水灭火。干式自动喷水灭火系统如图2-24所示。

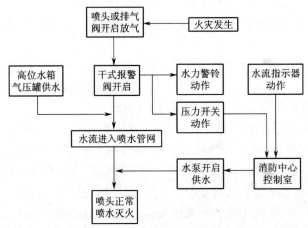

图2-24　干式自动喷水灭火系统图

(3)干湿两用自动喷水灭火系统。

干湿两用自动喷水灭火系统是为了克服干式系统的不足,在干式系统的基础上产生的一种交替式自动喷水灭火系统。干湿两用系统的组成与干式系统大致相同,只是将报警阀改为干湿式两用阀或干式报警阀与湿式报警阀的组合阀。

在寒冷季节,系统管网充以有压气体,系统为干式系统,在此不再赘述。在温暖季节,管网中充以压力水,系统为湿式系统。

在干湿两用喷水灭火系统中,干式系统和湿式系统交替使用,部分克服了干式系统灭火效率低的弊端。但是因为系统管网内交替使用空气和水,管道易受腐蚀,系统管理也较复杂。

2)开式自动喷水灭火系统

开式自动喷水灭火系统采用开式喷头(常开喷头),喷头不带有感温闭锁装置,所有喷头均处于开启状态。发生火灾时,系统保护区域内的所有喷头同时喷水灭火。开式自动喷水灭火系统的组成如图2-25所示。

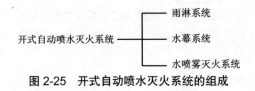

图2-25　开式自动喷水灭火系统的组成

2.气体灭火系统

气体灭火系统由灭火剂源、喷嘴和管路组成。常用的灭火气体有二氧化碳气体、七氟丙烷气体、IG541洁净气体。气体灭火系统的工作原理是当防护区发生火灾时会产生烟雾、高温、光辐射,使感烟、感温、感光、红外、有害气体等探测器发出报警信号,火灾报警控制器接收到报警信号后,向指定的装置发出控制信号,驱动相应的装置实施气体灭火。

气体灭火系统的控制方式包括自动控制方式、手动控制方式、应急机械启动方式、紧急启动/停止方式等。气体灭火系统主要分类如下。

1)按使用的灭火剂分类

(1)二氧化碳气体灭火。二氧化碳气体灭火具有两个功能,即窒息和冷却。二氧化碳的储存(在特定温度下)方式为液体,在常温下释放时为气体。在灭火过程中,二氧化碳从储气瓶中喷出,压力骤然下降,喷出的二氧化碳呈气体状态并分布于燃烧物周围,使其火源缺氧窒息而熄灭。同时,二氧化碳释放时还会吸收火源周围的大量热量,使温度急剧下降,形成细微的干冰粒子,达到冷却燃烧物的效果。

(2)七氟丙烷气体灭火。七氟丙烷气体密度可达到空气的 6 倍,是一种无色无味、不导电气体。它的储存方式也是液态,释放时无有害元素,不会造成空气的污染。在灭火过程中,七氟丙烷液体喷向燃烧物,吸收周围大量的热量而转换成气体,从而显著降低了火源周围的温度,起到灭火的效果。

(3)IG541 洁净气体灭火。IG541 洁净气体由氮气、氩气、二氧化碳气体混合而成。由于这些气体均来自大自然,所以资源丰富且对环境没有太大的污染。IG541 混合气体无味、无色、无毒、无腐蚀性,既不支持燃烧,也不会产生任何化学反应。IG541 气体灭火为物理现象,该气体对氧气有一定的抑制作用,通常在防护区域含有 21% 的氧气,对燃烧物有一定的助燃效果,但防护区域氧气的含量下降到 15% 以下时,大部分燃烧物会停止燃烧。IG541 气体能把防火区域的氧气含量降低到 12.5%,二氧化碳含量升至 4%,有阻止燃烧的作用。

2)按系统的结构特点分类

(1)无管网气体灭火系统。无管网气体灭火系统适用于较小和无特殊要求的场所,如柜式气体灭火装置和悬挂式气体灭火装置。无管网气体灭火装置如图 2-26 所示。

(a)   (b)

图 2-26 无管网气体灭火装置

(a)柜式气体灭火装备   (b)悬挂式气体灭火装置

(2)管网气体灭火系统。管网气体灭火系统是通过管道、支管、喷放组件,将灭火剂从储存装置喷向火源的一种灭火方式,管网气体灭火系统可实现自动喷洒控制。管网气体灭火系统如图 2-27 所示。

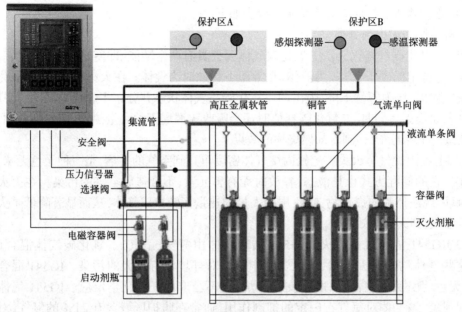

图 2-27　管网气体灭火系统

3）按应用方式分类

（1）全淹没灭火系统。全淹没灭火系统是指在规定的时间内,向防护区喷射一定浓度的气体灭火剂,均匀地充满整个防护区的灭火系统。喷射喷头一般均匀地分布在防护区顶部,火灾发生时,一起向防护区喷射灭火气体。

（2）局部应用灭火系统。局部应用灭火系统是指在规定时间内,向被保护对象喷射气体灭火剂灭火,在保护对象周围形成局部高浓度,并持续一定时间的灭火系统。喷射喷头一般均匀地分布在被保护对象的四周,火灾发生时,可集中向被保护对象喷射灭火气体。

4）按加压方式分类

（1）自压式气体灭火系统。自压式气体灭火系统是指灭火剂无须加压,而是依靠自身压力进行输送的灭火系统。

（2）内储压式气体灭火系统。内储压式气体灭火系统是指灭火剂在瓶组内用惰性气体进行加压储存,系统动作时,靠自身压力的推动来输送的灭火系统。

（3）外储压式气体灭火系统。外储压式气体灭火系统是指系统动作时,灭火剂由专设的充压气体瓶组进行推动来输送的灭火系统。

3. 干粉灭火系统

干粉灭火系统主要组成为干粉灭火剂。干粉灭火剂是由灭火基料（如小苏打、磷酸铵盐）和适量的流动助剂（如硬脂酸镁、云母粉、滑石粉等）以及防潮剂（硅油）在一定工艺条件下研磨、混合后共同制成的细小颗粒,用二氧化碳作喷射动力。火灾发生时,喷射出来的粉末,浓度密集,颗粒微细,盖在固体燃烧物上能够构成阻碍燃烧的隔离层,同时析出不可燃气体,使空气中的氧气浓度降低,以致火焰熄灭。8 kg 的灭火剂能喷射 14~18 s,射程约

4.5 m。干粉灭火系统适用于扑灭油类、可燃性气体、电器设备等物品的初起火灾。干粉灭火系统如图 2-28 所示。

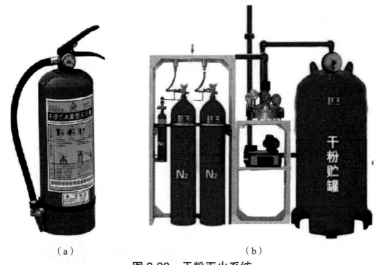

图 2-28　干粉灭火系统
（a）手持式干粉灭火器　（b）干粉灭火系统

1）干粉灭火剂分类

Ⅰ.普通干粉灭火剂

普通干粉灭火剂可扑救 B 类、C 类、E 类火灾,其种类主要有:

（1）以碳酸氢钠为基料的钠盐干粉灭火剂;

（2）以碳酸氢钾为基料的紫钾干粉灭火剂;

（3）以氯化钾为基料的超级钾盐干粉灭火剂;

（4）以硫酸钾为基料的钾盐干粉灭火剂;

（5）以碳酸氢钠和钾盐为基料的混合型干粉灭火剂;

（6）以尿素和碳酸氢钠的反应物为基料的干粉灭火剂。

Ⅱ.多用途干粉灭火剂

多用途干粉灭火剂可扑救 A 类、B 类、C 类、E 类火灾,其种类主要有:

（1）以磷酸盐为基料的干粉灭火剂;

（2）以磷酸铵和硫酸铵混合物为基料的干粉灭火剂;

（3）以聚磷酸铵为基料的干粉灭火剂。

Ⅲ.专用干粉灭火剂

专用干粉灭火剂可扑救 D 类火灾,其种类主要有:

（1）石墨类,在石墨内添加流动促进剂;

（2）氯化钠类,氯化钠广泛用于制作扑灭 D 类火灾的干粉灭火剂,选择不同的添加剂用于不同的灭火对象;

（3）碳酸氢钠类,碳酸氢钠用于制作扑灭 B 类和 C 类火灾的干粉灭火剂,添加某些结壳物料也可制作扑灭 D 类火灾的干粉灭火剂。

2）干粉剂灭火的机理

干粉剂在气体（氮气、二氧化碳）的推动下，射向火焰实施灭火，其主要机理是通过化学抑制作用、隔离作用、冷却与窒息作用来实现灭火。

3）干粉灭火系统控制方式

干粉灭火系统通常采用自动控制方式和手动控制方式。自动控制方式通过火灾报警控制器发出控制命令后启动喷嘴阀门而实现灭火，手动控制方式通过人工操作实现灭火。

三、消防联动控制

1.排烟系统

建筑物发生火灾时，除了依靠自然排烟外，还需对烟雾密集的区域（房间、楼道、走廊、楼梯间、电梯前厅）采取机械排烟，机械排烟是利用排烟机把着火区域中所产生的烟气和热量通过排烟口排至室外，同时在着火区形成负压，防止烟气向其他区域蔓延。机械排烟系统通常和空调送风系统采用同一风道，正常时实施空调送风，火灾时实施排烟。机械排烟系统如图 2-29 所示。

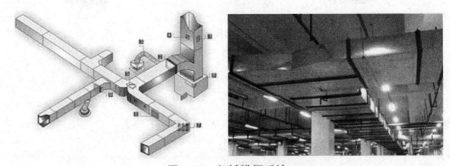

图 2-29　机械排烟系统

机械排烟不受外界条件（如内外温差、风力、风向、建筑特点、着火区位置等）的影响能保证有稳定的排烟量。

1）机械排烟分类

（1）局部排烟。局部排烟为在每个需要排烟的部位设置独立的排烟风机直接进行排烟。

（2）集中排烟。集中排烟为将建筑物划分为若干个区，在每个区内设置排烟风机，各个区域的排烟风机输出口经过公共风道汇集后进行集中排烟。

2）机械排烟应用范围

概括地说，凡是需要设置排烟设施又不具备自然排烟条件的部位都应设置机械排烟系统。具体来说，根据《高层民用建筑设计防火规范》规定，一类高层建筑和建筑高度超过32 m 的以及二类高层建筑的下列部位应设机械排烟设施：

（1）无直接自然通风、长度超过 20 m 的内走道，或虽有直接自然通风，但长度超过 60 m 的内走道；

（2）面积超过 100 m² ，且经常有人停留或可燃物较多的地上无窗房间或设固定窗的房间；

（3）不具备自然排烟条件或净高超过 12 m 的中庭；

（4）除利用窗井等开窗进行自然排烟的房间外，各房间总面积超过200 m²或一个房间面积超过50 m²，且经常有人停留或可燃物较多的地下室；

（5）带裙房的高层建筑防烟楼梯间及其前室、消防电梯间前室或合用前室，当裙房以上部分利用可开启外窗进行自然排烟，而裙房部分不具备自然排烟条件时，其前室或合用前室应设置局部正压送风系统，正压值应保证为25~30 Pa；

（6）对于商场、餐厅、公共娱乐场所等人员集中，且可燃物较多的活动场所，也应设置机械排烟系统，汽车库也应设置机械排烟系统。

3）机械排烟控制原理

机械排烟风机采用离心式或轴流式风机，并在其入口处设置280 ℃能自动关闭的排烟防火阀。防火阀应与排烟机联动，当防火阀关闭时，排烟机能自动停止运转。排烟机结构如图2-30所示。

图2-30　机械排烟风机

排烟风机应设置在排烟系统的顶部，烟气出口朝上，并高于加压送风机和补风机的出风口，两者垂直分布时最小垂直距离不小于6 m，水平分布时最小水平距离不小于20 m。

排烟风机由火灾自动报警控制器通过输入/输出模块发出控制信号实施启动，并由设置在排烟机入口处的280 ℃防火阀控制停止。

4）挡烟垂壁

挡烟垂壁采用阻燃材料制成，从顶棚下垂不小于500 mm的固定或活动的挡烟设施。活动挡烟垂壁是指火灾时因感温、感烟或其他控制设备的作用，自动下垂的挡烟垂壁。活动挡烟垂臂主要用于高层或超高层大型商场、写字楼以及仓库等场合，能有效阻挡烟雾在建筑顶棚下横向流动，以提高在防烟分区内的排烟效果，对保障人民生命财产安全起到积极作用。

5）补风系统

补风系统由送风口、送风管道、送风机、吸风口组成。当火灾发生时，当启动机械排烟系统后，排烟区域会形成负压，根据空气流动的原理，补风可弥补排烟区域的空气补充，更有利于排烟。

补风系统应从室外直接引入空气，可以通过控制疏散外门、手动或自动开启外窗等自然进风方式，也可以采用机械送风方式。

2.机械加压送风系统

在不具备自然通风条件时，机械加压送风系统是确保火灾中建筑疏散楼梯间及前室（合用前室）安全的主要措施。

机械加压送风系统由送风口、送风管道、送风机、吸风口组成。机械加压送风方式是通过送风机所产生的气体流动和压力差来控制烟气的流动，即在建筑内发生火灾时，对着火区以外的有关区域进行送风加压，使其保持一定的正压，以防止烟气侵入的防烟方式。机械加压送风系统如图2-31所示。

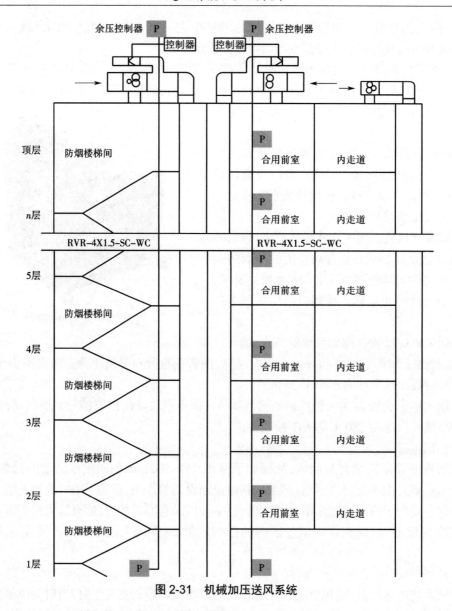

图 2-31　机械加压送风系统

根据规定,以下情况应采用机械加压送风:

(1)建筑高度超过 50 m 的一类公共建筑和超过 100 m 的居住建筑的防烟楼梯间、消防电梯前室或合用前室;

(2)不具备自然排烟条件的防烟楼梯间、消防电梯前室或合用前室;

(3)防烟楼梯间采用自然排烟设施,但其前室不具备自然排烟条件时,前室应采用机械加压送风排烟;

(4)前室或合用前室采用自然排烟,但楼梯间不具备自然排烟条件时,楼梯间应采用机械加压送风排烟;

(5)高层建筑的封闭避难层。

3. 消防应急照明和疏散指示牌

消防应急照明分为消防应急工作照明、疏散照明、疏散指示和安全出口。

1)消防应急工作照明

消防应急工作照明一般设置在配电房、消防水泵房、消防电梯机房、消防控制室、排烟机房、自备发电机房、电话总机房等火灾时仍需正常工作的场所。其应急工作时间不应低于90 min,并满足正常工作照明要求。

2)疏散照明

疏散照明一般设置于公共走道及楼梯间。火灾时,疏散照明不应受现场开关控制,应急工作时间不应低于 30 min。

3)疏散指示标识和安全出口

疏散指示标识和安全出口是用于为人员疏散提供明确引导方向及途径,一般安装于公共走道及疏散楼梯中。疏散指示标识位于地面或距地面 1 m 以下,安全出口位于门上方,应急工作时间不应低于 30 min。

4)应急照明控制方式

(1)采用带蓄电池的应急照明灯。其优点为安装方便,便于检查、维修;但对于大型工程,灯具数量多,分散检修、维护频次高,经济成本大。

(2)采用双回路供电切换作备用电源,发生火灾时切断非消防电源,另一回路供电给应急照明灯和疏散指示标志。

(3)采用双回路切换供电的同时,再在应急灯内装蓄电池,形成三路线制。

(4)采用集中蓄电池电源,发生火灾断电后,由蓄电池供电给应急照明灯和疏散指示标识。集中电源方式一般采用集中控制。

联动控制应保证应急照明在火灾时能及时启动,接线时要注意让蓄电池保持有 24 h 不间断充电,应急照明与一般照明不能混接在一个回路中。

4. 其他消防联动控制

1)消防紧急广播系统

消防紧急广播系统也叫应急广播系统,是火灾逃生疏散和灭火指挥的重要设备,在整个消防控制管理系统中起着极其重要的作用。在火灾发生时,应急广播信号通过音源设备发出,经过功率放大后,由广播切换模块切换到广播指定区域的音箱实现应急广播。

一般的广播系统由音源设备、广播功率放大器、火灾报警控制器(联动型)、现场设备、输出模块、音箱等构成。

消防紧急广播范围的设置原则是发生火灾时,向发生火灾层和上、下各邻层实施广播,如三楼着火,紧急广播范围应包括二层、三层和四层。

2)消防电话系统

消防电话系统是消防通信的专用设备,当发生火灾报警时,它可以提供方便快捷的通信手段。消防电话系统有专用的通信线路,现场人员可以通过现场设置的固定电话(电话模块)和消防控制室(火灾报警控制器)进行通话,也可以用便携式电话和带电话插孔的手报或消火栓按钮与控制室直接进行通话。

3）电梯联动控制

不论是消防电梯还是一般客梯,在火灾报警后,要求立即迫降至首层,俗称"归首"。消防电梯"归首"后可供消防员使用。一般客梯"归首"后具有防止被再次启动的措施。电梯前室(或接近的走廊)的感烟探测器发出信号后,通过总线送到火灾报警控制器,作为电梯"归首"的启动条件。

实现对电梯的联动是火灾自动报警功能与电梯自身控制功能的结合。由火灾报警控制器发出控制信号(总线)至电梯机房,在电梯机房设有控制模块,并与电梯控制柜联动。

4）防火卷帘联动控制

防火卷帘用于疏散通道的通行和防火分区的隔离。发生火灾时,依据不同的火灾探测器信号,防火卷帘应具有两步关闭性能。即火灾报警控制器收到离防火卷帘门最近的感烟探测器信号后,控制防火卷帘自动关闭至中位(距离地面1.8 m)停止,控制器接到第二次报警信号(感温探测器的信号)后或延时5~60 s后,继续关闭至全闭。

用于共享大厅及扶梯四周的防火卷帘,当防火分区内任一探测器发出感烟或感温火灾报警信号后,防火卷帘应一次降至底位。防火卷帘动作状态应有回答信号,在控制器显示屏上可读。

模块小结

火灾是指在时间或空间上失去控制的燃烧所造成的灾害。在自然界的各种灾害中,火灾是最为常见的一种,通常绝大部分的火灾会发生在建筑物中,给人身安全和国家财产带来重大危害和损失。

火灾作为一种人为灾害,对人民生命和财产所造成的损失是不可估量的,它不仅会烧掉人类经过辛勤劳动创造的物质财富,还会在一定程度上影响社会经济发展和人们的正常生活。

烟雾可引起窒息、致伤、致死,温度极高的浓烟在2 min内就可形成烈火,而且对相距很远的人也能构成威胁。据统计,人被浓烟熏呛致死是人被烧死概率的4~5倍,而浓烟致人死亡的主要原因就是一氧化碳中毒。

消防系统由触发装置、火灾报警装置、联动输出装置以及具有其他辅助功能的装置组成。触发装置主要是感烟探测器、感温探测器、有害气体探测器、红外探测器等;智能模块包括输入模块、输出模块、输入/输出模块、隔离模块等;其他辅助单元包括手动报警按钮、消火栓按钮、电话模块、广播模块、讯响器等。火灾报警控制器的操作包括基本操作和管理员操作两种方式。基本操作主要为信息识读、事件处理;管理员操作则以用户设置、系统设置为主。

消防自动灭火系统包括喷水灭火系统、气体灭火系统、干粉灭火系统等;消防联动控制系统包括排烟系统、加压送风系统、应急照明及疏散指示标识、消防广播系统等。

复习思考题

1. 火灾的主要危害有哪些?

2.简述燃烧材料的主要分类及由其引起火灾的扑灭方式。

3.简述火灾探测器的分类及工作原理。

4.消防的主要灭火系统有哪些? 主要用在哪些场所?

5.简述火灾报警控制器系统设置基本操作。

6.消防联动系统有哪些? 它们主要起什么作用?

模块三　安全防范系统

安全防范系统是以维护社会公共安全为目的的,运用安全防范产品和其他相关产品所构成的视频安防监控系统、入侵报警系统、出入口控制系统、停车场管理系统等,或以这些系统为子系统组合或集成的电子系统。本模块主要针对上述内容进行学习。

教学单元1　视频监控系统

一、视频监控系统概述

视频监控系统是安全防范体系中必不可少的、安全防范能力极强的一个子系统。视频监控系统通过摄像机及其辅助设备监控被监控现场,并把拍摄到的视频传送到监控中心,使监控中心的工作人员可以通过监视器直接观看被监控现场,同时还可以用录像设备对被监控现场的情况进行同步录像,为日后某些事件的处理提供依据。另外,视频监控系统还能够与其他的安全防范系统进行联动,使用户的安全防范能力得到整体提高。

1. 视频监控系统的发展过程

视频监控系统发展至今,经历了模拟视频监控系统、数字视频监控系统及网络视频监控系统三个阶段,并朝着第四代的智能视频监控系统演进。

1)模拟视频监控系统

20世纪90年代之前,由模拟摄像机、视频矩阵、模拟监视器和磁带录像机(VCR)等设备构成的闭路电视监控系统,称为第一代视频监控系统。模拟视频监控系统存在大量局限性,具体如下。

(1)由于受到视频同轴电缆有效传输距离的限制,致使监控能力有限,只能支持本地监控。

(2)由于受到系统相关设备输入容量的限制,致使系统增扩容难度大、成本高。

(3)由于VCR磁带的存储容量有限,因此需要经常更换磁带以实现长期存储,且录像带易丢失、被盗或无意中被擦除,另外VCR的视频检索效率十分低下。

(4)与其他安防系统有效集成困难。

2)数字视频监控系统

第二代视频监控系统的标志性产品是硬盘录像机(DVR)。硬盘录像机起始于20世纪90年代中期,在21世纪初得到广泛应用。早期的硬盘录像机主要是进行数字化视频存储,在实际应用中通常配合模拟矩阵使用,系统的控制和切换仍由矩阵完成,即硬盘录像机仅仅替代了磁带录像机,实现对视频的数字化录像。硬盘录像机经过不断发展和升级,在网络传输、软件应用、虚拟矩阵等方面的功能逐步完善,在一些项目中可以取代模拟矩阵,成为系统的核心设备,以网络为支撑,实现视频监控系统的虚拟矩阵切换、存储、控制、管理等功能。

数字视频监控系统的显著优势是充分发挥了计算机技术的功能,在很多方面解决了模

拟视频监控系统无法解决的难题,是第一代视频监控技术的延伸。数字视频监控系统具有以下特点:

(1)视频、音频信号的采集、存储为数字形式,质量较高;

(2)存储的数字化大大提高了用户对录像信息的处理及查询能力;

(3)向下兼容,可实现对第一代视频监控系统的升级改造;

(4)硬盘录像机功能的网络化及光纤传输的出现解决了系统远距离传输的问题,使人们对远距离、大范围监控以及视频资源共享的迫切需求得到了满足。

硬盘录像技术的成熟大大加快了视频监控系统民用化的趋势,并得以大范围应用。但数字视频监控系统仍具有一些局限性:

(1)仍需要在每个摄像机上安装单独视频电缆,导致布线复杂;

(2)硬盘录像机的容量有限,最多只能接几十路视频输入;

(3)需要外部服务器和管理软件来控制多个硬盘录像机或监控点,可管理性有限;

(4)不能从任意客户机访问任意摄像机,只能通过硬盘录像机间接访问摄像机,远程监视/控制能力有限;

(5)录像没有保护,易于丢失。

3)网络视频监控系统

进入 21 世纪,随着网络技术的发展,视频监控系统进一步发展到第三代的网络视频监控系统。网络视频监控系统主要由网络摄像机、视频服务器、网络录像机、海量存储系统等构成。网络视频监控系统与前两代视频监控系统相比存在显著区别,其优势是摄像机内置互联网服务器,并直接提供以太网端口,这些摄像机生成的数据文件,可供任何经授权的客户机从网络中任何位置访问、监视、记录并打印。网络视频监控系统的巨大优势如下。

(1)所有摄像机都通过有线或者无线以太网简单连接到网络,使系统能够利用现有局域网的基础设施。人们可以通过网络方式传输摄像机输出的图像以及发出水平、垂直、变倍等控制命令。

(2)一台工业标准服务器和一套控制管理应用软件就可运行整个监控系统。

(3)可以轻松添加更多摄像机,服务器能够方便升级到更快速处理器、更大容量磁盘驱动器以及更大带宽等。

(4)任何经过授权的客户机都可直接访问任意摄像机,也可以通过中央服务器访问监视图像。

(5)可以永久保护监视图像,不受硬盘驱动器故障影响。

4)智能视频监控系统

第四代的智能视频监控系统是基于网络视频监控系统,并依托于智能图像分析及识别技术的视频监控系统。它能够对视频进行一系列分析,并从中提取运动目标的信息,发现感兴趣的目标与事件,根据预设模板或用户预设的规则,自动识别出感兴趣的目标并得到感兴趣的数据,还可将这些信息及时反馈给监控人员。目前,视频监控系统已有的视频图像目标识别类型包括车牌识别、人脸识别等,数据获取类型包括人流/车流统计、车/船速获取等。与网络视频监控系统相比,智能视频监控系统有以下技术优势:

(1)能够自动分析识别可疑行为,并在可能的威胁发生时,主动发出警示;

(2)能够用更少的人力获得对各种安防事件更快速的响应,提高视频监控系统的有效性；

（3）能够有效扩展视频资源的用途，完成各种目标识别与数据分析，将视频监控的应用扩展至非安全监视领域。

从目前的状况看，智能视频监控系统还处于起步阶段，智能视频监控产品的大规模推广还有很长的路要走。

2. 视频监控系统的发展方向

1）开放性

受制于安防监控的发展历程及行业背景，目前所面临的一个问题是网络视频监控行业没有统一的标准，导致不同厂家之间的设备无法实现互联互通，由此给集成商和用户带来极大的困惑。构建开放式的视频管理平台，在该平台上实现不同厂家不同应用系统的互联互通，最终实现统一管理、统一调度，将是整个行业未来发展的方向。

2）智能化

用户可以在场景中预设报警规则，一旦目标在场景中出现了违反预定义行为规则的情形，系统会自动发出报警，监控工作站自动弹出报警信息并发出提示音，通过点击报警信息，实现报警的视频场景重构，并采取相关措施。即所监控的视频图像，经过前端智能网络摄像机的分析识别后，可只将有异常的图像传输到后端去记录与显示，从而可大大减轻网络的负担。视频内容分析技术对传统的视频监控技术是一个"颠覆性"的创新，改变了多年来人们应用视频监控系统的习惯。

3）高清化

（1）高清网络摄像机相比于模拟摄像机、普通网络摄像机具有高清晰度、百万像素级的传感器，可以获得更多的视频信息。

（2）一个高清摄像机可以代替多个普通摄像机对相同范围场景进行监控，节省线缆、安装及维护成本。

4）民用化

随着视频监控系统技术的不断发展和功能的不断完善以及人们安防观念的转变，网络视频监控的应用范围已远远超出了传统的专业"安防监控"的范畴，在企业运营、工厂安全生产、交通道路管理、学校监考等领域不断得到扩展应用，并发挥越来越大的作用。

未来视频监控系统将会在民用住宅等场所得到越来越多的应用，系统的架构方式将会如同民用"互联网接入"的方式，由专门的运营公司提供设备和服务，而用户仅仅需要提供"月租金"，从而实现家庭远程视频监控。

5）无线化

无线网络视频监控综合成本低，只需一次性投资，无须挖沟埋管，特别适合室外距离较远及已装修好的场合。维护费用低，无线监控维护由网络提供商负责，前端设备是即插即用、免维护系统。可以广泛应用于范围广、分布散的安全监控、交通监控、工业监控、家庭监控等众多领域。

二、数字视频监控系统

数字视频监控系统由前端部分、传输部分、控制部分及图像处理与显示部分组成，如图3-1所示。

图 3-1　数字视频监控系统结构

1. 前端部分

前端部分的设备主要包括摄像机、镜头、防护罩、支架、云台和解码器等,主要功能是将监视目标的光、声信号变成电信号,然后送入传输部分。

1)摄像机

在前端部分的所有设备中,摄像机是核心设备,是光电信号转换的主体。它将被摄物体的光图像转变为电信号,为系统提供信号源。

Ⅰ.摄像机的分类

(1)按照摄像器件类型的不同,摄像机分为电真空摄像机和固体摄像机两类。固体摄像器件具有寿命长、质量轻、不受磁场干扰、抗震性好、无残像和不怕靶面灼烧等优点,其中的 CCD(电荷耦合器件)摄像机由于具有先进性、可靠性、性价比高等特点,在视频监控系统中得到广泛应用。数字视频监控系统中的摄像机基本上以 CCD 摄像机为主。

(2)按照成像色彩的不同,分为黑白摄像机、彩色摄像机和昼夜型黑白/彩色两用摄像机。

(3)按照外观的不同,分为枪机、半球摄像机和全球摄像机。

Ⅱ.摄像机的主要性能参数

(1)CCD 尺寸。CCD 尺寸目前常用的有 1″、2/3″、1/2″、1/3″ 和 1/4″(1″ =2.54 cm)等。摄像机的 CCD 尺寸和摄像机的体积有关系, CCD 尺寸越小,摄像机的体积就可以做得越小。

(2)像素数。像素数是指摄像机 CCD 的最大像素数,它决定了显示图像的清晰程度。对于一定尺寸的 CCD,像素数越多,每一个像素单元的面积就越小,摄像机的分辨率就越高,图像细节的表现就越好。

(3)分辨率。分辨率是指成像系统对物像细节的分辨能力。黑白 CCD 的分辨率,即指摄像机按照测试的条件要求摄取等间隔排列的黑白相间条纹时,在监视器上能够看到的最多线数。当超过这一线数时,屏幕上就只能看到灰蒙蒙的一片,而不能再分辨出黑白相间的线条。分辨率多用极限分辨率表示,对于彩色 CCD 摄像机来说,因彩色滤光片效果,其分辨率低于相同像素数的黑白摄像机。

④最低照度。照度是反映光照强度的一种单位,其物理意义是照射到单位面积上的光通量,照度的单位是每平方米的流明(lm)数,也叫勒克斯(Lux,法定符号为 lm)。最低照度是标称摄像机感光度的一种参数,也就是标称摄像机能在多黑的条件下还可以看到可用影像。最低照度的数值越小,表示需要的光线越少,摄像机也就越灵敏。另外,摄像机的最低照度还与镜头的孔径有关。

⑤信噪比。信噪比是指信号电压与噪声电压的比值,通常用符号 S/N 表示。信噪比是摄像机的一个主要参数。当摄像机摄取较亮的场景时,监视器显示的画面通常比较明亮,观察者不易看出画面的干扰噪点;而当摄像机摄取较暗的场景时,监视器显示的画面就比较暗,观察者此时很容易看到画面中雪花状的干扰噪点。干扰噪点的强弱(即干扰噪点对画面的影响程度)与摄像机信噪比的高低有直接的关系,摄像机的信噪比越高,干扰噪点对画

面的影响就越小。CCD 摄像机信噪比的典型值一般为 45~55 dB。

（6）摄像机的供电电源。摄像机的供电电源一般为直流 12 V,有些是交流 24 V 或交流 220 V。在实际应用中,要注意电源的极性,有些摄像机有自动识别直流 12 V 或是交流 24 V 的功能,连接时可不考虑电源的极性。

（7）自动增益控制。为了使摄像机输出的视频信号达到电视传输规定的标准电平,即 0.7 Vpp 的标准视频信号,必须使放大器能够在一个较大的范围内进行增益调节。这种调节是通过检测视频信号的平均电平自动完成的,完成此功能的电路称为自动增益控制电路（AGC 电路）。一般的 CCD 摄像机的 AGC 电路调整范围为 0~18 dB,有些可达 0~30 dB。具有 AGC 功能的摄像机,在低照度时的灵敏度会有所提高,但此时的干扰噪点也会比较明显。

（8）背景光补偿。背景光补偿（BLC）也称作逆光补偿,可以补偿摄像机在逆光环境下所摄画面过亮与过暗而看不清细节的缺陷。通常,摄像机的 AGC 工作点是通过对整个视场的内容作平均来确定的,但如果视场中包含一个很亮的背景区域和一个很暗的前景目标,则此时确定的 AGC 工作点有可能对于前景目标是不够合适的,背景光补偿有可能改善前景目标的显示状况。当背景光补偿为开启时,摄像机仅对整个视场的一个子区域求平均来确定其 AGC 工作点,此时如果前景目标位于该子区域内,则前景目标的可视性有望改善。

2）镜头

镜头是摄像机实现光电转换、产生图像信号必不可少的光学部件,其作用是收集被摄场景反射来的光线,并将其聚焦到摄像机的摄像器件上。

Ⅰ.镜头的分类

摄像机镜头的分类方法很多,按照其功能和操作方法的不同可分为定焦距镜头、变焦距镜头和特殊镜头三大类。

（1）定焦距镜头。

①固定光圈定焦镜头。该种镜头是结构比较简单的一种镜头,只有一个可手动调整的对焦调整环。由于镜头是固定光圈的,因此在镜头上没有光圈调节环,所以进入镜头的光通量只能通过改变被摄现场的光照度来调整。该种镜头适用于光照比较均匀的场合,如室内全天以灯光照明为主的场合。

②手动光圈定焦镜头。该种镜头和固定光圈定焦镜头相比,增加了一个光圈调整环,能很方便地适应被摄现场的照度。但由于是手动调整,当摄像机安装完毕后就不再适宜频繁地对其进行调整。该种镜头也只适用于光照比较均匀的场合。

③自动光圈定焦镜头。该种镜头的结构相当于在手动光圈定焦镜头的光圈调整环上添加了一个齿轮传动的微型电机,并从其驱动电路上引出屏蔽线接到摄像机的自动光圈接口座上。该电机通过由摄像机 CCD 上传来的控制信号来调整光圈。

（2）变焦距镜头。

①手动变焦镜头。手动变焦镜头上设有一个焦距调整环,通过它可以在一定范围内调节镜头的焦距,方便选择被监视现场的视场角,因此可适用于更广泛的环境。但在视频监控系统中,当摄像机安装完毕后,对镜头进行手动焦距的调整很不方便,因此一般很少再去调整。手动变焦镜头中也有带自动光圈的镜头。

②自动光圈电动变焦镜头。与自动光圈定焦镜头相比,自动光圈电动变焦镜头多了两

个微型电机,其中一个用于调整镜头的焦距,另一个完成镜头的对焦。由于镜头增加了两个可遥控调整的功能,因此也称作电动两可变镜头。

③电动三可变镜头。与电动两可变镜头相比,电动三可变镜头将对光圈调整电机的控制方式由自动控制改变为由控制器控制。

(3)特殊镜头,各有所长,可以实现普通镜头无法实现的功能。

①针孔镜头。针孔镜头具有细长的镜筒,端部直径仅几毫米,后端则与普通镜头一样,通常用于需要隐蔽监视的场合。由于针孔镜头的相对孔径较小,透过它的光通量也很小,从而影响摄像机的成像质量。因此,应尽可能选用低照度型的高灵敏度摄像机。

②广角镜头。广角镜头又称大视角镜头,其视角在 90° 以上,焦距可小于几毫米。安装这种镜头的摄像机可摄取广阔的视野。

③安定镜头。安定镜头系统内部设有活动光学器件,并通过这种器件的反向移动来抵消摄像机和场景之间的相对移动。在视频监控系统中,当镜头和摄像机在观察场景中晃动或震动时,就需要使用安定镜头。安定镜头广泛应用在手提式摄录机、车载摄像机、空中平台摄像机和船载摄像机系统中。

④红外镜头。普通摄像镜头不可能使可见光和红外光这两种不同波长范围的光线在同一个焦面上成像,如果摄像机选用普通镜头,其白天的图像调节清晰,晚上的图像就变得模糊;反之亦然。而红外镜头采用了特殊的光学玻璃材料,并用最新的光学设计方法消除了可见光和红外光的焦面偏移,因此从可见光到红外光区的光线都可以在同一个焦面成像,使图像都能清晰。此外,红外镜头还采用了特殊的多层镀膜技术,以增加对红外光线的透过率,所以用红外镜头的摄像机比用普通镜头的摄像机夜晚监控的距离远、效果好。

Ⅱ. 镜头的主要性能参数

(1)成像尺寸。镜头一般有 1″、2/3″、1/2″、1/3″、1/4″ 等多种规格,选用镜头时,应使镜头的成像尺寸与摄像机 CCD 的尺寸相一致。

(2)焦距。焦距表示从镜头中心到摄像机主焦点的距离,以“mm”为单位。用不同焦距的镜头对同一位置的某物体摄像时,配长焦距镜头的摄像机所摄取的景物尺寸就大,配短焦距镜头的摄像机所摄取的景物尺寸就小,即焦距决定了摄取图像的大小。

(3)光圈。光圈即光圈指数,也称为通光量或光阑系数。光圈被定义为镜头的焦距和镜头有效直径的比值。光圈数越小,镜头收集光的能力(进光量)越大;反之越小。

(4)视场角。视场角是摄像机镜头的视野张角。视场角与镜头的焦距及摄像机 CCD 尺寸的大小有关:焦距短则视角宽,焦距长则视角窄;CCD 尺寸大则视场角大,尺寸小则视场角小。

(5)镜头安装接口。镜头要固定在摄像机的标准安装座上,以保证镜头的光轴与 CCD 感光面中心垂直,并保持一定的距离,使镜头的像面与 CCD 的像面重合。目前,有 C 型和 CS 型两种标准的安装接口,两者螺纹部分相同,但从镜头安装基准面到焦点的距离不同。C 型安装接口从镜头安装基准面到焦点的距离是 17.526 mm;CS 型安装接口从镜头安装基准面到焦点的距离是 12.5 mm。如果要将一个 C 型安装接口的镜头安装到一个具有 CS 型安装座的摄像机上,需增配一个 5 mm 厚的接圈;而 CS 型安装接口的镜头与 C 型安装座的摄像机则无法配合使用。

3）防护罩

摄像机的使用环境差别很大，为了在各种环境下都能使其正常工作，需要使用防护罩来对其进行保护。通过防护罩的保护，能使摄像机在各种严酷的环境下正常、可靠地工作，提高摄像机的环境适应能力，扩展摄像机的应用范围。常见的防护罩主要分为室内、室外和特殊类型等几种。

（1）室内型防护罩。室内型防护罩能够保护摄像机和镜头，使其免受灰尘、杂质和腐蚀性气体的污染，同时能够达到防破坏的目的。

（2）室外型防护罩。摄像机的工作温度为 −5~45 ℃，而最合适的温度是 0~30 ℃，否则会影响图像质量，甚至损坏摄像机。因此，室外型防护罩能够适应各种气候条件，如风、雨、雪、霜、低温、曝晒、沙尘等。室外型防护罩还可以根据使用地点的不同配置遮阳罩、内装 /外装风扇、加热器 / 除霜器、雨刷器、清洗器等辅助设备。

（3）特殊型防护罩。有时摄像机需要安装在特别恶劣的环境下，甚至需要在易燃易爆的环境下使用，因此必须使用具有高安全度、专业的特殊防护罩。特殊型防护罩不仅要像通用防护罩一样具有高度密封、耐严寒、耐酷暑、抗风沙、防雨雪等特点，还要防砸、抗冲击、防腐蚀。

4）支架

支架是用于固定摄像机、防护罩、云台的部件。如果摄像机只是固定监控某个位置而不需要转动，那么只用支架就可以满足固定要求。根据应用环境的不同，支架的形状、尺寸也各异。

（1）摄像机支架。摄像机支架一般均为小型支架，有注塑型及金属型两类，可直接固定摄像机，也可通过防护罩固定摄像机，所有的摄像机支架都具有万向调节功能，通过对支架的调整，即可以将摄像机的镜头准确地对准被摄现场。需要注意的是，在调整好位置后，应将调整螺栓紧固。

（2）云台支架。由于承重要求高，云台支架一般均为金属结构，且尺寸比摄像机支架大。考虑到云台自身已具有方向调节功能，因此云台支架一般不再有方向调节的功能。有些支架为配合无云台场合的中大型防护罩使用，在支架的前端配有一个可上下调节的底座。

5）云台

云台是承载摄像机进行水平和垂直两个方向转动，控制摄像机角度调整的装置。它的作用是扩展摄像机的视场，或扩大摄像机的监控范围。云台的主要性能参数包括输入电压、转动角度、转动速度、最大负载、应用环境和环境适应性等。

（1）输入电压。云台的输入电压多采用 AC 24 V，也有采用 AC 220 V 的。云台的输入电压通常由解码器提供。

（2）转动角度。云台的转动角度分为水平旋转角度和垂直旋转角度两个指标，具体选择时可根据所用摄像机的摄像范围要求加以选用。

（3）转动速度。云台的转动速度是衡量云台质量高低的重要参数。云台的水平和垂直方向是由两个不同的电机驱动的，因此云台的转动速度也分为水平转速和垂直转速。

交流型云台使用的是交流电机驱动，转动速度固定，一般水平转动速度为 4° ~6° /s，垂直转动速度为 3° ~6° /s。有的厂家也生产交流型高速云台，转动速度可以达到水平 15° /s，垂直 9°/s。

直流型云台大多采用直流步进电机驱动,具有转速高、可变速的优点,适用于需要快速捕捉目标的场合。其水平最高转速可达 40°~50°/s,垂直转速可达 10°~24°/s。另外,直流型云台都具有变速功能,所提供的电压是直流 0~36 V 的可变电压。变速的效果由控制系统和解码器的性能决定,以云台电机根据输入电压大小作相应速度的转动。常见的变速控制方式有全变速控制和分挡递进式控制两种。

（4）最大负载。云台的最大负载是指垂直方向承受的最大负载能力。如果云台的最大负载小于实际负载,不仅会使操作功能下降,而且会使云台的电机、齿轮因长时间超负荷动转而损坏。

（5）使用环境。云台使用环境的指标主要包括使用环境温度限制、湿度限制、防尘防水的 IP 防护等级。

（6）环境适应性。云台应为耐用品,而且要应用于不同的环境下,其温度适应范围也有很大的不同。另外,防尘、防腐蚀、防潮等要求也是需要考虑的。

6）解码器

解码器是为带有云台、变焦镜头等可控设备提供驱动,并与控制设备进行通信的设备。它一般安装在摄像机附近,控制线直接与云台及电动变焦镜头相连,与系统控制主机配合使用,将控制器发送过来的控制信号转换成实际电压信号,以驱动相关设备。解码器一般可控制的内容有:摄像机镜头的变焦、聚焦、光圈的大小;云台的上、下、左、右转动;防护罩加温、降温及雨刷动作等。目前,解码器还具有供给摄像机、云台、防护罩等各类所需电源的功能。解码器的性能参数主要有应用环境、输出接口、地址范围、控制协议、通信连接方式、供电电压等,选择解码器时主要考虑其控制功能应满足前端设备的控制需要。

2. 传输部分

在视频监控系统中,视频传输是整个系统中的一个至关重要的环节,选择什么样的介质、设备来传送视频信号,将直接关系到系统的质量和可靠性。在数字视频监控系统中,视频信号传输的介质主要是同轴电缆;如果距离过远,可以采用光纤传输,另外还有双绞线传输方式。

1）同轴电缆视频传输（基带传输）

在数字视频监控系统中,视频信号的传输多采用以同轴电缆为传输介质的基带传输方式。所谓基带传输方式,是指不需经过频率变换等任何处理而直接传送全电视信号的方式。这种传输方式的优点是:传输系统简单,在一定距离范围内稳定可靠、失真小;附加噪声低,系统信噪比高;不必增加附加设备等。其缺点是:传输距离短,一根视频同轴电缆只传送一路视频信号等。

2）光纤视频传输

与传统的电缆传输相比,光纤传输使得视频监控系统无论是在图像质量上,还是在系统功能上都上升到一个新的高度。在进行高质量的视频图像传输,且不希望图像质量有任何降低的远距离传输时,通常采用光纤传输。

光纤传输的优点如下:

（1）损耗小,信号传输距离长,目前单模光纤可实现多路模拟视频几十千米无放大的传输;

（2）频带宽,一根光纤可同时传输几十路以上的视频信号;

（3）图像质量高，系统噪声小，非线性失真小；

（4）保密性好，由于光纤传送的是光信号，信号不易被窃取，非常适用于有高保密要求的场合；

（5）抗干扰能力强，由于光信号不受电磁干扰的影响，可以在强磁场干扰的环境中工作；

（6）施工、敷设方便，光缆与同轴电缆相比，具有体积小、质量轻、弯曲半径小、抗腐蚀、不怕潮、温度系数小、不怕雷击等优点，所以光缆的敷设施工比较方便。

3）双绞线视频传输

双绞线传输方式是利用网络双绞线电缆进行视频信号和控制信号的传输，只需要再增加电源线，不需要专门的控制线缆，一般适用于中小型数字视频监控系统。

视频监控系统使用的双绞线一般为 5 类及以上的双绞线，传输距离一般不超过 100 m，如超过 100 m 需增加交换机进行拓展。其优点是布线简易、成本低廉、抗干扰性能强，缺点是传输距离短、抗老化能力差，不适用于野外传输。

近年来，POE 以太网供电技术快速发展，在小型数字监控系统中普遍应用。可利用网络双绞线电缆进行视频信号和控制信号的传输，同时给摄像机供电，不再需要专门的电源线。POE 供电模式需要配置带 POE 模块的网络交换机，通过交换机给摄像机供电，传输距离一般不超过 100 m，摄像机功率不大于 30 W。

3. 控制部分

控制部分是视频监控系统的核心，数字视频监控系统主要的控制设备是模拟视频矩阵。

早期的视频监控系统没有矩阵切换设备，摄像机与录像机或监视器进行一对一的连接。当摄像机的数量越来越多且没有必要同时对所有视频进行实时监控时，"一对一"的模式不论从成本角度还是从实施角度来看都变得不太适宜。

视频矩阵的产生完美地解决了这个问题，并后来居上成为视频监控系统的核心。通过视频矩阵及控制设备，可以将任意一台摄像机的视频信号切换到任一路指定的监视器上显示；同时通过键盘，可以对前端摄像机、镜头及辅助设备进行远程控制操作。视频矩阵的容量可大可小，小型主机是 4×1，大型主机可以达到 $1\,024 \times 256$ 或更大。

模拟视频矩阵的主要功能包括：接收各种视频装置的信号输入，并根据操作键盘的控制将它们有序地切换到相应的输出设备，完成矩阵切换；编制视频信号的自动切换顺序和间隔时间；接收操作键盘的指令，控制前端设备；键盘有口令输入功能，以防止未授权者非法操作系统，且多个键盘之间有优先等级安排；对系统运行步骤可以进行编程，可以按时间来触发预置的运行指令；有一定数量的报警输入接点和继电器输出接点，可接收报警信号输入和端接控制输出；有字符发生器，可在屏幕上生成日期、时间、场所摄像机号等信息；有与计算机的接口。

4. 图像处理与显示部分

在数字视频监控系统中，图像处理和显示部分的主要设备有视频分配器、视频放大器、视频切换器、画面分割器、硬盘录像机及监视器等。系统传输的图像信号可依靠这一部分的相关设备进行分配、切换、显示、记录、重放、加工和复制等处理。

1）视频分配器

摄像机采集的视频信号可能需要送往监视器、录像机、传输装置等终端设备，因而经常会遇到同一个视频信号同时送往几个不同设备的需求,这就需要一种能够将一路视频信号均匀分配为多路视频信号的设备,这就是视频分配器。视频分配器分配输出的每一路视频信号的带宽、峰-峰值电压和输出阻抗与输入的信号格式相一致,可以把一路视频输入分配为二路、四路、八路、十二路、十六路与输入完全相同的视频输出,供其他视频处理器使用。

视频分配器通常有单输入和多输入两种形式。单输入视频分配器是指视频分配器只能对一路输入信号进行分配。多输入视频分配器实际上是几个单输入视频分配器的组合,能对多路视频输入信号进行分配。

有的视频分配器兼有将视频信号放大的功能,这种设备称为视频分配放大器。

2)视频放大器

视频信号的传输距离应有一定的要求,如果传输距离过长,会造成信号的衰减过大,使视频信号的清晰度受到影响。因此,在进行长距离传输时,可使用视频放大器将视频信号进行放大,以恢复到正常的幅值。需要注意的是,利用视频放大器虽然能将信号放大,但信噪比却会降低,所以在系统中不能串接太多的视频放大器。

3)视频切换器

视频切换器又称顺序切换器,有多路视频输入端,一路视频输出端。它可以使多路视频输入信号按设定的顺序和时间间隔依次输出,也可以从多路输入信号中选择一路输出,从而节省显示器的数量。从输入信号的路数来分,视频切换器分为4选1、6选1、8选1、16选1等几种类型。

4)画面分割器

在中大型视频监视系统中,摄像机的数量多达数百上千个,但监视器的数量由于受机房面积的限制而远远少于摄像机的数量。为了让所有的摄像机信号都能显示在监视器屏幕上,就需要用画面分割器。画面分割器能够把多个摄像机的视频信号进行特定形式的组合,重新形成一路视频信号送往监视器,使得在一个监视器上能同时显示多个小画面,进而减少监视器的使用数量。大部分画面分割器除了可以同时显示图像外,也可以显示单幅画面,可以叠加时间和字符,设置自动切换,连接报警设备等。有些较好的多画面分割器还具有单路回放功能,即能选择同时录下的多路视频信号中的任意一路在监视器上进行满屏回放。

5)硬盘录像机

硬盘录像机简称DVR(Digital Video Recorder),产生于20世纪90年代末,是伴随多媒体技术发展起来的。DVR采用数字音/视频压缩/解压缩的编码技术,用硬盘来存储本地经压缩编码后的数字音/视频数据流,用网络来远程传输经压缩编码后的数字音/视频数据流和操纵信息,集图像画面分割、多路视频切换、录/放等功能为一体。硬件上还可连接传感器、报警器、云台和镜头操作器等,实现监视范围的搜索和目标锁定以及环境监控和报警输出;软件上还可增加移动图像侦测、特征提取等辅助功能,已满足某些特定应用的需求。

DVR按照产品架构方式,主要分为PC式DVR和嵌入式DVR两大类。

(1)PC式DVR。

PC式DVR相当于由PC机加视频采集卡构成的DVR系统。PC机是一种通用的平台,PC机的硬件更新换代速度快,因而PC式DVR的产品性能提高较容易,同时软件修正、升级也比较方便。PC式DVR还可细分为商用机PC式DVR、工控机PC式DVR和服务器PC式DVR。

①商用机 PC 式 DVR。商用机 PC 式 DVR 一般采用工控机箱,用以提升系统的稳定性与可靠性,音 / 视频路数较少的也可用普通商业 PC 机箱。它采用通用的 PC 主板以及各种板卡来满足系统的要求。其价格便宜,对环境的适应性好,常用于各种一般场合,监控通道的数量一般少于 24 路。

②工控机 PC 式 DVR。工控机 PC 式 DVR 采用工控机箱,可以抵抗恶劣的工业环境影响和干扰。它采用底板和 CPU 卡结构,可以支持较多的音 / 视频通道数以及更多的 IDE 硬盘。其价格是一般的商用 PC 机的两倍多,常用于各种重要场合和需要监控通道数量较多的情况。

③服务器 PC 式 DVR。服务器 PC 式 DVR 采用服务器的机箱和主板等,其系统的稳定性和可靠性也比前两者有很大的提高,常常具有 UPS 不间断电源和海量磁盘存储阵列,支持硬盘热插拔功能。它可以长期 24 h 连续不间断运行。它常应用于监控通道数量大、监控要求非常高的特殊应用部门。

(2)嵌入式 DVR。

嵌入式 DVR 基于嵌入式处理器和嵌入式实时操作系统的嵌入式系统制成,采用专用芯片对图像进行压缩及解压回放。它没有 PC 式 DVR 那么多的模块和多余的软件功能,因此产品品质稳定,不容易出现死机,而且在音 / 视频压缩码流的储存速度、分辨率及画质上都有较大的改善。嵌入式 DVR 具有易于使用、系统稳定性高、软件容错能力强、无须专人管理等优点。

6)监视器

监视器的发展经历了从黑白到彩色,从 CRT(阴极射线管)到 LCD(液晶)的过程。CRT 监视器一般使用"电视线"来定义清晰度,LCD 监视器使用"像素数"来定义分辨率。CRT 监视器具有价格低廉、亮度高、视角宽、色彩还原好,使用寿命较长的优点。LCD 监视器则具有体积小、质量轻、分辨率高、图像无闪动无辐射、节能等优点。

另外,大屏幕拼接屏在大型项目中如中央监控室或指挥中心等也得到越来越多的应用。目前比较常见的大屏幕拼接系统,根据显示单元的工作方式可分为三个主要类型:LCD(液晶显示屏)显示单元拼接、PDP(等离子显示屏)显示单元拼接和 DLP(数字光处理)显示单元拼接。其中,前两者属于平板显示单元拼接系统,后者属于投影单元拼接系统。

三、网络视频监控系统

典型的网络视频监控系统主要由前端设备、传输网络、控制中心和客户端等几部分构成。

1. 前端设备

网络视频监控系统的前端设备负责完成音 / 视频信息、报警信息的采集、缓存、编码、存储及发送等功能,并可接收来自网络的控制命令。摄像机是最主要的前端设备,网络视频监控系统多采用网络摄像机。普通模拟摄像机或数字摄像机也可在网络视频监控系统中使用,但必须与视频服务器配合使用。

1)网络摄像机

网络摄像机,也叫 IP 摄像机,即 IP Camera,简称 IPC。IPC 可以看成是"模拟摄像机 + 视频服务器"的结合体,从图像质量指标来讲,又可实现高于"模拟摄像机 + 视频服务器"能达到的效果。

IPC 是即插即用型设备,可以布置在局域网中,也可以布置在互联网环境中,允许用户通过浏览器在网络的任何位置对摄像机的视频进行显示及控制,这种相对独立的工作模式使得 IPC 既适合大规模视频监控系统应用,也可以独立分散地应用在如家庭、商店等分布式、需要远程视频监控的环境中。

（1）IPC 的主要功能。IPC 的主要功能如下:

①音 / 视频编码,采集并编码压缩音 / 视频信号;

②网络功能,编码压缩的音 / 视频信号通过网络进行传输;

③云镜控制功能,通过网络控制云台、镜头的各种动作;

④缓存功能,可以把压缩的音 / 视频数据临时存储在本地的存储介质中;

⑤报警输入输出,能接收、处理报警输入 / 输出信号,即具备报警联动功能;

⑥移动检测报警,检测场景内的移动目标并产生报警;

⑦视频分析,自动对视频场景进行分析,比对预设原则并触发报警;

⑧视觉参数调节,饱和度、对比度、亮度等视觉参数的调整;

⑨编码参数调节,帧率、分辨率、码流等编码参数的调整;

⑩系统集成,可以与视频管理平台集成,实现大规模系统监控。

（2）IPC 的分类。

IPC 的分类方法有很多种,通常的分类方法是按照固定摄像机、PTZ 摄像机、半球摄像机、一体球摄像机等直观外形特征进行分类。

①固定枪式 IPC。固定枪式 IPC 具有固定或手动变焦镜头,一般用于监视固定场所,配合安装支架,实现中焦、远景或广角场景的监视功能,配合相应的防护罩可以应用于室外环境。

②固定半球 IPC。固定半球 IPC 一般采用固定焦距或手动变焦镜头,内置于半球护罩内,通常需要天花板支撑安装。

③ PTZ（ Pan/Tilt/Zoom ）及一体球 IPC。此类摄像机为可变焦距、可变角度摄像机,通过远程操作实现焦距及角度的控制,因此拥有大范围场景的监视功能。与模拟 PTZ 摄像机的区别是此类 IPC 不需要单独布置控制线缆,而是通过网络实现对 PTZ 的控制。与模拟 PTZ 及一体球摄像机类似,通常具有预置位、隐私遮挡、自动跟踪等多种功能,属于高端应用类摄像机。

2）视频服务器

视频服务器,简称 DVS（ Digital Video Server ）,是衔接模拟摄像机与网络系统的关键设备,是视频监控系统从模拟时代到网络时代的过渡产品,主要用来对模拟视频信号进行编码压缩,并提供网络传输功能。通过 DVS,可以不必舍弃已经存在的模拟设备而升级到网络系统。通常, DVS 具有 1~8 个视频输入接口,用来连接模拟摄像机信号,一个或两个网络接口用来连接网络。它还有内置的 Web 服务器、压缩芯片及操作系统,可实现视频的数字化、编码压缩及网络存储。除此之外,还有报警输入 / 输出接口、串行接口、音频接口等实现辅助功能。

2. 传输网络

网络视频监控系统是建立在互联网基础之上的,只有合理构建视频监控传输网络,才能使网络视频监控系统发挥最大的效益。

1）视频数据的特点

视频数据的特点很多，在传输时的主要表现如下：

（1）数据海量性，视频数据量大、信息量大，使得它在传输时需要很大带宽；

（2）流量不规则性，视频数据量时大时小，使得它所需的带宽很难界定。

视频数据的以上特点决定了其在传输过程中对无线多跳自组织网络提出了很高的要求，主要体现在误码率、吞吐量、QoS等方面。

视频数据的特点使得它在传输方面面临很多挑战，特别是高质量的视频传输更是如此，高质量的视频传输面临的挑战归结如下：

（1）误码率高，尽管MPEG和H.26x视频编码器能有效地压缩视频，以减少所需带宽，但若信道变差，视频在传输中仍易出错；

（2）缺乏有效的QoS支持，IP网中的带宽不稳、干扰严重以及终端随机移动，都给视频信号传输造成了很大困难；

（3）丢包率高，网络拓扑结构的随机变化，必然导致路径变化，从而导致易丢包，同时路径延时的增大也会产生高丢包率。

2）传输网络的技术指标

传输网络的技术指标主要包括时延、抖动、丢包率、带宽等，这些指标对网络视频监控系统能否有效、高效地正常运行至关重要。

（1）时延。

网络视频监控系统的传输时延是指从前端设备到图像显示设备之间的网络延时（不含图像编码器的延时），其指标要求具体如下。

① LAN接入方式端到端传输时延平均值小于14.5 ms，最大值为15.5 ms；

② WLAN接入方式端到端传输时延平均值小于14.5 ms，最大值为17.5 ms；

③ ADSL接入方式端到端传输时延平均值小于168.5 ms，最大值为209.5 ms；

④基于公网的无线接入方式端到端传输时延平均值小于204.5 ms，最大值为209.5 ms。

（2）抖动。

抖动是网络数据传输过程中因网络时延使数据包到达接收端的时间不确定而导致的。时延抖动上限值为50 ms。

（3）丢包率。

丢包率是指数据传输过程中丢失数据包数量占所发送数据包总数的比率。对于网络视频监控系统，丢包率上限值为1×10^{-3}。

（4）带宽。

带宽是指信号所占据的频带宽度。在被用来描述信道时，带宽是指能够有效通过该信道的信号的最大频带宽度。对于数字信号而言，带宽是指单位时间内链路能够通过的数据量。数字信道的带宽一般直接用波特率或符号率来描述。

网络视频监控系统的传输网络带宽应满足前端设备接入监控中心、监控中心互联、用户终端接入监控中心的带宽要求并留有余量。

网络带宽的估算方法如下：

①前端设备接入监控中心所需的网络带宽应不小于允许并发接入的视频路数 × 单路

视频码率；

②监控中心互联所需的网络带宽应不小于并发连接的视频路数 × 单路视频码率；

③用户终端接入监控中心所需的网络带宽应不小于并发显示的视频路数 × 单路视频码率；

④预留的网络带宽应根据联网系统的应用情况确定，一般应包括其他业务数据传输带宽、业务扩展所需带宽和网络正常运行需要的冗余带宽。

CIF 分辨率的单路视频码率可按 512 kb/s 估算（25 帧 /s）。

3）典型的组网模式

（1）骨干网。

监控系统平台基于 IP 网络，对于视频监控内容需要较高安全保证的用户，如银行、公安系统等，显然存在较大的安全隐患。对于这些用户的高要求，运营商通常为用户提供全程全网的 MPLS-VPN 接入，将视频业务的全部网元放置到 MPLS-VPN 中，使用户业务看起来是在一个独立于互联网的专门网络中运行，通常的互联网用户没有访问 VPN 路由的权限。因此，整个视频监控系统的安全性得到了极大的提高，外网用户几乎不可能访问 VPN 内网资源。

（2）接入网。

摄像机在各种分辨率模式下适宜采用的几种主要接入方式如下。

① ADSL 接入。DSL（Digital Subscriber Line）是通过铜线或本地电话网提供数字连接的一种技术。在我国普遍使用的 ADSL 是一种非对称的 DSL 技术。ADSL 在一对铜线上支持上行速率 512 kb/s~1 Mb/s，下行速率 1~8 Mb/s，有效传输距离为 3~5 km。

视频监控终端用户或前端设备在使用 ADSL 接入互联网时，所有用户线路通过电话线连接 DSLAM，由 DSLAM 汇聚后，上行到 IP 城域网络，从而进入互联网，以访问视频监控平台。

采用 ADSL 方式实现视频接入，一般采用网线将网络摄像机与 ADSL 接口连接。在一些不方便布线的场所，一般采用无线网络摄像机方案，即无线网络摄像机以 Wi-Fi 方式接入到无线路由器，无线路由器通过 ADSL 线路连接到互联网。还可以选用无线 AP，即有线网络摄像机先通过网络连接到无线 AP，无线 AP 以 Wi-Fi 方式接入到无线路由器，无线路由器通过 ADSL 线路连接到互联网。

② LAN 接入。LAN 接入方式适用于办公大楼或居民小区，可以通过电信运营商的宽带城域网将数字视频信号传输到监控中心。其优势是无须重新建设传输网络，监控点与最近的通信机房连接，搭建迅速便捷。

③ PON 接入。PON（Passive Optical Network，无源光网络），是指光纤网络中不含有任何电子器件及电子电源，全部由光分路器等无源器件组成。一个无源光网络包括一个安装于中心控制站的光线路终端（OLT）以及一批配套的安装于用户场所的光网络单元（ONUs）。在 OLT 与 ONU 之间的光分配网（ODN）包含光纤以及无源分光器或者耦合器。

PON 系统主要由中心控制站的 OLT、包含无源光器件的 ODN、用户端的 ONU/ONT（光网络单元 / 光网络终端）组成，其中 ONT 直接位于用户端，而 ONU 与用户之间还有其他网络（如以太网）以及网元管理系统（EMS），通常采用点到多点的树型拓扑结构。

采用 PON 接入技术时，视频监控系统的前端设备通过 ONU 汇聚到 OLT 后接入上行交换机,然后连接到互联网。由于 PON 技术上下行速率一致,并且可加载较高的速率,因此不会发生因带宽过小而造成图像质量下降的问题。

（3）无线传输网络。

一般情况下,视频监控系统都是通过有线传输的,但当实际应用的现场环境无法用有线传输时,就需要使用无线传输。

①微波传输。微波泛指波长为 1 m~1 mm,即对应频率为 300 MHz~300 GHz 的电磁波。实际上,微波均指常用的频率为 3~40 GHz 的电磁波。微波传输一般要求发射机和接收机之间没有任何可见的障碍物,其传输通路中间的任何金属物体和潮湿的物体都会引起严重的信号衰减和反射,导致系统瘫痪。但利用这一原理可用金属杆和平面来反射微波信号,使其转弯。微波传输用于视频监控系统,基本上为点对点方式,每一点的传输都需要占用一个微波频道。

②无线移动网络传输。无线移动视频传输技术是指在移动目标上加装前端视频采集装置,通过无线移动传输单元将视频信号传输至监控中心,实现对移动目标动态、实时地跟踪、监控、调度。由于基于无线传输技术的移动视频监控系统,可根据需要迅速地将新监控点加入网络,无须新建传输网络即可高效实现远程监控,且数字化视频便于存储、检索,对市政、公安等有特殊要求的部门尤为适用,因而组网极其灵活,且扩展性好。

③宽带无线传输。宽带无线传输技术在无线视频监控系统中的应用,主要有 Wi-Fi 与 WiMAX 两种。Wi-Fi 是基于 IEEE802.11 系列标准的一种无线宽带通信技术,在接入带宽和移动性能方面能够满足视频监控业务的要求,且技术成熟。WiMAX 标准包含 IEEE802.16d 和 IEEE802.16e 两种,由于 WiMAX 数据带宽优于 3G 系统,比 Wi-Fi 有更强的覆盖能力,预计其将成为无线宽带接入的一种主流技术。

3. 控制中心

在网络视频监控系统中,前端摄像机采集的视频通过网络传输到控制中心或分控中心的流媒体服务器及相应的存储设备（如果是分布式存储,存储设备不一定全部置于控制中心）,其中流媒体服务器通过内置或外置的网络视频解码器接触不同格式的模拟或数字信号,送往监视器。

1）数字视频矩阵

数字视频矩阵分为只支持网络信号输入的网络型视频矩阵和可支持 SDI、DVI、HDMI 等多格式非网络数字信号输入的非网络型视频矩阵,其中非网络型视频矩阵的工作原理与模拟视频矩阵基本相同,仅信号形式不同。数字视频矩阵的输出同样为 SDI、DVI、HDMI 等数字视频矩阵格式,有些矩阵同时具有模拟视频输出接口。网络型视频矩阵的输入端口通常为 RJ45 接口。由于网络接口数字视频矩阵需首先对网络视频流进行解码,将还原后的视频信号从输出端口输出,因此对输入视频来说会有一定的延时。

2）网络视频解码器

网络视频解码器的主要功能是通过 IP 地址从众多的网络视频流中选择出特定视频流,对其进行 TCP/IP 解包及视频解码,从而输出标准的模拟或数字视频信号,直接或通过视频矩阵送往监视器。

在视频监控系统中,有人将网络视频解码器分为硬解码器和软解码器两大类,其中硬解码器即基于硬件实现的解码器。硬解码器有 DSP-Based 解码器和 PC-Based 解码器两种,通常应用于监控中心,一端连接网络,另一端连接监视器。软解码器通常是基于主流计算机、操作系统、处理器、运行解码程序实现视频的解码和图像还原,解码后的图像直接在工作站的视频窗口进行浏览显示。

3)网络硬盘录像机

网络硬盘录像机(NVR)最主要的功能是通过网络接收网络摄像机传输的数字视频码流,并进行存储、管理、转发。NVR不受物理位置制约,可以布置在网络任意位置,从而实现网络化带来的分布式架构优势。

NVR分为嵌入式NVR和PC式NVR两种。嵌入式NVR的功能通过固件进行固化,基本上只能接入某一品牌的IP摄像机,这样的NVR表现为一个专用的硬件产品,多数嵌入式NVR都由IP摄像机厂家推出。PC式VR的功能灵活强大,这样的NVR更多地被认为是一套软件,与视频采集卡+PC的传统配置并无本质差别。

4)网络视频监控管理平台

网络视频监控管理平台是网络视频监控系统的中央枢纽,它一方面实现对所有视频采集设备及显示设备的接入及管理,另一方面实现对各监控点数字视频码流的汇聚、分发、存储与控制等。另外,配合网络管理服务器,视频监控管理平台还可以监控系统的运行状态,进行全系统的配置管理、告警管理、权限管理、日志管理等。

网络视频监控管理平台一般由固网侧网元和移动侧网元组成,其中固网侧网元包括中心管理服务单元、媒体分发服务单元、存储服务单元、AAA服务器、网管服务单元等;移动侧网元包括移动视频访问单元、移动业务应用门户、移动侧流媒体服务器(可选网元)等。

(1)中心管理服务单元。中心管理服务单元(CMS)包括一组服务器,该服务器是网络视频监控管理平台的核心单元,可实现前端设备、后端设备、各单元的信令转发控制处理、报警信息的接收与处理以及业务支撑信息的管理。中心管理服务器由前端接入服务器、客户端服务器、告警服务器、平台管理服务器、业务管理服务器、调度服务器等组成,实际部署可根据实际投资和规模要求灵活进行。

(2)媒体分发服务单元。媒体分发服务单元(VTUD)是网络视频监控管理平台的媒体处理单元,可实现音/视频的请求、接收、分发。媒体分发服务器首先接收、缓存媒体流,然后进行媒体流的分发,可将一路音/视频流复制成多路。媒体分发服务器仅接受本域中心管理服务器的管辖,在中心管理服务器的控制下为用户或其他域提供服务。媒体分发服务器可实现多级级联、分布式部署,即可向监控前端或其他媒体分发服务器发起会话请求,接收网络存储服务器、客户端设备或其他媒体分发服务器的会话请求。

(3)网络存储服务单元。网络存储服务单元(NRU)是网络视频监控管理平台的网络录像服务器,用于为媒体分发服务器提供海量远端存储,可实现视频数据的存储、检索,支持视频回放。网络存储服务器可实现分布式部署,录像存储的载体可为多硬盘组合或磁盘阵列。

(4)AAA服务器。AAA(Authentication、Authorization、Accounting)服务器是为用户认证、授权和记账的服务器,提供用户使用本业务的认证、授权和记账服务,并提供相应的用户受理界面及用户信息导入方式。

(5)网管服务单元。网管服务单元提供网络设备管理的应用支持,完整的网管功能包括故障管理、配置管理、计费管理、性能管理和安全管理。

（6）应用服务器。应用服务器提供基于图像的智能服务以及其他业务,用户可以在中心管理服务单元上定义业务触发点,当触发条件满足时,中心管理服务单元将向这些服务器请求相关的业务。

（7）移动视频访问单元。移动视频访问单元（VAU）的作用主要是将网络视频监控系统的视频流转换成适合移动视频监控的视频流。

（8）移动业务应用门户。移动业务应用门户（MSP）主要实现移动业务统一的接入访问入口、用户认证入口、用户监控权限列表展示,并通过监控中心平台的中心管理服务器进行信息交互,协同完成用户认证、监控列表查询、用户账号信息同步及业务辅助管理等功能。

（9）移动客户端单元。移动客户端单元（MCU）即产品的移动终端客户端软件,该单元主要完成业务请求、认证发起、监控列表解析、视频流解码和播放、发送云镜控制信息等。

（10）流媒体服务器。流媒体服务器（PSS）是网络视频监控系统控制中心的核心服务器,控制中心设置流媒体服务器进行全网范围内的所有视频数据的转发处理,以保证视频多路并发访问的实时性和完整性。流媒体服务器主要响应从 WAP（Wireless Application Protocol）网关发送来的客户端 MCU 业务请求信息,与 MCU、VAU 协同完成从 VAU 实时获取流媒体内容到 MCU 的流媒体分发过程,为系统的可选单元。

四、智能视频监控系统

目前,单一监控系统的点位数量越来越多,监控人员不可能同时对所有监控点的视频内容进行实时监视。如果只将视频录像作为事后取证的手段,则无法在安防事件发生时立刻进行阻止,这样会大大降低监控系统的实时告警效用。智能视频监控系统的出现解决了这一问题。智能视频监控系统采用了图像处理、模式识别和计算机视觉技术,通过在监控系统中增加智能视频分析模块,借助计算机强大的数据处理能力过滤掉视频画面中的无用的或干扰信息以及自动识别不同物体,分析抽取视频源中关键的有用信息,快速准确地定位事故现场,判断监控画面中的异常情况,并以最快和最佳的方式发出警报或触发其他动作,从而有效进行事前预警、事中处理、事后及时取证的全自动、全天候、实时监控的智能系统。

1. 智能视频监控实现模式

智能视频监控针对特定事件的识别或特定数据的获取通常有两种方法,即前端获取和平台获取。

1）前端获取

前端获取是在摄像机或视频服务器上增加智能算法处理模块来分析目标,获得有效信息、触发报警等。

前端获取方法的优点:

（1）前端采集和分析,不经过传输,作为信息源的视频图像质量较好;

（2）识别速度快,具有较高实时性;

（3）针对事件识别,如果事件发生后在用户监控客户端弹出视频,能够节约大量的传输带宽。

前端获取方法的缺点:

（1）设备暴露在户外,容易受到温度、湿度及灰尘等的影响,从而增加了对设备可靠性的要求和维护工作量;

（2）前端识别分析的功能和性能一旦确定就不能改变，缺乏有效、简单的升级手段。

2）平台获取

平台获取方法是将传输至监控中心平台的视频通过服务器进行分解、变换与处理，实现分析与识别的目的。虽然远程传输损失了部分视频质量与实时性，但服务器放置在机房或监控室，其工作环境条件良好，工作性能稳定，大大减轻了设备维护工作量。采用服务器集中处理，其分析与识别的功能是通过软件实现，因此能够随时实现按需配置，当用户要求发生变化时，改造所需的工作量较小。平台智能识别服务器还能够方便地与数据库或其他数据分析系统进行配合，开展具有延伸性的各种应用。

2. 智能视频监控系统架构

与标准化的网络视频监控系统架构相比，一个完整的网络化智能视频监控系统构架主要是在原有平台基础上增加智能分析服务器，在前端增加智能视频服务器。

1）平台智能分析服务器组

平台智能分析服务器组包括智能图像管理服务器（IVM）、智能图像识别单元（IVU）和第三方数据分析系统（DA）三部分。

智能图像识别单元从输入的视频或图片中识别所需信息，并将识别结果输出给智能图像管理服务器，可识别的信息包括事件触发类信息及数据获取类信息。每个智能图像识别单元可包含一个或多个智能分析算法，并可添加、删除。

智能图像管理服务器可根据用户智能应用策略动态调度视频源，接受智能图像识别单元的注册、删除和能力上报。智能图像管理服务器可接受平台管理服务器智能应用调用，并将智能图像识别单元的调用接口信息反馈给平台管理服务器。

第三方数据分析系统一般不属于标准监控平台网元，它接收平台传出的数据，配置数据分析算法和策略，实现对数据的分析。该系统可根据客户的个性化需求进行建设。

2）智能视频服务器

智能视频服务器就是在前端视频服务器中增加智能图像识别模块。智能图像识别模块可从输入的视频中识别所需信息，并输出识别结果。可识别信息包括事件触发类信息及数据获取类信息。

3）客户端智能分析

为实现全面化的智能视频识别功能，可在客户端中增加客户端智能图像识别模块，在客户端侧实现智能识别。客户端智能图像识别模块除了能够从输入的视频中识别所需信息，并输出识别结果外，还可从录像文件中检索指定信息的录像资料。可识别信息包括事件触发类信息及数据获取类信息。

3. 智能视频监控功能

目前，应用较多的智能视频监控功能根据实现目的和算法可近似归结为目标识别、事件检测、数据分析三大典型功能。

1）目标识别

目标识别包括人体识别和物体识别。

（1）人体识别。人体识别可以识别出画面中的人，根据识别的特征可分为人脸检测、人脸识别、性别识别、年龄识别、体温检测等。

（2）物体识别。物体识别可以识别交通工具和不明物体等。对于识别出的车辆，可根据其运动特征识别其行为,如超速、越界、滞留等;不明物体主要是指除人、交通工具之外的运动物体,如烟火、污染物等。

①车辆识别。车辆识别技术可抓取车辆,识别其车型、厂牌、颜色。

②汽车牌照识别。汽车牌照自动识别系统启动图像采集设备获取车辆的正面或反面图像,由车牌定位模块提取车牌,字符分割模块对车牌上的字符进行切分,最后由字符识别模块进行字符识别。

③违章识别。违章识别用于识别行驶车辆的信息,如监管进出各工地的渣土车,及时发现渣土车司机的违规操作行为,包括不按路线行驶、超载、车容车貌不洁、扬沙遗土和无牌照渣土车运营等。

④集装箱号识别。集装箱号识别用于读取正在运送或停放的集装箱号码、ISO 号码及底盘号码,将其矢量化保存,可识别各种尺寸的集装箱。

⑤目标跟踪。目标跟踪技术通过 PTZ 对画面中的人物进行追踪,实现对指定目标的近距离持续跟踪。目标的指定在全景摄像机的场景内完成,目标捕捉可采用手动选取及自动发现两种方式。

通过手动方式,使用者可以选择画面上的目标,并实施单摄像机跟踪或多摄像机联动跟踪,对目标的行为轨迹进行分析。

多摄像机联动人体识别和跟踪技术能实现如下功能:当某人被一台摄像机成功检测到的时候,系统可以搜索其他摄像机确认此人是否曾经或正在经过,然后通过这些摄像机记录下此人整个的行走路径,帮助相关部门进行大致的追踪。由于对人物特征甄别难度大,该技术目前只适用于简单场景。

2)事件检测

(1)周界防范。

周界防范是对重点区域制定虚拟警戒线或者虚拟警戒区域,可判断目标穿越的方向,可识别目标包括人、交通工具等。

周界防范主要包括以下 4 类典型应用。

①区域进出。用户在监控场景内定义一个多边形区域,当有物体进入、离开即触发报警。

②区域滞留。用户在监控场景内定义一个多边形区域,当有物体在区域内滞留时间超过规定阈值即触发报警。

③拌线。用户在监控区域内定义一条线段,当物体运动路线跨越该线段即触发报警。

④有向拌线。用户在监控区域内定义一条线段,当物体沿指定方向跨越该线段即触发报警。

(2)物体出现/消失监控。

①遗留物侦测。遗留物侦测是指用户对视频监控场景进行检测区设定,当检测区中出现不明物品并持续一段时间以上,则产生报警并上报相关信息。

②物体保全。物体保全是指用户对视频监控场景中的待防护物品的周界区域进行划定,当该物品被移出周界区域时,则产生报警并上报相关信息。

③滞留侦测。侦测画面或虚拟警戒区域内新增的目标,可设置产生报警的滞留时间,可识目标包括人和交通工具。

（3）异常侦测。

异常侦测是指将目标信息与用户设定的报警规则进行逻辑判断,确定是否有目标触发了报警规则,并做出报警响应。

（4）行为识别。

行为识别可以根据人体运动特征识别其行为,判断是否发生异常事件。

①徘徊/游荡侦测。侦测画面或虚拟警戒区域内往复运动的目标,可设置产生报警的徘徊/游荡持续时间。

②跌倒侦测。侦测画面或虚拟警戒区域内摔倒的人。

③移动侦测。侦测画面或虚拟警戒区域内的画面运动,对画面运动产生报警。

④尾随侦测。侦测到画面或虚拟警戒区域内的人员尾随行为即产生报警,可识别目标主要是人。

⑤斗殴侦测。侦测到画面或虚拟警戒区域内的人员斗殴行为即产生报警,可识别目标主要是人。

（5）视频故障诊断。

视频质量诊断系统是视频分析技术在视频监控领域的应用,可对视频图像中出现的常见摄像机故障以及使用过程中出现的摄像机质量低下做出准确判断并发出报警信息,有效预防和避免因硬件故障导致的图像质量问题及所带来的损失。

①摄像机遮盖侦测。如果摄像机镜头被遮盖,可产生报警信号。

②摄像机擅自转动侦测。如果摄像机遭到手动操作/破坏、擅自转动或出现故障,可产生报警信号。

③画面异常诊断。画面异常检测视频信号的有无和前端云台摄像机的运行情况,如出现雪花、滚屏、偏色、画面冻结、增益失衡和云台失控等常见摄像机故障,发出报警信号。

3）数据分析

数据统计分析包含车流分析、客流分析、对场景中按照一定方向穿越统计线的目标进行累计计数。

通过数据统计与分析,相关部门可以得到相关流量数据,帮助管理人员及时制定相关决策以及最佳的规划、调度、布置等方案。

4. 智能视频监控的发展

目前的智能图像识别技术已可以将目标从视频图像中分离出来,如实现人、车、不明物体等目标的识别;可以获取对象的某些属性,如衣服的颜色、车牌号码等;可以分析对象的行为,如运动的方向、趋势等。图像识别技术的发展将继续沿这三个方向深化。

在技术演进发展过程中,识别算法对环境的适应是非常重要的,目前是智能视频识别技术发展的初级阶段,具有普适性的算法是技术发展的一大方向。算法的普适性需要攻克的技术难关包括:

（1）算法对复杂背景环境的适应能力;

（2）算法对摄像机安装角度的适应能力,从尽可能多的拍摄角度实现对目标的正确识别;

（3）算法对夜间环境的适应能力,在低照度、有雪花干扰的情况下实现对目标的正确识别;

（4）算法对画面振动的适应能力，在摄像机有一定抖动的情况下实现对目标的正确识别；

（5）算法对移动场景的支持，摄像机安装在移动的交通工具上，算法可以实现对移动背景画面的目标识别，这项技术的发展将使仿生技术得到更加生动的体现。

随着图像采集技术的发展，智能图像识别算法的输入源信息的质与量正在不断提升。利用这些更高的图像质量、更高的信息量的视频源，识别更加精确、更加丰富的视频内容是智能图像识别技术发展的重要方向，主要包括高清视频源的利用、3D 视频源的利用、多源视频的利用等。其中，3D 视频源的智能图像识别利用立体视觉监控摄像机或多视角固定分布的监控摄像机获取的人员、车辆等监控目标的不同视角视频图像，采用有限参考点 3D 景象测量方法，对所监控的人员、车辆进行 3D 测量，使用语句方式提取并描述目标的尺寸、形状、比例等参数，并以此为条件在语义知识库中对目标描述数据进行检索、对比、并联，从而实现对目标的识别。3D 视频源具有更加精确的信息，可以对目标的行为实施更精确的判断。多源视频智能图像识别则是利用多台摄像机关联分析，得到更加精确、丰富的分析结果。

教学单元 2　入侵报警系统

一、入侵报警系统概述

1. 入侵报警系统组成

入侵报警系统通常由前端设备（包括探测器和紧急报警装置）、传输设备、处理 / 控制 / 管理设备和显示 / 记录设备四部分组成，比较复杂的入侵报警系统还包括验证设备，结构如图 3-2 所示。入侵报警系统是利用传感器技术和电子信息技术，在建筑物内外的重要地点和区域布设探测装置，探测并指示非法入侵或试图非法入侵设防区域的行为，处理报警信息、发出报警信号，并启动监控系统对入侵现场进行录像的电子系统。

图 3-2　入侵报警系统结构框图

2. 入侵报警系统主要功能

入侵报警系统具有如下主要功能：

（1）能对可能的入侵行为进行准确、实时的探测并发出报警信号；

（2）能在系统防区产生报警时及时发出报警信号；

（3）能显示出报警事件的来源和时间；

（4）具有编程设置功能，以实现相关控制功能；

（5）能对各种事件进行实时记录和事后查询；

（6）具有自检巡检功能。

3. 入侵报警系统分类

根据信号传输方式的不同，入侵报警系统可分为分线制、总线制、无线制三种主要方式。

1）分线制

分线制也称为多线制,分线制入侵报警系统的探测器、紧急报警装置通过多芯电缆与报警控制器之间采用一对一专线相连,如图3-3所示。分线制入侵报警系统适用于小规模(探测点少)、小范围的场合。这种传统结构方式最简单,报警控制主机的每个探测回路与前端探测防区的探测器采用电缆直接连接,用于防区少于或等于16的系统。

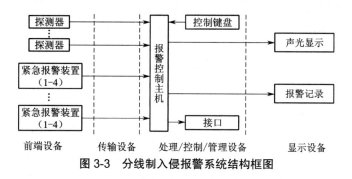

图3-3　分线制入侵报警系统结构框图

2）总线制

总线制入侵报警系统是指探测器、手动紧急按钮及其他报警单元通过其相应的编制模块与报警主机之间采用总线连接,通常用于距离较远的、探测防区较多且比较分散的场合。该模式前端的探测器利用相应的传输设备,通过总线连接到报警控制设备,多用于防区少于或等于128的系统。总线制入侵报警系统结构如图3-4所示。

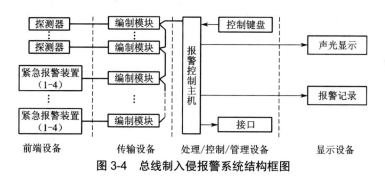

图3-4　总线制入侵报警系统结构框图

3）无线制

无线制入侵报警系统结构如图3-5所示。其探测器、紧急报警装置通过相应的无线设备与入侵报警控制器通信,其中一个防区内的紧急报警装置不得大于4个。系统前端每个探测防区的探测器通过分线制连接到现场的无线发射、接收或者中继设备,再通过无线电波传送到无线接收设备,无线接收设备与报警主机相连接。其中,探测器与现场无线发射及报警控制主机与无线接收设备之间可以是独立设备,也可以合为一体,目前前端设备多数是集成为一体的。无线制入侵报警系统施工简单,使用范围可大可小,但安全性不高。

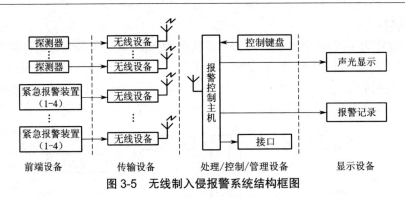

图 3-5　无线制入侵报警系统结构框图

二、入侵探测器

1. 入侵探测器基本概述

入侵探测器是专门用来探测入侵者的移动或其他动作的由电子及机械部件所组成的装置,通常由传感器和信号处理器组成。传感器是一种物理量的转化装置,在入侵探测器中,通常把压力、振动、声响、光强等物理量转化成预处理的电量(电压、电流、电阻等)。

入侵探测器是入侵报警系统最前端的部分,也是整个报警系统中的关键部分。它在很大程度上决定着报警系统的性能、用途、可靠性,是降低误报和漏报的决定因素。

2. 入侵探测器分类

入侵探测器主要有以下分类方式。

1)按传感器类型划分

按传感器类型即按传感器探测的物理量划分,入侵探测器通常可分为磁开关探测器、振动探测器、声控探测器、超声波探测器、次声波探测器、红外探测器、电场感应式探测器、微波探测器等多种类型。

2)按工作方式划分

按工作方式划分,入侵探测器可分为主动式探测器与被动式探测器。

(1)主动式探测器。探测器在工作时向探测范围内发出某种能量,经过反射或者直射在接收传感器形成一个稳定的信号。当有物体入侵时,稳定信号被破坏,探测器就会输出一个报警信号,并通过传输设备传输给报警控制主机。

(2)被动式探测器。探测器在工作时无须向探测范围内发射能量,而是通过检测被测物体自身存在的能量来形成稳定的信号,当有物体入侵时,稳定信号被破坏,探测器输出报警信号。

3)按警戒范围划分

按警戒范围划分,入侵探测器可分为点控制式、线控制式、面控制式和空间控制式。

(1)点控制式探测器。点控制式探测器的警戒范围可视为一个点,当这个点的警戒状态被破坏时,将会立即发出报警信号。例如安装在门窗、保险柜上的磁开关探测器,当这一点出现危险情况时便发出报警信号。

(2)线控制式探测器。线控制式探测器的警戒范围为一条线,当这条线上的警戒状态被破坏时,将会立即发出报警信号。如主动红外探测器,先由红外发射器发出一束或多束红外光被接收器接收,当红外光被遮挡,接收器无法接收时,探测器就会发出报警信号。

（3）面控制式探测器。面控制式探测器的警戒范围为一个面，当这个面上任意一点的警戒状态被破坏时，将会立即发出报警信号。如装在墙面上的振动探测器，当这个墙面的任何一点受到振动时，就会发出报警信号。

（4）空间控制式探测器。空间控制式探测器的警戒范围是一个空间，当这个空间内的任意一处的警戒状态被破坏，即发出报警信号。如在微波移动探测器的警戒空间内，入侵者从窗户、门或者天花板的任意一处入侵，都会产生报警信号。

4）按探测器与报警控制主机各防区的连接方式不同划分

按探测器与报警控制主机各防区的连接方式不同划分，入侵探测器可分为四线制、两线制、无线制三种。

（1）四线制。探测器上有四个接线端（两个接报警开关信号输出线，两个接供电输入线）。一般常规需要供电的探测器，如红外探测器、双鉴探测器、玻璃破碎探测器等均采用四线制。

（2）两线制。探测器上有两个接线端，又可分为三种情况。

①探测器本身不需要供电，即两个接线端接报警开关信号线，如紧急按钮、磁控开关、震动开关。

②探测器需要供电即报警开关信号线和供电输入线是共用的。

③两总线制，需采用总线制探测器（都具有编码功能）。所有防区都共用两芯线，每个防区的报警开关信号线和供电输入线是共用的（特别适用于防区数目多）。另外，增加总线扩充器就可以接入四线制探测器。

（3）无线制。无线探测器是由探测器和发射机两部分组合在一起，需要由无线发射机将无线报警探测器输出的电信号调制（调幅或调频）到规定范围的载波上，发射到空间，而后再由无线接收机接收、解调后，送往报警控制主机。

5）按应用场合划分

按应用场合划分，入侵探测器可分为室内探测器和室外探测器两类。室外探测器又可分为建筑物外围探测器和周界探测器。周界探测器用于防范区域的周界警戒，常用的周界探测器有泄露电缆探测器、电子围栏式周界探测器等。建筑物外围探测器用于防范区域内建筑物的外围警戒，常用的建筑物外围探测器有主动红外探测器、室外微波探测器、振动探测器等。

3. 入侵探测器的主要性能指标

入侵探测器有以下主要性能指标。

（1）探测率。探测率是指出现危险情况而报警的次数占出现危险情况次数的百分比。

（2）漏报率。当危险情况出现时，探测器没有发出报警信号的现象叫漏报警。漏报率是指出现危险情况而未报警的次数占出现危险情况次数的百分比。由探测率和漏报率可见，它们之和应为100%。也就是说，探测率越高，漏报率越低；反之亦然。

（3）误报率。误报警是指在没有入侵者的情况下，由于探测器本身的原因或操作不当、环境影响而触发的报警。在某一单位时间内出现误报警的次数就称为误报率。单位时间用年、月、日均可。

（4）探测范围。探测范围又称警戒范围或监控范围，是指探测器在正常环境条件下所能警戒、防范的区域或空间的大小，通常有探测距离、探测视场角、探测面积（或体积）等几种表示方法。

（5）传送方式及最大传输距离。传送方式是指有线或无线传送方式。最大传输距离是指在探测器发挥正常警戒功能的条件下能够传输的最大有线或无线距离。

（6）探测灵敏度。探测灵敏度是指探测器对输入信号响应的能力，也就是指能使报警控制主机发出报警信号的最小输入信号。根据实际需要，适当调整探测器的探测灵敏度可以取得最佳的使用效果。

（7）防破坏保护。

①防拆保护。探测器应装有防拆开关，打开外壳时应输出报警信号或故障报警信号。

②线路短路或开路保护。当探测器线路短路、开路或并接其他负载时，应输出报警信号或故障报警信号。

4. 几种常用的入侵报警探测器

入侵报警系统的探测器种类繁多，下面对几种常见的探测器进行介绍。

1）开关探测器

开关探测器是将防范现场传感器的位置或工作状态的变化转换为控制电路通断的变化，并以此来触发报警。由于这种探测器的传感器工作状态类似于电路开关，故称为开关探测器，且属于点控制式探测器。常用的开关探测器有磁控开关、微动开关、紧急报警开关、压力垫等。

（1）磁控开关。

磁控开关又称门磁开关，由一个条形永久磁铁和一个常开触点的干簧管继电器组成，如图3-6所示。当条形磁铁和干簧管继电器平行贴近放置时，干簧管两端的金属片被磁化而吸合在一起，于是电路接通。当条形磁铁与干簧管继电器分开时，干簧管触点在自身弹力的作用下，自动打开而断路。

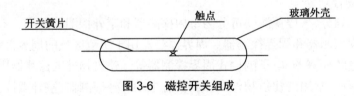

图3-6　磁控开关组成

磁控开关使用时，通常把磁铁安装在被防范物体(如门、窗等)的活动部位(门扇、窗扇)，干簧管安装在固定部位(门框、窗框)，磁铁与干簧管的位置需保持适当的距离，以保证门或窗关闭时，磁铁与干簧管接近，在磁场的作用下，干簧管触点闭合；当门或窗打开时，磁铁与干簧管远离，干簧管附近磁场消失，触点断开。

（2）微动开关。

微动开关是一种依靠外部机械力的推动，实现电路通断的开关，如图3-7所示。当外力通过按钮作用于微动开关的动作簧片上时，簧片末端的动触点与静触点d、c快速接通，整个回路处于闭合状态。当外力移去后，动作簧片在压簧的作用下，迅速恢复原位，电路恢复a、b接通和d、c断开状态，整个回路断开。

在使用微动开关作为入侵探测器时，需要将它固定在被保护物之下，一旦被保护物被意外移动或者抬起，按钮弹出，控制电路发生通断变化，引起报警装置发出声光报警信号。

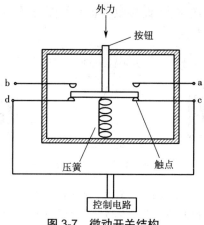

图 3-7　微动开关结构

（3）紧急报警开关。

紧急报警开关如图 3-8 所示，它是靠外部作用力使其内部触点接通或断开，发出报警信号的装置。这种开关安全可靠，不易被误按下，也不会因振动等因素发生误报警，解除报警时需人工复位，属于紧急按钮开关。

图 3-8　紧急报警开关

（4）压力垫。

压力垫由两条平行的长条形金属带分别固定在地毯背面，两条金属带之间用绝缘材料支撑，当入侵者踏上地毯时，两条金属带导通，相当于开关点闭合，发生报警信号。

2）红外探测器

红外探测器是一种辐射能转换器件，它主要通过红外接收器将接收到的红外辐射能转换为便于测量或观察的电能和热能。根据能量转换方式不同，红外探测器可分为主动红外探测器和被动红外探测器。

（1）主动红外探测器。

主动红外探测器由一个红外发射机和一个红外接收机组成，如图 3-9 所示。红外发射装置向红外接收装置发射红外光束，此光束如被遮挡，接收装置接收不到红外线即发出报警信号。为防止非法入侵者可能利用另一个红外光束来瞒过探测器，所以探测器的红外线必须先调制到指定的频率再发送出去,而接收器也必须配有频率与相位鉴别电路来判别光束的真伪或防止日光等光源的干扰。

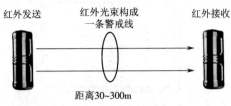

图 3-9　主动红外探测器原理

主动红外探测器按光束数分类有单光束、双光束、三光束、四光束和四光束以上(习惯上将四光束以上称为红外光栅栏)之分;按照发射机与接收机设置的位置不同,分为对向型安装方式和反射型安装方式,其中反射型安装方式如图 3-10 所示,这种安装方式适用于不允许人接近的地方。

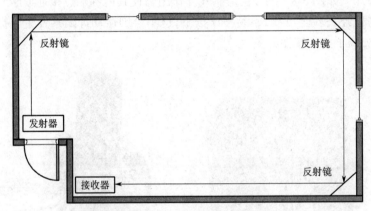

图 3-10　主动红外探测器反射型安装方式

主动红外探测器的安装设计要点如下:

①红外光路中不能有阻挡物;

②注意探测器安装方位,严禁阳光直射入接收机透镜内;

③周界需由两组以上发射机组成时,宜选用不同的脉冲调制红外发射频率,以防止交叉干扰;

④正确选用探测器的环境适应性能,室内型探测器严禁用于室外;

⑤室外型探测器的最远警戒距离,应按其最大射束距离的 1/6 计算;

⑥室外应用要注意隐蔽安装;

⑦主动红外探测器不宜应用于气候恶劣,特别是经常有浓雾、毛毛雨的地域以及环境脏乱或动物经常出没的场所。

(2)被动红外探测器。

被动红外探测器主要由光学系统(菲涅尔透镜)、热释电红外传感器(PIR)、信号处理和报警电路组成,其组成框图如图 3-11。

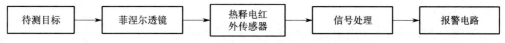

```
待测目标 → 菲涅尔透镜 → 热释电红外传感器 → 信号处理 → 报警电路
```

图 3-11　被动红外探测器组成框图

被动红外探测器在工作时不向空间辐射能量,而是依靠感应人在探测器覆盖区域内移动引起的红外辐射电平变化而产生报警信号。

被动红外探测器如图 3-12 所示。按照使用环境的不同,被动红外探测器分为室内型和室外型两种。室内型有吸顶式、壁挂式、幕帘式、楼道式等;室外型主要有壁挂式。

图 3-12　被动红外探测器

被动红外探测器的主要特点如下。

①被动红外探测器属于空间控制型探测器。由于被动红外探测器本身不向外界辐射任何能量,因此就隐蔽性而言更优于主动红外探测器。另外,被动红外探测器功耗可以做得很低,普通的电池就可以维持长时间的工作。

②由于红外线的穿透性能较差,在监控区域内不应有障碍物,否则会造成探测"盲区"。

③为了防止误报警,不应将被动红外探测器探头对准任何温度可能快速改变的物体,特别是发热体,以防止由于热气流的流动引起误报警。

被动红外探测器由于探测性能好、易于布防、价格便宜而被广泛应用,其缺点是比主动红外探测器的探测误报率高。

3)微波入侵探测器

微波入侵探测器是利用微波能量的辐射进行探测的探测器,按工作原理的不同分为微波移动探测器和微波阻挡探测器两种。

(1)微波移动探测器。

微波移动探测器也被称为雷达入侵探测器,它将微波发射器与接收器装在一个装置内,收、发共处的探测器通过对被测物反射回来的微波频率或时间间隔的比较分析,获取被测物体的位置及厚度等信息。使用微波移动探测器需要注意以下几个方面:

①探测器对警戒区内活动目标的探测是有一定范围的;

②微波对非金属物质的穿透性具有两面性;

③探测器的探头不应对着可能活动的物体或部位;

④监控区域内不应有过大、过厚的物体,特别是金属物体,否则在这些物体的后面会产

生探测的盲区；

⑤探测器不应对着大型金属物体或具有金属镀层的物体；

⑥探测器不应对准日光灯、水银灯等气体放电灯光源；

⑦室内应用型探测器不可用于室外；

⑧当在同一室内需安装两台以上的探测器时，它们之间的微波发射频率应当有所差异（一般相差 25 MHz 左右），而且不要相对放置，以防止交叉干扰，而发生误报警。

（2）微波阻挡探测器。

微波阻挡探测器由微波发射机、微波接收机和信号处理器组成，使用时将发射天线和接收天线相对放置在监控场地的两端，发射天线发射微波束直接送达接收天线。当没有运动目标遮挡微波波束时，微波能量被接收天线接收，发出正常工作信号；当有运动目标阻挡微波波束时，接收天线接收到的微波能量将减弱或消失，此减弱的信号经检波、放大及比较，即可产生报警信号。

4）微波－被动红外双鉴探测器

采用两种技术复合的探测器称为双鉴探测器，微波－被动红外双鉴探测器是目前最常用的入侵探测器。微波探测器对活动目标最为敏感，而被动红外探测器对热源目标最为敏感，将两种探测器组合在一起使触发条件发生根本的变化，入侵目标必须是移动的，而且还能不断辐射红外线时才产生报警。

双鉴探测器克服了单技术探测器的缺点，减少了误报警，提高了入侵报警系统的可靠性。另外，一些采用多种技术的三鉴探测器、四鉴探测器相继推出，探测器的性能得到了更大的提升。

5）振动探测器

振动探测器如图 3-13 所示，是一种以探测入侵者走动或破坏活动时产生的振动信号来触发报警的探测器。振动传感器是振动探测器的核心部件。常用的振动探测器有位移式传感器（机械式）、速度传感器（电动式）、加速度传感器（压电晶体式）等。

图 3-13　振动探测器

位移式传感器常见的有水银式、重锤式、钢球式。当直接或间接受到机械冲击振动时，水银珠、重锤、钢球都会离开原来的位置而发出报警。这种传感器灵敏度低、控制范围小，只适合小范围控制，如门窗、保险柜、局部的墙体等。速度传感器一般选用电动式传感器，由永久磁铁、线圈、弹簧、阻尼器和壳体组成。这种传感器灵敏度高、探测范围大、稳定性好，但加工工艺较高、价格较高。加速度传感器一般是压电式加速度计,它是利用压电材料因振动产生的机械形变而产生电荷,由此电荷的大小来判断振动的幅度,同时由此电路来调整灵敏度。

振动探测器基本上属于面控制型探测器。在室内应用中,明装、嵌入均可,通常安装于入侵概率较高的墙壁、顶棚、地面或保险柜上。在安装于墙体时,距地面高度 2~2.4 m 为宜,并将探测器垂直于墙面。振动探测器应该与探测面安装牢固,否则不易感受到振动,并且应该远离振动干扰源。

6)周界探测器

在一些重要的区域,如机场、军事基地、武器弹药库、监狱等处,可以应用一些先进的周界探测器形成一道人眼看不到的"电子围墙"。 常用的周界探测器有泄露电缆式探测器、电子围栏式入侵探测器、光纤传感器周界探测器及电场感应式探测器等。

(1)泄漏电缆式探测器。

泄漏电缆是一种特制的同轴电缆,其中心是铜导线,外面包围着绝缘材料(如聚乙烯),绝缘材料外面用两层金属屏蔽层以螺旋方式交叉缠绕并留有空隙,最外面为聚乙烯保护层,如图 3-14 所示。当电缆传输电磁能量时,屏蔽层的空隙处便将部分电磁能量向外辐射。为了使电缆在一定长度范围内能够均匀地向空间泄漏能量,电缆空隙的尺寸是沿电缆变化的。把平行安装的两根泄漏电缆分别接到高强信号发生器和接收器上就组成了泄漏电缆入侵探测器。当发生器产生的脉冲电磁能量沿发射电缆传输并通过泄漏空隙向空间辐射时,在电缆周围形成空间电磁场,同时与发射电缆平行的接收电缆通过泄漏空隙接收空间电磁能量并沿电缆送入接收器,泄漏电缆可埋入地下,如图 3-15 所示。当入侵者进入探测区时,使空间电磁场的分布状态发生变化,因而接收电缆收到的电磁能量发生变化,这个变化量就是入侵信号,入侵信号经过分析处理后可使报警器动作。

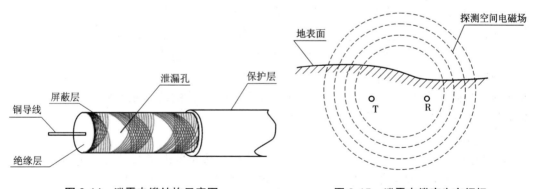

图 3-14　泄露电缆结构示意图　　　　图 3-15　泄露电缆产生空间场

T—发射电缆;R—接收电缆

由于泄漏电缆为地埋式,不破坏周边的景观,所以较合适不规则和较长的周界防范。此外,必须将泄漏电缆穿管敷设,不能直接裸露敷设在地面。

(2)电子围栏式入侵探测器。

电子围栏式入侵探测器也是一种用于周界防范的探测器,由脉冲电压发生器、报警信号检测器以及前端的电子围栏等三部分组成,系统原理框图如图 3-16 所示。当有入侵者入侵时,触碰到前端的电子围栏或试图剪断前端的电子围栏,探测器都会发出报警信号。

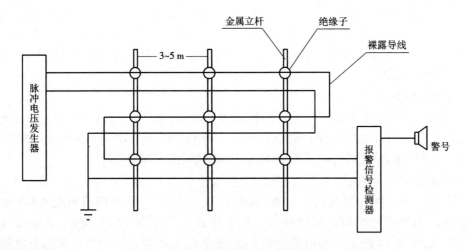

图 3-16　电子围栏式入侵探测器原理框图

这种探测器的电子围栏上安装有裸露导线,导线接通由脉冲电压发生器发出的高达5 000~10 000 V 的脉冲电压,脉冲电压的作用时间短、频率低,能量很小,因此对人体不会构成生命危害,但足以造成威慑效果,一旦有人接触到电子围栏,会造成电子围栏短路,电子围栏则会在 1 s 之内发出报警,同时电子围栏的电压会变为 0,脉冲电压发生器会停止电压输出,不会对入侵者造成持续打击。

（3）光纤传感器周界探测器。

光纤传感器周界探测器对平面保护的原理很简单,将单模或多模光纤敷设在要保护的墙面、墙纸、墙面的装饰层或门板内,光纤的两端分别连接光发射器和光接收器。红外发射器内的发光二极管发射脉冲调制的红外光,此红外光沿光纤向前传播,最后到达光接收器。由于光纤极细,所以可以很方便地进行隐蔽安装。当入侵者凿墙打洞、破门而入时,会破坏光纤,使其断裂,这时就会因光信号的中断而触发报警。光纤探测器具有很强的抗电磁干扰和射频干扰能力,体积小、质量轻,柔软易安装,对地形、地物的适应能力强;探测灵敏度高、速度快、串光低;适应性强,可全天候安全工作。

（4）电场感应式探测器。

电场感应式探测器由传感器线、支撑杆、跨接件和传感器电场信号发生和接收装置构成,如图 3-17 所示。传感器由 2~10 条平行导线构成,导线中一部分是场线,它们与振荡频率为 1~40 kHz 的信号发生器相连接,工作时场线向周围空间辐射电磁场能量;另一部分是感应线,场线辐射的电磁场在感应线上产生感应电流。如果有人入侵,探测区的电磁场受到干扰,从而使感应线中的感应电流发生变化,只要测出信号变化的幅度、速率或干扰的持续时间等方面的变化超过规定的阈值就会发生报警。

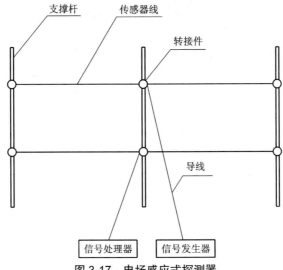

支撑杆　　传感器线

转接件

导线

信号处理器　　信号发生器

图 3-17　电场感应式探测器

三、入侵报警控制器

1. 入侵报警控制器基本概念

入侵报警控制器是入侵报警系统的核心,也常被称为入侵报警控制主机。入侵报警控制器能够在接收到报警信号后按设置程序执行警报的就地处理,发出声光报警信号,并显示入侵发生的部位和性质,同时将相关信息上传到监控中心,由管理计算机在报警管理软件指挥下执行整个系统管理功能。

2. 入侵报警控制器主要分类

入侵报警控制器按组成系统规模的大小,可分为小型报警控制器、区域报警控制器和集中报警控制器。

1)小型报警控制器

小型独立入侵报警系统只有一个大的设防区域,一般设置一台小型报警控制器即可。小型报警控制器应安装于操作人员便于操作控制的地方,如设置在有人值班的保安值班室等场所,防区一般为 4~16 路,探测器与主机采用点到点直接连接。

小型报警控制器能在任何一路信号报警时,发出声光报警信号,并显示报警部位与时间,且对系统有自查能力;当市电正常供电时能对备用电池充电,断电时自动切换到备用电源上,能预存 2~4 个紧急报警电话号码。

2)区域报警控制器

对于一些相对规模较大的入侵报警系统,要求防范区域较大,设置的入侵探测器较多,一般选用区域报警控制器。区域报警控制器与入侵探测器的接口一般采用总线制,即采用串行通信方式访问每个探测器,所有入侵探测器均根据安置的地点统一编址,控制器不停地巡检各探测器的状态。通常区域报警控制器与多媒体计算机、相应的地理信息系统、处警响应系统等结合使用。

3)集中报警控制器

在大型和特大型的入侵报警系统中,可由集中报警控制器把多个区域的报警控制器联系在一起。集中报警控制器能接收各个区域报警控制器送来的信息,同时也能向各区域报警控制器送去控制指令,直接监控各区域报警控制器监控的防范区域。

3. 入侵报警控制器的工作状态

入侵报警控制器主要有以下五种工作状态。

（1）布防状态。布防状态也称为设防状态,是指操作人员执行了布防指令后,系统进入正常警戒状态。

（2）撤防状态。撤防状态是指操作人员执行了撤防指令后,该系统从警戒状态退出,使探测器无效。

（3）旁路状态。旁路状态是指操作人员执行了旁路指令后,防区的探测器就会从整个探测器的群体中被旁路掉（失效）,而不能进入正常警戒工作状态,且不会受到报警系统布防、撤防操作的影响。系统可以只将其中一个探测器单独旁路,也可以将多个探测器同时旁路。

（4）24 h 监控状态。24 h 监控状态是指某些防区的探测器处于常布防的全天候工作状态,一天 24 h 始终担任着正常警戒,不会受到布防与撤防操作的影响。

（5）系统自检与测试。系统自检与测试是在系统撤防时操作系统进行自检和测试的工作状态,如可对各防区的探测器进行测试,当某一防区被触发时,键盘就会发出声音。

4. 入侵报警控制器的基本功能

入侵报警控制器具有如下的基本功能。

1）布、撤防功能

（1）具有留守布防、外出布防两种布防方式。

（2）任意一个探测器可单独布防或撤防。

（3）可遥控分区、分时段布防,如设置夜晚室内探测无效,窗和门报警有效。

（4）可独立报警,也可联网报警。

（5）可设置延时报警。

2）自检功能

入侵报警控制器应具有报警系统工作是否正常的自检功能。值班人员可通过手动自检或程序自检。

3）欠电压报警功能

当入侵报警控制器在防区电源等于或者小于额定电压的 80% 时,能发出欠电压提醒报警信号。

4）报警显示功能

防区容量小的报警控制器,报警信息一般显示在报警器面板上（报警灯闪烁）;大容量的报警控制器可用显示屏显示或者配有地图,并可显示报警地址、报警类型。

5）防破（损）坏报警功能

（1）短路、断路报警。传输线路被人破坏,如短路、被剪断或连接其他负载,报警控制器应立即发出声光报警信号,此报警信号直至报警原因被排除后才能实现复位。

（2）防拆报警。入侵者拆卸前端探测器时,报警控制器立即发出声光报警。

（3）紧急报警。紧急报警不受警戒状态的影响,随时均可报警。

6）联动功能

入侵报警系统发出报警信号后,可联动其他系统（如启动摄像机、灯光、录像机和录音等设备),实现报警、摄像、录音和存储。

7)扩展功能

可选购计算机扩展模块,与计算机联机。

8)远程遥控布防

可直接配用遥控器,实现无线遥控布防和撤防。

教学单元3 出入口管理系统

一、出入口管理系统

1. 出入口管理系统组成

出入口管理系统主要由身份识别部分、执行部分、管理/控制部分、通信线路部分以及相应的系统管理软件组成。

(1)身份识别部分的设备是读卡器。读卡器是直接与人打交道的设备,可对进出人员的身份进行识别验证。只有经系统验证合法的人员才允许在规定的地方和时间进入受控区域。目前,主要的身份识别方式有密码键盘识别方式、感应卡识别方式和生物特征识别方式3种。

(2)执行部分的设备是电锁。它能根据门禁控制器的指令完成出入口的开启或关闭操作。电锁应具有动作灵敏、执行可靠的性能,并具有足够的机械强度和防破坏能力。

(3)管理/控制部分的设备是控制器。它是出入口管理系统的中枢,存储着大量相关人员的卡号、密码等数据资料。控制器接收系统身份识别部分的相关信息,并与自己存储的信息进行比较后做出判断,然后发出处理信息,控制电锁。若身份识别部分读取的内容与控制器存储的信息一致,则打开电锁。若门在设定的时间内没有关上,系统会发出报警信号。对于联网型出入口管理系统,控制器也接收来自管理计算机发送的人员信息及相对应的授权信息,同时向计算机传送进出门的刷卡记录。单个控制器就可以组成一个简单的出入口管理系统,用来管理一个或若干个门。多个控制器通过通信线路与计算机连接起来就组成了整个楼宇的出入口管理系统。

(4)通信线路部分是支持控制器连接多个识别装置和执行设备的通信网络。在不同的情况下,使用不同的联网方式,控制一至多个出入口(门)的人员进出,既可与监控中心联机工作,也可脱机工作。出入口管理系统中的通信接口主要包括 RS-232、RS-485 或 TCP/IP 等,在不同情况下使用相应的联网方式,以实现局域、地区、全国甚至于全球范围内的系统联网。

(5)系统管理软件管理着系统中的控制器,能向控制器发送命令,对其进行设置,接收其送来的信息,完成系统中所有信息的分析与处理。

2. 出入口管理系统功能

出入口管理系统具有如下基本功能。

(1)设定卡片权限。出入口管理系统可以灵活编制每张卡的权限,即指定哪些人在哪个时间范围内可以进出哪些区域。

(2)记录查询功能。系统可储存所有人员的进出信息,并可按不同的查询条件进行查询、统计。系统还可以根据客户的需要,打印出各种统计报表。

（3）实时监控功能。系统可以实时监控所有门的刷卡情况和进出情况以及每个门的状态，包括门的开关、各种非正常状态报警等。系统还可以实时显示刷卡人预先存储在电脑里的照片，方便管理人员核对刷卡人的身份。

（4）异常情况报警功能。当强行破门、恶意破坏读卡器或键盘等不正常情况出现时，系统会发出实时报警信息，并传输到管理中心。

（5）视频监控系统联动功能。与视频监控系统联动是指视频监控系统能够自动录下人们刷卡时（有效／无效）的情况以及出入口管理系统出现警报时的情况。

（6）远程开门功能。管理人员可以在接到请求后，点击相关按钮远程开门，同时通过设置形成开门记录。

出入口管理系统除了具有以上的基本功能外，还可以扩展如下功能。

（1）反潜回功能。反潜回功能就是持卡人必须依照预先设定好的路线刷卡进出，否则在下一通道不能正常刷卡。该功能可以有效防止持卡人尾随别人进入。

（2）互锁功能。互锁功能是指需要几个人同时到场，依次刷卡（或其他方式）才能打开电控门锁。

（3）权限分级功能。此功能是针对出入口管理系统的管理者设定的，可以将管理员按权限分为几段，每人负责一段。这样可以明确责任，使管理更加透明，并且能够责任到人。

（4）网络设置、管理、监控功能。大多数的出入口管理系统只能用一台计算机管理，而技术先进的系统则可以在网络上任何一个授权的位置对整个系统进行设置、监控、查询、管理，也可以通过互联网进行异地设置、管理、监控、查询。

（5）首卡开门功能。系统设定一张卡作为首卡，只有当首卡刷卡开门之后，其他的授权卡才能刷卡开门；首卡没刷，其他的卡开门权限受限。系统也可以设定首卡锁门，即首卡刷卡之后门就会锁死，直到首卡再次刷卡。

（6）防尾随功能。防尾随功能亦即双门互锁功能，是一种高安全等级的防潜回功能。对于某些安全级别要求很高的区域，需要多层通道进行管理。在通道里安装两道相邻的门，当用一张允许通行的卡刷开第一道门时，刷卡人在第一道门和第二道门之间的区域。这时，系统会检测第一道门的门状态。当系统确认第一道门已经闭合时，才允许持卡人刷开第二道门。如果确认第一道门没有闭合，即使卡被授权进入第二道门，刷卡时系统也会拒绝开启第二道门。有的系统还可以支持多门互锁及门锁只进不出、长开、定时开关等多种功能。

（7）一卡通功能。出入口管理系统的门卡还可兼有多种使用功能，如电梯授权、停车场管理、POS 消费等。

（8）火灾报警联动功能。当出现火警时，出入口管理系统可以自动打开所有电锁让里面的人逃生，同时存储记录下火灾报警的时间。

3. 出入口管理系统分类

1）按识别方式划分

（1）密码识别。人员在进门前需要在出入口管理系统前端的键盘上输入正确密码，密码经由控制器与其存储的密码进行判断分析。准入则电锁打开，人员可自行通过。禁入则电锁不动作,而且立即报警并作出相应的记录。密码识别方式又可分为两类:一类是普通型,另一类是乱序键盘型(键盘上的数字不固定,不定期自动变化)。密码识别的优点是操作方便,无须携带卡片,成本较低;缺点是安全性不高,容易泄露信息,只能单向控制,没有进出记录,按键容易损坏、失灵。

(2)刷卡识别。用于出入口管理系统的卡有很多种,如磁卡、ID 卡、IC 卡等。根据卡片的种类可以分为接触卡出入口管理系统和非接触卡出入口管理系统。接触卡由于容易磨损目前很少在出入口管理系统中使用。非接触卡具有使用方便、耐用性强、读取速度快、安全性较高等优点,使用较为普遍。

(3)生物识别。生物识别是通过识别人们的生物特征进行出入管理。生物识别方式有指纹识别、掌纹识别、虹膜识别、面部识别、手指静脉识别等多种。生物识别的优点是不会遗失、不会被窃、无记忆密码负担、安全便捷。但目前生物识别产品价格较前面两类偏高,且识别的准确性和稳定性还需进一步提高。

(4)新型识别方式。近年来出现了二维码、蓝牙、Wi-Fi 等多种新型出入口管理系统。住户通过手机 APP 验证身份后,即可在门前附近使用手机 APP 开门,同时住户还可以生成授权访客开门的二维码图片,并分享给访客,访客的二维码有时间和开门次数的限制。

2)按系统设备分布形式划分

(1)出入口管理一体机。出入口控制器与读卡器一体设计,通过内部连接集成在一起,实现出入口控制的所有功能。一体机的主要缺点是必须将控制器安装在门外,线路容易遭受破坏,内行人无须卡片或密码可以轻松开门。

(2)控制器与读卡器分体。控制器安装在室内,只有读卡器安装在室外。由于读卡器传递的是数字信号,若无有效卡片或密码,任何人都无法进门。这类系统是目前用户的首选。

3)按每个门可接读卡器数量划分

(1)单向控制器。控制门的开闭,但不能区分是进门还是出门。

(2)双向控制器。控制门的开闭,同时可以区分是进门还是出门。

4)按通信方式划分

(1)单机控制型。这种类型通常采用 RS485 通信方式,适用于小系统或安装位置集中的单位。它的优点是投资小、通信线路专用;缺点是系统规模一般比较小,受总线传输距离影响(485 总线理论上可达 1 200 m,但实际施工中最远能达到 400~600 m),一旦安装好就不能方便地更换管理中心的位置,不易实现网络控制和异地控制。

(2)以太网网络型。以太网网络型采用 TCP/IP 通信方式,优点是控制器与管理中心通过局域网传递数据,管理中心位置可以随时变更,不需要重新布线,很容易实现网络控制或异地控制,适用于大系统或安装位置分散的场合;缺点是系统通信部分的稳定依赖于局域网的稳定。

二、出入口管理系统主要设备

出入口管理系统主要由识别卡、读卡器、控制器、电锁、闭门器、电源及出入口管理软件等组成。

图 3-18 磁卡

1. 识别卡

识别卡是开门的"钥匙",这个"钥匙"在不同的出入口管理系统中可以是磁卡、密码或者掌纹、指纹、虹膜、视网膜、声音等各种人体生物特征。

1）磁卡

磁卡如图 3-18 所示。其基材是高强度、耐高温的塑料或纸质涂覆塑料,并在上面用树脂粘贴上磁条。可以把相关信息编码到磁卡的磁条上,就如同录音机的磁带一样。当磁卡从读卡器上划过时,读卡器通过磁头"阅读"数据并发送到控制器,由控制器进行判断、执行,并进行事件记录。

2）ID 卡

ID 卡(Identification Card)即身份识别卡,如图 3-19 所示。它是一种不可写入的感应卡,含固定的编号。最简单、最常见的射频卡就是低频 125 kHz 的 ID 卡(有厚卡、薄卡之分）。ID 卡 因 为 一 度 大 量 采 用 瑞 士 EM4100/4102 芯片,而还被习惯称作"EM

图 3-19　ID 卡

卡"。ID 卡具有只读功能,含有唯一的 64 位防改写密码,其卡号在出厂时已被固化并保证其在全球的唯一性,且永远不能改变。但由于 ID 卡系统固有的无密钥认证、可读不可写,故与磁卡一样都仅仅使用了"卡的号码"而已。ID 卡内除了卡号外,无任何保密功能,其"卡号"是公开、裸露的,所以又称它是"感应式磁卡"。ID 卡目前已渐渐不适应当今小区物业对智能一卡通日益增长的需求,取而代之的是智能 IC 卡一卡通。

3）IC 卡

IC 卡(Integrated Circuit Card)即集成电路卡,又称智能卡(Smart Card)。它将集成电路芯片镶嵌于塑料基片的指定位置上,利用集成电路的可存储特性,保存、读取和修改芯片上的信息,具有可读写、容量大、能加密等功能,数据记录可靠,使用方便,如一卡通系统、消费系统等。目前主要有 PHILIPS 的 Mifare 系列卡。IC 卡根据读写方式的不同又分为接触式和非接触式(感应式)。

接触式 IC 卡如图 3-20 所示,读卡器通过与卡片的接触点接触读取信息。接触式 IC 卡具有保密性好、难以伪造或非法改写等优点;缺点是需要刷卡,从而降低了识别速度,且一旦 IC 卡的触点或读卡设备的触点被污物覆盖,就不会出现正常的识别。

图 3-20　接触式 IC 卡

非接触式 IC 卡如图 3-21 所示,它由 IC 芯片和电感线圈构成,没有触点,并完全密封在一个标准的 PVC 卡片中。将卡片靠近读卡器,卡片中的电感线圈在读卡器内发射装置的激励下产生微弱电流,保证卡内芯片工作,并以电磁方式将信息返回给读卡器。由于非接触式 IC 卡由感应式电子电路做成,所以不易被仿制;同时具有防水、防污的功能,而且不用换电池,是非常理想便利的卡片。

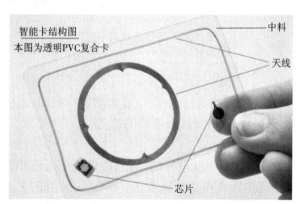

图 3-21　非接触式 IC 卡

4)指纹识别

由于人和人之间指纹相同的概率非常低,且在不受损伤的条件下一生都不会变化,所以利用每个人的指纹差别作对比辨识是一种比较复杂而且安全性很高的出入口管理系统。

5)掌纹识别

利用人的掌型、掌纹结合指型情况,采用三维立体形状识别方法,具有较高的准确性和唯一性。

6)人脸识别

人脸识别技术是以依据人的面部特征(如统计或几何特征等),自动进行身份鉴别。

7)视网膜识别

视网膜的血管路径的个体差异很大,在视网膜不受损的情况下,从 3 岁开始人的视网膜就不再变化。

8）虹膜识别

虹膜同视网膜一样为个人所特有，出生第二年左右就终身不变。

9）手掌静脉识别

手掌静脉识别是采用近红外线感应器取得手掌静脉的分布图，并储存样板，进而建立每个人独特的手掌静脉数据库；透过登录每个人的手掌静脉数据，达到生物识别功能的管理。

2. 读卡器

读卡器用于读取识别卡中的数据信息或生物特征信息，并将这些信息发送到控制器。出入口管理系统读卡器如图 3-22 所示，主要有密码识别读卡器、IC/ID 卡识别读卡器、指纹识别读卡器等几种类型。

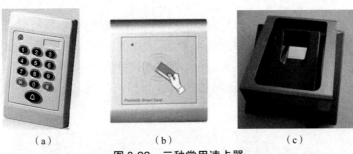

（a）　　　　　　　（b）　　　　　　　（c）

图 3-22　三种常用读卡器

（a）密码识别　（b）IC/ID 卡识别　（c）指纹识别

3. 电锁

电锁是出入口管理系统锁门的执行部件，主要类型有电控锁、电插锁、电锁扣、磁力锁。用户可根据门的材料、出门要求等情况选取不同的锁具。

1）电控锁

电控锁如图 3-23 所示。它属于断电开门类锁具，常用于向外开启的单向门上，具有手动开锁、室外用钥匙或加装接触性和非接触性感应器开锁等功能，无电时可机械开锁，广泛应用于居民楼的楼宇对讲系统中。

图 3-23　电控锁

2）电插锁

电插锁如图 3-24 所示，锁具一般固定在门框的上部，配套的锁片固定在门上，可通电上锁或通电开锁。电插锁的电动部分是锁舌或者锁销，适用于双向 180° 开门的玻璃门或防盗铁门。

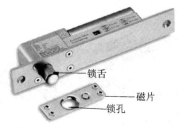

图 3-24　电插锁

3）电锁扣

电锁扣如图 3-25 所示,常被安装在门侧,与球形锁等机械锁配合使用,电动部分为锁孔挡板。

图 3-25　电锁扣

4）磁力锁

磁力锁分明装型和暗装型两种,由锁体和吸板两部分组成,如图 3-26 所示。磁力锁的锁体通常被安装在门框上,吸板则被安装在门扇与锁体相对应的位置上。当门扇被关上时,利用锁体线圈通电时产生的磁力吸住吸板(门扇);当断电时,吸力消失,门扇即可打开。

图 3-26　磁力锁

4. 闭门器

闭门器如图 3-27 所示。它是安装在门扇上一个类似于弹簧可以伸缩的机械臂,在门开启后通过液压或弹簧压缩后释放,将门自动关闭。闭门器可分为弹簧闭门器和液压闭门器两种。

液压闭门器是通过对闭门器中的液体进行节流来达到缓冲作用的。其核心在于实现对关门过程的控制、使关门过程的各种功能指标能够按照人的需要进行调节。闭门器的意义不仅在于将门自动关闭,而且在于能够保护门框和门体(平稳关闭),它是现代建筑智能化管理一个不可忽视的执行部分。

选择闭门器应考虑门重、门宽、开门频率、使用环境以及消防要求。如果是液压闭门器,还要考虑防冻要求。

图 3-27 闭门器

5. 控制器

控制器是出入口管理系统的核心设备,负责收集识别信息和信息的分析判断及存储,并按照预先设定的程序进行相应的控制。它还可以与多个控制器通过数据线连接进行通信,组成联网式出入口管理系统。

6. 电源

出入口管理系统在正常供电情况下由系统供电。当发生停电或人为制造的供电事故时,为保证系统的正常运转,通常还设有备用电源。

7. 出门按钮

出入口管理系统出门按钮设在大门的内侧,只要按下出门按键,门就可打开。如果系统设置出门限制,则必须通过刷卡才能开门。出门刷卡的方式只适用于不允许人员随意出入的场所,通常小区住宅不采用这种方式。

8. 门磁

门磁用于检测门的安全/开关状态,分为有线门磁和无线门磁两类,如图 3-28 所示。门磁由两部分组成,较小的部件为永磁体,内部有一块永久磁铁,用来产生恒定的磁场;较大的是门磁主体,内部有一个常开型的干簧管,当永磁体和干簧管靠得很近时(小于 5 mm),门磁传感器处于工作守候状态,当永磁体离开干簧管一定距离后,处于常开状态。

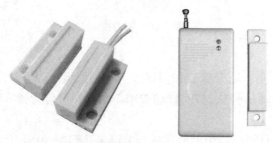

图 3-28 门磁

9. 管理计算机

出入口管理系统的管理计算机主要是通过专用的管理软件负责出入口管理系统的监控、管理和查询等工作,监控人员通过管理软件可对出入口的状态、控制器的工作状态进行监控管理,并可扩展完成人员巡更、人员定位等。其主要功能如下。

(1)权限设定。系统能够设定操作密码以控制管理人员的权限操作。

（2）数据库管理。对系统所记录的数据进行转存、备份、存档和读取等处理。

（3）出入等级控制管理。可任意对卡片的使用时间、使用地点进行设定,不属于此等级的持卡人被禁止访问,对非法进入行为系统会报警,并有多种时间可供选择。

（4）数据记录。系统在正常运行时,对各种出入事件、异常事件及其处理的方式进行记录,并保存在数据库中,以备日后查询。

（5）设备注册。在增加控制器或者卡片时,需要进行登记,使其有效;当有卡片遗失、人员变动时,应取消注册。

（6）联动通信。在有非法进入情况发生时,会向视频监控系统发出信号,使摄像机能监控该处的情况,并进行录像。

（7）生成报表。能够根据要求来定时或随机地生成各种报表,如可以查找到某个人在某段时间内的出入情况,某个门在某段时间内都有谁进出过等。生成的报表还可以用打印机打印出来,组合出"考勤管理""巡更管理"以及"会议室管理"等内容。

此外,管理系统还应配有简洁、直观的人机界面,使人员便于操作。

教学单元4　安全防范系统的集成

一、安全防范系统的联动控制

安全防范系统中的子系统较多,在小型安防项目中也只允许有一个子系统,而在中大型安防项目中可能有多个子系统。在子系统较多的安防工程中,安防要求也是较高的。如一个系统报警还不能确认危险情况发生时,可以通过其他子系统共同操作来准确判定危险情况是否发生,然后发出相应的控制指令,使该区域的人和环境达到安全。因此,在中大型项目中,子系统和子系统之间的联动应用就非常重要。安防子系统之间的联动就组成了安全防范系统的集成。安全防范各子系统实现集成后,无论信息点和受控点是否在一个子系统内,都可以建立联动关系。这种跨系统的控制,大大提高了建筑物的自动化水平。

安全防范各子系统之间的联动控制属于中大型安防系统的基本集成,它对于保障系统的有效运行以及提高防范的准确率是必不可少的。

1. 视频监控系统与入侵报警系统的联动

视频监控系统与入侵报警系统之间的联动,是指视频监控系统除了起到正常的监视作用外,在接到入侵报警系统的示警信号后,还可以进行实时录像,录下报警现场的实时状况,以供事后重放分析。也就是当入侵报警系统被触发时,报警主机给一个信号到视频监控主机,视频监控主机接到入侵报警系统传来的报警信号后进行响应,如在监控器上显示报警现场的图像、录像机对报警图像进行实时录像等。高速球型摄像机还可以在视频监控系统接到报警信号后按照设置好的预置位自动转到报警位置进行录像。

2. 视频监控系统与门禁管理系统的联动

门禁管理系统联动视频监控主要可以实现视频录像、视频抓拍及状态监控等功能。

视频监控与门禁管理系统的联动可以通过两种方式来实现。

一种是硬件方式,即采用门禁系统输出继电器干触点给视频矩阵主机的报警输入模块或 DVR 的报警输入端,以实现对受控门点或相关部位的图像抓拍和监视功能。

另一种是软件方式,具有支持数字视频服务器功能的门禁控制器,与数字视频监控系统同时实现从设备协议层到软件数据库层的双重数据交换功能。还有一种软件方式,即直接在 DVR 的视频采集卡的 SDK 写入门禁系统管理软件,通过门禁系统管理软件功能项关联到 DVR 设备。

3. 视频监控系统与停车场管理系统的联动

智能停车场管理系统中的监控系统主要对停车场进行视频监控,确保停车场所停车辆的安全。

智能停车场管理系统中的影像对比系统由摄像机、抓拍控制器、图像处理器等组成。当车辆进库刷卡或取票时,抓拍控制器工作,启动摄像机摄录一幅该车图像并连同司机所持的卡或票的信息一并存入系统数据库内。当车辆出库验卡或票时,抓拍控制器再次工作,并启动摄像机拍下车牌号的图像,与数据库内的信息进行比较。若信息吻合,则自动道闸起杆放行车辆;否则,提示不予放行并自动报警。

4. 门禁系统与火灾报警系统的联动

火灾报警系统输出的信号通常为无源干接点信号,门禁系统与其联动可以通过以下两种方式来实现。

1)电控锁直接断电

火灾报警系统通过外接继电器实现对门禁系统进行电控锁电源控制,即继电器的常开触点控制电源通断,当发生火灾报警时继电器及时动作,强行对门禁系统电控锁电源进行断电控制,以使系统断电时指定的门能够自动打开。

2)门禁系统逻辑判断联动

火灾报警系统的报警信号与门禁控制器上的联动扩展端口直接沟通,实现包括消防报警信号输入、玻璃破碎器报警信号输入等以及声光报警器信号输出、强制电锁动作输出等功能。在发生火灾时,门禁控制器接收消防火灾报警系统以继电器干触点方式传输过来的消防报警信号,按照预制的联动命令控制指定的电锁自动打开或关闭,以方便人员正常疏散,同时关闭某些门以阻隔烟火蔓延。

为了进一步强调通道的安全性,杜绝有人蓄意制造虚假火灾信号从而使电锁自动打开造成逃匿的事故,门禁系统可以设置成多路消防报警信号输入认证模式,即可设置成当接收到多路消防报警信号时才打开某个指定的门,若仅仅检测到单路报警信号输入,则不会对电锁发出任何动作指令,但通过正常的合法出门流程依然可以将电锁打开。

5. 门禁系统与入侵报警系统的联动

门禁系统与入侵报警系统的联动是通过门禁控制器来实现的。门禁控制器本身就带有报警信号输出功能,同时在门禁控制器上也会有报警输入信号。这样门禁系统就能与报警系统进行联动。

二、安全防范系统的集成技术

1. 安全防范系统中的集成控制

安全防范系统主要由视频监控、入侵报警、门禁控制等子系统集成而成。安防系统与智能建筑系统间的融合,分为仅实现联动的初级集成、能实现系统整合的中级集成、可实现业务融合的高级集成三个层次。安全防范系统的集成必须具备的条件:一是被集成系统间要有硬件接口;二是有可供集成的软件平台。就传统的安防系统的结构而言,各安防子系统具有极大的独立性,彼此间的数据交换通过各子系统功能模块间的硬件接口实现。同时,相对于中央管理系统的系统集成,各功能模块同时通过各自与中央管理系统的硬件接口实现信息上传下载。为确保通信的安全性和稳定性,必须对上述的通信网管进行热备份冗余设计,因此系统的配置和管理比较复杂和烦琐,系统的效费比相对比较高。

2. 安全防范系统的集成设计

安全防范系统的集成设计包括子系统的集成设计和总系统的集成设计,必要时还应考虑总系统与上一级管理系统的集成设计。

1)子系统的集成设计

安全防范系统各独立子系统的集成设计,是指它们各自的主系统对其分系统的集成,如大型多级报警网络系统的设计,应考虑一级网络对二级网络的集成与管理,二级网络应考虑对三级网络的集成与管理,大型视频监控系统的设计应考虑控制中心对分中心的集成与管理等。

各子系统间的联动或组合设计应符合下列规定:

(1)根据安全管理的要求,门禁控制系统必须考虑与火灾报警系统的联动,以保证在火灾情况下紧急逃生;

(2)根据实际需要,电子巡更系统可与门禁控制系统或入侵报警系统进行联动或组合,门禁控制系统可与入侵报警系统或视频监控系统联动或组合,入侵报警系统可与视频监控系统或门禁控制系统联动或组合等。

2)总系统的集成设计

一个完整的安全防范系统,通常都是一个集成系统。安全防范系统的集成设计主要是指其安全管理系统的设计。

安全管理系统的设计可有多种模式,可以以某一子系统为主进行总系统集成设计,也可以采用其他模式进行总系统的集成设计。不论采用何种方式,安全管理系统的设计应满足下列要求:

(1)有相应的信息处理和控制、管理能力,有相应容量的数据库;

(2)通信协议和接口应符合国家现行有关标准的规定;

(3)系统应具有可靠性、容错性和可维护性;

(4)系统应能与上一级管理系统进行更高一级的集成。

模块小结

安全防范系统是以维护社会公共安全为目的,运用安全防范产品和其他相关产品所构成的视频监控系统、入侵报警系统、出入口管理系统等;或由这些系统为子系统组合或集成的电子系统。

视频监控系统通过摄像机及其辅助设备监控被控现场,同时还可以用录像设备对监控现场的情况进行同步录像,为日后某些事件的处理提供依据。

数字视频监控系统由前端部分、传输部分、控制部分及图像处理与显示部分组成。前端部分的设备主要包括摄像机、镜头、防护罩、支架、云台和解码器等,主要功能是将监视目标的光、声信号变成电信号,然后送入传输部分。

数字视频监控系统视频信号传输的介质主要是同轴电缆、光纤传输、双绞线。数字视频监控系统主要控制设备是模拟视频矩阵。

网络视频监控系统主要由前端设备、传输网络、控制中心和客户端等几部分构成。网络视频监控系统多采用网络摄像机。网络视频监控系统的传输是借助于计算机网络实现的。

在网络视频监控系统中,前端摄像机采集的视频通过网络传输到控制中心或分控中心的流媒体服务器及相应的存储设备。

入侵报警系统通常由前端设备、传输设备、处理/控制/管理设备和显示/记录设备四个部分组成,比较复杂的入侵报警系统还包括验证设备。入侵报警系统是利用传感器技术和电子信息技术,在建筑物内外的重要地点和区域布设探测装置,探测并指示非法入侵或试图非法入侵设防区域的行为,处理报警信息、发出报警信号并启动监控系统对入侵现场进行录像的电子系统。

出入口管理系统主要由身份识别部分、执行部分、管理/控制部分、通信线路部分以及相应的系统管理软件组成。出入口管理系统主要由识别卡、读卡器、控制器、电锁、闭门器、电源及出入口管理软件组成。

出入口管理系统的管理计算机主要是通过专用的管理软件负责出入口管理系统的监控、管理和查询等工作,监控人员通过管理软件可对出入口的状态、控制器的工作状态进行监控管理,并可扩展完成人员巡更、人员定位等。

安全防范系统的联动主要是指视频监控系统与入侵报警系统、门禁管理系统、火灾报警系统之间的联动;智能停车场管理系统中的监控系统主要对停车场进行视频监控,确保停车场所停车辆的安全。

安全防范系统主要由视频监控、入侵报警、门禁管理等子系统集合而成。安全防范系统的集成设计包括子系统的集成设计和总系统的集成设计,必要时还应考虑总系统与上一级管理系统的集成设计。

复习思考题

1. 安全防范系统的定义及作用是什么?
2. 视频监控系统由哪几部分组成? 有哪些主要设备?
3. 网络视频监控系统如何进行信号传输和控制?
4. 入侵探测器具有哪些功能? 它如何进行分类?
5. 门禁卡的主要分类有哪些? 它们各自的功能是什么?
6. 安全防范系统有哪些联动控制? 它主要包括哪些系统集成?

模块四　智能建筑现场末端设备

现场末端设备是用于建筑智能化系统的检测和外部控制,主要包括传感器、变送器、驱动器、调节器、执行器、阀门、风门等。现场末端设备、现场控制器、上位管理计算机构成了集散控制系统。本模块主要针对现场末端设备进行学习。

教学单元1　传感器

一、传感器基本概述

1. 传感器的概念

传感器(transducer)是一种检测装置,能感受到被测量的信息,并能将感受到的信息按一定规律变换成电信号或其他所需形式的信息输出,以满足信息的传输、处理、存储、显示、记录和控制等要求。传感器的检测介质可以是物理量、化学量或生物量。传感器是实现自动化测量与控制的重要元件。

2. 传感器的组成

传感器由敏感元件和转换元件组成。敏感元件是指直接探入到被测区域并能感知或响应被测量的检测元件;转换元件是将敏感元件测量到的信号转换为便于传输、处理和测量的电信号。传感器的组成如图4-1所示。

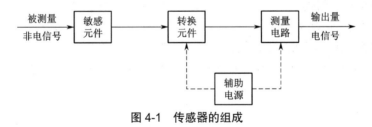

图 4-1　传感器的组成

3. 传感器的分类

(1)传感器按工作原理的不同,可分为电阻、电容、电感、电压、霍尔、光电、光栅、热电偶等。

(2)传感器按检测参数的不同,可分为成分、位移、速度、加速度、温度、湿度、压力、流量、黏度与浓度等。

(3)传感器按输出信号特征的不同,可分为开关型传感器、模拟量传感器、数字量传感器。其中模拟量传感器应用较多。

4. 传感器的发展过程

传感器的发展历程大体可分为以下三个阶段。

1)第一阶段:结构型传感器

结构型传感器主要是利用结构参量变化来感受和转化信号。例如电阻应变式传感器,就是利用金属材料发生弹性形变时电阻的变化来转化电信号的。

2）第二阶段：固体传感器

固体传感器由半导体、电介质、磁性材料等固体元件构成，是利用材料某些特性制成的。例如利用热电效应、霍尔效应、光敏效应，分别制成热电偶传感器、霍尔传感器、光敏传感器等。随着集成技术、分子合成技术、微电子技术及计算机数字技术的发展，出现了集成传感器。

集成传感器包括传感器本身的集成化和传感器与后续电路的集成化。例如电荷耦合器件、集成温度传感器、集成霍尔传感器等。这类传感器主要具有成本低、可靠性高、性能好、接口灵活等特点。集成传感器的发展非常迅速，现已占传感器市场的2/3左右，它正向着低价格、多功能和系列化方向发展。

3）第三阶段：智能传感器

所谓智能传感器，是指其对外界信息具有一定检测、自诊断、数据处理以及自适应能力，是微型计算机技术与检测技术相结合的产物。20世纪80年代，智能化测量主要以微处理器为核心，把传感器信号调节电路、微计算机、存储器及接口集成到一块芯片上，使传感器具有一定的人工智能。而20世纪90年代，智能化测量技术又有了进一步的提高，在传感器一级水平实现智能化，使其具有自诊断功能、记忆功能、多参量测量功能以及联网通信功能等。

总之，新型传感器已越来越广泛地应用于航天、航空、自动控制、楼宇控制、生物工程、医学、交通运输、冶金、技术监督与测试等领域，因此作为测量重要手段的传感器也越来越被人们所认识。

二、传感器的特性及技术参数

1. 传感器的一般特性

1）传感器的静态特性

传感器的静态特性是指对静态的输入信号，传感器的输出量和输入量之间所具有的相互关系，可用一个不含时间变量的代数方程表示，也可在平面坐标中画出变量之间的对应关系和特性曲线。

2）感器的动态特性

传感器的动态特性是指传感器在输入变化时，其输出的特征，通常用输出量对某些标准输入信号的响应表示（也称为过渡过程）。传感器的动态特性常用阶跃响应（阶跃信号）和频率响应（正弦信号）表示。

3）传感器的灵敏度

传感器的灵敏度是指传感器在稳态工作情况下输入—输出特性曲线的斜率（$S=\Delta y/\Delta x$）。对于线性的传感器来说，灵敏度S是一个常数。而对于非线性的传感器来说，灵敏度S则是一个随输入量变化而变化的动态值。灵敏度与测量精度、测量范围、稳定性有着密切的关系。

4）传感器的线性度

在实际测量过程中，有些传感器的特性呈非线性，即特性曲线并非直线。为了在仪表上获得均匀刻度的读数，就要对该特性曲线进行线性化校正。校正的方法有多种，如两点连线法、最小二乘法等。

5）传感器的分辨力

传感器的分辨力是指传感器对被测量最小变化的识别能力（即通常所说的不灵敏区）。这表示只有当输入变化值超过某一数值时，传感器的输出才会有响应。

传感器在测量范围内不同区域中的分辨力是不相同的，通常用可分辨的最小变化量与测量最大值的百分比表示其不灵敏区的大小，称为分辨率。

2. 传感器的技术参数

1）测量介质

传感器的被测量虽然处于物理、化学、生物等环境中，但一般的测量是在固体、气体、液体环境中进行的。

2）供电电源

大部分传感器在测量过程中需要电源，供电范围为 DC 0~30 V，AC 0~500 V。

3）测量距离

部分开关量传感器（电感式接近开关、电容式接近开关、光电开关等）在测量过程中对测量距离有一定要求，接近开关为 0~50 mm，光电开关为 0~20 m。

4）测量环境

不同传感器对环境的要求不同，如化学和生物类的传感器有时要求恒温，机械测量类的传感器对受力强度有要求，液体和气体类传感器对压力有要求。总之，环境与传感器测量有着密切的联系。

5）输出类型

传感器的输出类型可分为无源的开关触点、有源的无触点开关（晶体管、可控硅）、模拟电压、模拟电流。

6）输出指标

继电器输出的触点容量为 2 A；三极管（NPN、PNP）输出的容量为 500 mA；可控硅输出的容量为 10 A；模拟量输出电压为 0~5 V、1~5 V、0~10 V、±10 V；模拟量输出电流为 0~20 mA、4~20 mA。

三、传感器的典型应用

1. 气体流量开关

气体流量开关主要检测风机运行时气体的输出流量，通常将其放置在送风机的出风口处，如图 4-2 所示。它的工作原理是当高速气流冲击弹性簧片时，使簧片发生偏移并压迫微动开关输出闭合接点信号；而气体流速减弱或产生断气流时，弹性簧片不能偏移，微动开关释放并断开接点信号。气体流量开关常被用来检测风机运行的状态。

2. 压差开关

压差开关具有两个压力检测口，可用来检测气体的压差，如图 4-3 所示。它的工作原理是当内部膜片的两端受到不同的压力而形成压差时（大于设定的压差值），膜片即可推动弹簧压接微动开关输出闭合接点信号；而内部膜片的两端压差小于设定值时，膜片释放对弹簧的压力并断开接点信号。压差开关常被用来检测新风机、送风机运行状态和过滤网是否堵塞。

图 4-2　气体流量开关

图 4-3　压差开关

3. 水流开关

水流开关通常安装在水管路中,用来检测供水管网系统中水的流动情况,如图 4-4 所示。它的工作原理是当有流动的水(具有一定的流速和冲击力)经过水流开关时,水流开关内的磁芯受水流推力的影响而产生位移并接触磁感应元件,产生闭合接点信号;而水流速较弱或没有水流时,磁芯不产生位移,则无磁感应现象发生,接点信号断开。水流开关常用在制冷站、换供热站和给排水系统中。

4. 低温保护开关

低温保护开关主要用来进行防霜冻报警,如图 4-5 所示。低温保护开关带有自动复位功能,具有华氏和摄氏温度刻度盘,测温范围在 $-7\sim+15$ ℃。它的检测元件为 6.096 m 长的毛细管,常被放置在风道(新风机、空气处理机)的最冷点。在冬季室外温度较低时,风道内的温度也会降低,当达到报警温度时,低温保护开关输出闭合接点信号,并输入给 DDC 控制器,DDC 控制器发出报警显示,并控制电动风阀、电动水阀、送风机等设备实现联动(关闭风阀、停止送风机、开启电动水阀);待温度回升后(高于报警温度),低温保护开关断开接点信号,电动风阀、电动水阀、送风机等设备恢复正常运行。

图 4-4　水流开关

图 4-5　低温保护开关

5. 液位开关

液位开关用来检测液体的特定液位,由浮子和电接点组成,如图 4-6 所示。在浮子的上端有个常开接点,浮子中还含有水银液体。当液位没有达到预定液位时,浮子靠重力下垂,水银流向下端,上端的接点处于断开状态;当液位达到预定液位时,由于浮力的作用浮子被液体拖动转换位置,此时水银流向上端并短路电接点,由此发出闭合接点信号。浮子式液位开关常用于检测水箱或水罐中液体的液位。

6. 电接点压力表

电接点压力表适用于水管路系统的管网压力显示和极限压力报警。电接点压力表由测量系统、指示装置、电接点(或磁助电接点)装置、外壳、调整装置和接线盒等组成。如图 4-7 所示。

图 4-6　液位开关

图 4-7　电接点压力表

电接点压力表的工作原理是通过测量系统中弹簧管在被测介质压力作用下末端产生的弹性变形——位移,借助拉杆经齿轮传动机构的传动予以放大,由此连动固定于齿轮轴上的指示指针(连同触头)将被测值在刻度盘上指示出来。同时,动指针与设定指针上的触头(上限或下限)相接触(动断或动合)的瞬时,输出控制接点信号,用于实现自动控制和发信。

7. 温度传感器

在智能楼宇中,温度传感器主要用于测量空气(风管式)和水(水管式)的温度。检测元件通常为铂电阻(Pt100),输出信号为电阻值(也可以经过转换电路输出电压值 DC 0~10 V 或继电器触点 NO,NC),如图 4-8 所示。温度传感器可用来测量室内、室外、风管、水管的平均温度,其电阻值与温度之间的对应关系见表 4-1。

表 4-1　Pt100 铂电阻分度表

序号	温度值(℃)	电阻值(Ω)	序号	温度值(℃)	电阻值(Ω)	序号	温度值(℃)	电阻值(Ω)
1	−50	80.31	10	40	115.54	19	130	149.83
2	−40	84.27	11	50	119.40	20	140	153.58
3	−30	88.22	12	60	123.24	21	150	157.33
4	−20	92.16	13	70	127.08	22	160	161.05
5	−10	96.09	14	80	130.90	23	170	164.77
6	0	100	15	90	134.71	24	180	148.48
7	10	103.90	16	100	138.51	25	190	172.17
8	20	107.79	17	110	142.29	26	200	175.86
9	30	111.67	18	120	146.07			

8. 湿度传感器

湿度传感器用于测量空气中的湿度,由湿敏电容和转换电路两部分组成,如图 4-9 所示。湿度传感器的测量元件包括玻璃底衬、下电极、湿敏材料、上电极等。两个下电极与湿敏材料、上电极构成的两个电容成串联连接,湿度传感器的输出为 DC 4~20 mA。湿敏材料是一种高分子聚合物,它的介电常数随着环境的相对湿度变化而变化。当环境湿度发生变化时,湿敏元件的电容量随之发生改变,即当相对湿度增大时,湿敏元件电容量随之增大,反之减小。

图 4-8　温度传感器

图 4-9　湿度传感器

9. 静压传感器

静压传感器的原理是利用液体中的浮力及压强来间接测量液体的液位。投入式静压液位传感器采用扩散硅或压电陶瓷片的压阻效应,当液位处于不同高度时,传感器的感应面会受到不同的压强,由于压电效应产生电信号,经过温度补偿和线性校正,转换成直流

4~20 mA 标准电流信号输出,采用法兰或固定支架安装方式,并经过滤网与液体直接接触。静压传感器如图 4-10 所示。

10. 压差传感器

压差传感器可以测量空气、液体的压差,它有两个压力输入口,当两个压力形成压差时,使膜片产生与水压成正比的微位移,传感器的电容值发生变化,经电子线路检测这一变化,并转换输出一个相对应压力的工业标准测量信号。压差传感器如图 4-11 所示。

图 4-10　静压传感器

图 4-11　压差传感器

11. 压力传感器

压力传感器可以测量空气、液体的压力,它分为扩散硅型、压电阻型、静电容型等,压力传感器如图 4-12 所示。

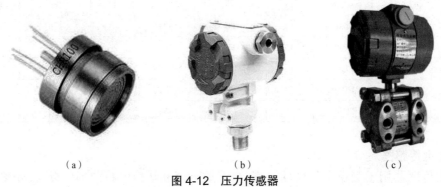

（a）　　　　　　　（b）　　　　　　　（c）

图 4-12　压力传感器

（a）扩散硅型　（b）压电阻型　（c）静电容型

（1）扩散硅压力传感器采用高精密陶瓷材料和扩散硅膜片,是完全固体的压力敏感元件,当受到外界压力时,膜片产生与介质压力成正比的微小位移,经转换电路转换成工业标准信号。

（2）压电阻压力传感器采用压电陶瓷片作为受压元件,当受到外界压力时,压电陶瓷片即可产生微小的电信号,经转换电路转换成工业标准信号。

（3）静电容压力传感器是将玻璃的固定极和硅的可动极相对而形成电容,通过外力(压力)使可动极变形后产生静电容量的变化,再经转换电路转换成工业标准电信号。

12. 电阻式远程压力表

电阻式远程压力表用于测量液体、蒸气和气体等介质的压力,如图 4-13 所示。其内部设置一滑线电阻式发送器,既可以作为显示仪表,又可以输出变化的(随着压力的变化)电阻值,通常用于集中检测和远距离控制。

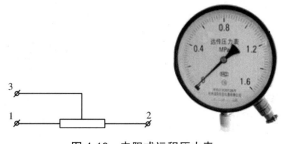

图 4-13　电阻式远程压力表

电阻式远程压力表内部弹簧管受到压力的影响,产生机械的旋转力(带动仪表指针和齿轮传动机构运动)。由于电阻发送器系统设置在齿轮传动机构上,因此当齿轮传动机构中的齿轮轴产生偏转时,电阻发送器的转臂(电刷)也相应偏转并带动电刷在电阻器上滑行,使得被测压力值的变化转换为电阻值的变化。

13. 流量传感器

流量传感器有电磁流量计和涡轮式流量计。电磁流量计是基于电磁感应定律工作的流量测量装置,由检测和转换两个单元组成,如图 4-14 所示。涡轮式流量计是一种速度式流量计,当流体流过涡轮叶片时,涡轮叶片受前后差压推力的影响而转动,在一定流量范围内,管道中流体的容积流量和涡轮转速成正比,涡轮的转速通过检测线圈和磁电转换装置转换成对应频率的电脉冲信号,如图 4-15 所示。

图 4-14　电磁流量计

图 4-15　涡轮式流量计

14. 二氧化碳传感器

二氧化碳传感器用于测量空调送风系统中的空气质量。通常将该传感器安装在回风系统中,通过监测回风系统中 CO_2 的焓值,再经过 DDC 的 PID 调节、控制各个风门的开度,由此改善给房间送风的空气质量,以达到调节空气的作用。

15. 电量变送器

EDA9033A 模块是山东力创公司生产的一种智能型三相电参数数据综合采集模块;能准确测量三相三线制或三相四线制交流电路中的三相电流、三相电压、有功功率、无功功率、功率因数、有功电度等电量参数。EDA9033A 电量采集模块如图 4-16 所示,接线连接如图 4-17 所示。

EDA9033A 模块采用三相电源检测,电压量程(相电压)有 60 V、100 V、250 V、300 V、400 V、500 V 可选;电流量程有 1 A、2 A、5 A、20 A、50 A、100 A、200 A、500 A、1 000 A 等可选;信号处理为 16 位 A/D 转换,6 通道;数据通信为 RS-485 接口;供电电源可选直流 5 V 或交流 220 V。

EDA9033A 模块可与现场控制器连接,再经过上位监控计算机实时显示电量参数。

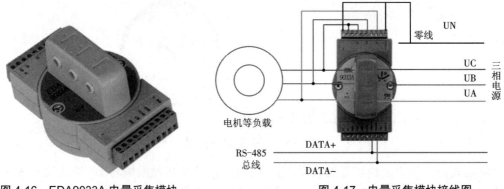

图 4-16 EDA9033A 电量采集模块　　　　图 4-17 电量采集模块接线图

教学单元 2　阀门、风阀

一、阀门、风阀基本概述

1. 阀门、风阀的概念

1）阀门的概念

阀门是用来开闭管路、控制流向、调节和控制输送介质参数（温度、压力和流量）的管路附件，具有截止、调节、导流、防止逆流、稳压、分流或溢流泄压等功能。根据其功能，可分为关断阀、止回阀、调节阀等。

2）风阀的概念

风阀是用于通风、空气调节及空气净化工程中不可缺少的中央空调末端配件，一般用在空调、通风系统管道中，用来调节支管的风量，也可用于新风与回风的混合调节。

2. 阀门、风阀的组成

1）阀门的组成

阀门通常由驱动和执行两大部分组成。驱动部分包括驱动装置（手动、电动、气动、液控）、传动部件、阀杆等；执行部分包括阀体、阀盖和启闭件等。

手动闸阀主要由框架、闸板、丝杆、螺母、手轮等零件构成，通过手动转动手轮使丝杆带动闸板沿水平方向左右反复运动，达到闸阀启闭目的。

电动阀门采用电动执行机构，其输出轴采用阀杆螺母式连接形式，带动阀杆上下运动，从而驱动阀杆带动闸板做上升和下降的直线运动，以达到开启和关闭阀门的目的。

2）风阀的组成

风阀也是由驱动和执行两大部分组成，输出形式可以是直线或角度。风阀主要由框架、叶片、传动连杆、执行机构、驱动装置组成。无论是手动风阀，还是电动风阀，其机械部分大致相同。

3. 阀门、风阀的分类

1）阀门的分类

阀门可按结构特征、驱动方式、用途、公称压力、公称通径、工作温度、连接方式等进行划分。依靠介质（液体、气体）本身的能力而自行动作的阀门有：止回阀、安全阀、调节阀、疏水阀、减压阀；借助手动、电动、液动、气动来操纵动作的阀门有闸阀、截止阀、球阀、蝶阀、节流阀、旋塞阀等。另外,阀门还有二通、三通、四通、五通之分。

2)风阀的分类

风阀主要分为手动和电动两种类型。手动一般用于比较小或不经常操作的风阀,电动则用于比较大或频繁操作的风阀。

二、阀门、风阀特性及技术参数

1. 阀门、风阀的特性

1)阀门的技术特性

阀门的技术特性包括强度性能、密封性能、流动性能、动作性能(灵敏度和可靠性)、启闭能力(启闭力和启闭力矩)。

(1)强度性能。阀门的强度性能是指阀门承受介质压力的能力。阀门是承受内压的机械产品,因而必须具有足够的强度和刚度,以保证长期使用而不发生破裂或产生变形。

(2)密封性能。阀门的密封性能是指阀门各密封部位阻止介质泄漏的能力,它是阀门最重要的技术性能指标。阀门的密封部位有三处:启闭件与阀座两密封面间的接触处;填料与阀杆和填料函的配合处;阀体与阀盖的连接处等。

(3)流动性能。介质流过阀门后会产生压力损失(即阀门前后的压力差),也就是阀门对介质的流动有一定的阻力,介质为克服阀门的阻力就要消耗一定的能量。

(4)动作性能。动作性能是指阀门对于介质参数变化而做出相应反应的敏感程度。对于节流阀、减压阀、调节阀等用来调节介质参数的阀门以及安全阀、疏水阀等具有特定功能的阀门来说,其功能灵敏度与可靠性是十分重要的技术性能指标。

(5)启闭能力。启闭能力是指阀门开启或关闭所必须施加的作用力或力矩。关闭阀门时,需要使启闭件与阀座两密封面间形成一定的密封比压,同时还要克服阀杆与填料之间、阀杆与螺母的螺纹之间、阀杆端部支承处及其他摩擦部位的摩擦力,因而必须施加一定的关闭力和关闭力矩。阀门在启闭过程中,所需要的启闭力和启闭力矩是变化的,其最大值是在关闭的最终瞬时或开启的最初瞬时。

2)风阀的技术特性

风阀的技术特性包括阻力、调节比、泄漏率、最大驱动扭矩、最大工作压差等。

(1)阻力。阻力是指风阀在运动过程中所承受的阻碍力,它直接影响风阀的运动速度。

(2)调节比。调节比是指风阀在调节过程中,驱动信号与风阀执行角度(位移)的线性关系。

(3)泄漏率。泄漏率是指风阀关闭的密封性,即在风阀关闭时,所能允许通过介质的最小量。

(4)最大驱动扭矩。最大驱动扭矩是指风阀驱动装置对风阀实施扭转力矩时,风阀所能承受的最大扭矩。

(5)最大工作压差。最大工作压差是指风阀在正常工作时所能允许对阀板施加的最大压力差。

2. 阀门、风阀的技术参数

1)阀门的技术参数

(1)阀体类型。阀体类型是指阀体的结构,通常有直板阀和球形阀等。直板阀关闭不如球形阀严密,在楼宇工程中常使用球形阀。

(2)阀体材质。阀体材质决定着阀门所允许流通的介质和使用寿命。在水和空气介质中,阀体通常用黄铜、铸铁、铸钢等材料制成。

(3)阀芯材质。阀芯是阀体的重要部件,应具有一定的强度、刚性、防锈蚀性、抗腐蚀性等。在水和空气介质中,阀芯通常用黄铜、不锈钢等材料制成。

(4)阀门类型。阀门类型是指阀门的工作方式,如二通阀或三通阀。

(5)阀门口径。阀门口径是阀门与管道进行连接的主要尺寸,在选配阀门时应选择适合于管道安装口径的阀门。

(6)连接方式。阀门的连接方式是指阀门与管道进行连接的形式,主要的连接方式有螺纹连接和法兰连接两种。

(7)流体介质。流体介质是指阀门允许通过的流体。不同性质的流体应选择不同类型的阀门。在智能楼宇系统中,流体的主要介质是空气、水、蒸气等。

(8)流体温度。流体温度是指阀门允许通过的介质的温度。不同的阀门对流体温度有着不同的要求。在智能楼宇系统中,冷、热水的温度和空气的温度等都必须符合阀门的要求。

(9)流体压力。流体压力是指阀门能承受所通过的介质的压力,如空气的压力、冷水和热水的压力等。

(10)流体流量。流体流量是指阀门能通过的介质的流量,它与管网系统有着密切的关系,是阀门选择口径时的主要依据。

2)风阀的技术参数

(1)马达功率。

(2)输出力矩。输出力矩是选择阀门电动装置的最主要参数,电动装置输出力矩应为阀门操作最大力矩的 1.2~1.5 倍。

(3)全行程时间。全行程时间是指风阀行程由 0 到 100% 或角度由 0° 到 90° 所需的时间。全行程时间与风阀的输出力矩及行程长度(或角度)有关,也就是与风阀执行的速度有关。

(4)防护等级。防护等级由字母 IP 组成,其中字母 I 的含义是防止固体异物进入,字母 P 的含义是防止水进入。防护等级 I 分为 7 个等级:0 为无防护;1 为可防止 ϕ50 mm 以上的颗粒进入;2 为可防止 ϕ12.5 mm 以上的颗粒进入;3 为可防止 ϕ2.5 mm 以上的颗粒进入;4 为可防止 ϕ1.0 mm 以上的颗粒进入;5 为可做到防尘;6 为可做到尘密。防护等级 P 分为 9 个等级:0 为无防护;1 为垂直滴水;2 为 15° 滴水;3 为淋水;4 为溅水;5 为喷水;6 为猛烈喷水;7 为短时间浸水;8 为连续浸水。

(5)绝缘等级。风阀的绝缘等级主要是指电控部分的绝缘等级。其绝缘等级分为 F 级和 H 级,F 级的耐温等级是 155 ℃,H 级的耐温等级是 180 ℃。

(6)防潮加热器。风阀在不同的环境下,为了防止因潮湿而造成风阀的锈蚀,影响其执行速度和寿命,可增设防潮加热器。防潮加热器作为附件,可视其工作环境来决定增加与否。

(7)一体化智能控制单元。一体化智能控制单元是以微处理器为控制中心,可对风阀在执行过程中所产生的位置、扭矩、运行方向、过载情况等进行保护及报警。

（8）触摸控制屏。具有一体化智能控制的风阀,通常会有一个触摸控制屏,可对其参数进行设置,也可根据控制过程进行实时的显示。

（9）手轮。手轮是机械操作装置,可在电控单元发生故障时,人工完成风阀的操作。

（10）阀门重量。风阀的重量包括风阀自身重量和执行器的重量,它是风阀在安装过程中应考虑的一项参数。

三、阀门、风阀、驱动器及执行器的典型应用

1. 二通阀

二通阀(直通阀)由输入口、阀板、阀座、输出口(工作口)构成。当阀板处于全通状态时,介质可以流动;当阀板处于截止状态时,介质不再流动。二通阀通常采用(电动)开关量驱动控制,如图 4-18 所示。

2. 三通阀

三通阀由流体入口、工作口、卸荷口、阀板、阀座构成。它分为常开型和常闭型。三通阀与二通阀的工作原理大致相同。当阀板处于工作位时,输入口与工作口相通,流体经入口进入工作管网,此时卸荷口关闭。当阀板处于截止位时,输入口与卸荷口相通,流体经卸荷口返回,而不能进入到工作管网,此时工作口关闭。三通阀通常采用(电动)开关量驱动控制,如图 4-19 所示。

图 4-18　电动二通阀

图 4-19　电动三通阀

3. 球阀

球阀是一种根据阀瓣的移动形式绕阀杆的轴线做旋转运动的阀门,阀座通口的变化与阀瓣行程成正比关系,主要用于截断或接通管路中的介质,亦可用于流体的调节与控制,是工业自动化过程控制的一种管道阀门。球阀因在其截断时,利用球瓣的弧度封闭进口和出口,密封效果好,所以在密封要求高的场所常用到球阀。球阀可采用(电动)开关量驱动控制,如图 4-20 所示。

4. 蝶阀

蝶阀主要应用于大流量水路系统的管网中,如制冷站中冷水机组的进水控制。蝶阀有多种结构,如对夹式、法兰式、支耳式等。由于蝶阀的体积比较大,所以一般采用电动机控制,但对阀门开度有一定要求时,也可采用(电动)伺服控制。控制电动机的正向旋转和反向旋转,实现阀门的开启和关闭。电动蝶阀的辅助信号通常包括阀的开、关限位,阀的开、关扭矩报警,阀门驱动过载报警等。蝶阀如图 4-21 所示。

图 4-20　电动球阀

图 4-21　电动蝶阀

5.暖气温控阀

暖气温控阀是一种节能产品,原理是利用温控阀阀头中的感温部件控制阀门开度的大小。当室温升高时,感温元件因热膨胀压缩阀杆而使阀门关小;当室温下降时,感温元件因冷却而收缩,阀杆弹回使阀门开大。因此,当房间有其他辅助热源时(如白天的太阳光、其他发热体等),当室温高于设定的温度时,阀门自动关小,散热器的进水量减少,以减少供热。暖气温控阀控制源与周围温度的变化有关。暖气温控阀如图 4-22 所示。

6.风阀

风阀是用于通风、空气调节的主要部件,一般用在空调、通风系统管道中,用来调节支管的风量,也可用于新风与回风的混合调节。风阀通过改变风板的角度或位置,来实现风流量的调节。风阀如图 4-23 所示。

图 4-22　暖气温控阀

图 4-23　风阀

教学单元 3　电动调节器与电动执行器

电动调节器是一种能够进行闭环自动调节的控制单元,它接收来自传感器(变送器)的输出信号,进行调节处理后输出标准的工业自动化仪表信号给电动执行器。

电动执行器利用电压(电流)信号对执行机构进行驱动,使其产生直线或旋转运动。电动执行器的基本类型有部分回转、多回转及直行程三种驱动方式。

一、电动调节器

电动调节器由输入回路、自激调制放大器、隔离电路、PID 运算反馈电路及手动操作电路等组成。它接收由测量变送器送入的 0~10 mA 直流信号,并在输入回路内经电阻(200 Ω)转换为 0~2 V 直流电压,与 0~2 V 设定信号(内给定或外给定)相比较,其输入电路的偏差 U_t 与反馈信号 U_f 综合后的信号,经调制器变换为交流信号,经交流电压放大器后由变压器传送给整流功率放大器进行整流及放大,再经滤波得到平滑的 0~10 mA 直流统一信号输出,用以操纵执行机构动作。电动调节器和电动执行器一起完成对被控对象的闭环调节。电动调节器如图 4-24 所示。

二、电动执行器

电动执行器是独立的调节单元,可与阀门、风阀联合使用。驱动装置有开关量、模拟量、电机(普通电机或伺服电机)三种控制方式。

图 4-24　电动调节器

1. 电磁执行器

电磁执行器属于开关量控制,通常由电磁铁和线圈组成,如图 4-25 所示。其驱动电源可以是直流或交流电源。当电磁线圈通电时,产生电磁力并驱动阀芯工作,使阀处于接通状态;当电磁线圈断电时,电磁力消失并借助弹簧弹力将阀芯复位,阀处于截止状态。电磁执行器还可以用来驱动风阀,以实现"全打开"或"全关闭"操作。

（a）　　　　　　　　　　　　　（b）

图 4-25　电磁执行器

（a）电动阀门　（b）风阀执行器

2. 比例执行器

比例执行器属于模拟量控制,通常由电子控制比例板组成,如图 4-26 所示。电子比例板接收模拟量信号(4~20 mA 或 0~10 V),产生驱动力矩。由于比例控制的电信号与输出力矩有着很好的线性关系(信号较小时存在一定的不灵敏区),所以可以对阀门(或风阀)实现连续无级调节。

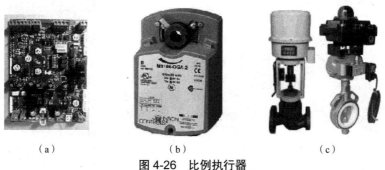

（a）　　　　　　　（b）　　　　　　　（c）

图 4-26　比例执行器

（a）比例控制板　（b）比例控制风阀　（c）比例控制阀门

3. 电机执行器

电机执行器的驱动部件是微型电动机,可用于扭矩较大的电动阀(蝶阀)。在智能楼宇中,常采用电机执行器控制电动蝶阀的通或断。电动机控制除了利用正、反转实现阀的开启和关闭外,还在阀的内部提供了限位开关、超扭矩报警、电动机过载报警等联动信号。电机执行器如图4-27所示。

(a)   (b)

图4-27　电机执行器

(a)电动风阀　(b)电动水阀

4. 伺服电机及伺服驱动器

伺服电机惯性非常小,通过伺服控制器可精确地控制其速度和位置,通常用于对阀的位置需要精确控制的场合。伺服控制器输出的电压(电流)信号与伺服电机的转矩和转速呈一定的线性关系。伺服驱动器可输出PWM脉冲或可调节的直流电压,驱动伺服电机转子转速快速反应。伺服电机具有惯性时间常数小、线性度高、始动电压低等特性,能很好地把电气控制信号转换成电动机轴上的角位移或角速度输出。伺服电机和伺服驱动器如图4-28所示。

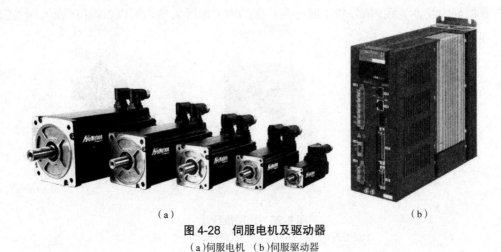

(a)   (b)

图4-28　伺服电机及驱动器

(a)伺服电机　(b)伺服驱动器

模块小结

现场末端设备是用于建筑智能化系统的检测和外部控制,主要包括传感器、变送器、驱动器、调节器、执行器、阀门、风门等。

传感器是一种检测装置,能感受到被测量的信息,并按一定规律转换成电信号或其他所需形式的信息输出,以满足信息的传输、处理、存储、显示、记录和控制等要求。传感器具有多种检测介质,主要是物理量、化学量或生物量。

传感器的一般特性包括静态特性、动态特性、灵敏度、线性度、分辨力等。其技术指标包括测量介质、供电电源、测量距离、测量环境、输出类型、输出指标等。

在建筑智能化系统中主要应用的开关量传感器有气体流量开关、压差开关、水流开关、低温保护开关、液位开关、电接点压力表等;模拟量传感器有温度传感器、湿度传感器、静压传感器、压力传感器、压差传感器、电阻式远程压力表、流量传感器、二氧化碳传感器、电量变送器等。

阀门是用来开闭管路、控制流向、调节和控制输送介质参数的管路附件,具有截止、调节、导流、防止逆流、稳压、分流或溢流泄压等功能。风阀是用于通风、空气调节及空气净化工程中不可缺少的中央空调末端配件,一般用在空调、通风系统管道中,用来调节支管的风量,也可用于新风与回风的混合调节。

阀门的技术特性包括强度性能、密封性能、流动性能、动作性能、启闭能力;风阀的技术特性包括阻力、调节比、泄漏率、最大驱动扭矩、最大工作压差等。在建筑智能化系统中,常用的阀门和风阀有二通阀、三通阀、球阀、蝶阀、暖气温控阀、风阀等。

电动调节器是一种能够进行闭环自动调节的控制单元,它接收来自传感器的输出信号,进行调节处理后输出标准的工业自动化仪表信号给电动执行器。

电动执行器利用电压(电流)信号对执行机构进行驱动,使其产生直线或旋转运动。在建筑智能化系统中,常用电动调节器和电动执行器(电磁、比例、电机、伺服)来对水系统和风系统进行能量传送和流量调节。

复习思考题

1. 什么是传感器? 它具有哪些功能?
2. 传感器主要分类有哪些? 主要技术参数是什么?
3. 建筑智能化系统中主要应用的传感器有哪些? 各起什么作用?
4. 阀门、风门的主要功能有哪些? 具有哪些典型应用?
5. 阀门、风门的主要技术参数有哪些?
6. 调节器和执行器具有哪些区别? 它们各自起什么作用?

模块五 智能建筑现场控制器

现场控制器是建筑智能化控制的核心,它主要用来实施对现场机电设备的监控和管理。现场控制器包括可编程控制器、直接数字控制器、智能模块、智能板卡等。现场控制器与现场末端设备、上位监控计算机一起,构成集散控制系统。

教学单元 1 S7-200 SMART 可编程控制器

S7-200 SMART 可编程控制器是西门子 S7-200 的升级产品。它具有结构紧凑、成本低廉的优点,且具有功能强大的指令集。它既保留了一体机的结构,又增加了模块化分布式集成配置,使控制点可以随意组合。S7-200 SMART 目前已成为可编程控制器中最为理想的自动化控制产品。

一、PLC 基本概述

1. PLC 的概念

1)PLC 产生的背景

可编程控制器(Programmable Logic Controller, PLC)是以微处理器为基础,综合了计算机技术、半导体技术、自动控制技术、数字技术和网络通信技术而发展起来的一种通用工业自动控制装置。它是由美国通用汽车公司(General Motors)在 1968 年提出公开招标技术要求,美国数字设备公司(DEC)开发研制的自动化控制产品。

2)PLC 的定义

国际电工委员会(IEC)于 1982 年、1985 年和 1987 年先后颁布了可编程控制器标准草案的第一稿、第二稿和第三稿,并最终对其进行了定义,即可编程控制器是一种数字运算操作的电子系统,专为在工业环境下应用而设计。它采用了可编程的存储器,用来在其内部存储执行逻辑运算、顺序控制、定时、计数和算术运算等操作的命令,并通过数字式和模拟式的输入和输出,控制各种类型的机械或自动化设备以及生产过程。

3)PLC 的功能特点

随着大规模和超大规模集成电路以及微处理器技术的迅猛发展,可编程控制器的处理速度及通信功能大大提高,并以其可靠性高、灵活性强、使用方便等优点,迅速占领了工业控制领域。

(1)PLC 的主要功能:

①逻辑处理功能;

②顺序控制功能;

③数据运算功能;

④准确定时功能(高档 PLC 可进行毫秒级计时);

⑤高速计数功能(高档 PLC 计数频率可高达几百赫兹);

⑥中断处理功能(利用此功能可实现各种内外中断,高档 PLC 可实现毫秒级响应);

⑦程序与数据存储功能;

⑧联网通信功能;

⑨自检测、自诊断功能。

（2）PLC 的主要特点:

①可靠性高,抗干扰能力强;

②功能完善,通用、适用性强;

③编程简单易学,深受工程技术人员欢迎;

④质量可靠,维护方便,容易改造;

⑤体积小,质量轻,能耗低;

⑥性能价格比好,经济核算。

2. PLC 控制系统组成

PLC 系统主要用于工业控制和建筑智能化,现以西门子产品为例,来了解 PLC 的系统组成。

西门子 PLC 控制系统由 SIMATIC 编程设备、触摸屏、系列 PLC 等组成,并通过现场总线实现互联。西门子 PLC 控制系统组成如图 5-1 所示。

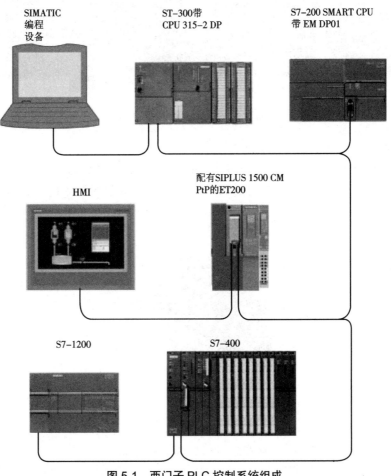

图 5-1 西门子 PLC 控制系统组成

1）编程设备

编程设备是指西门子编程器（或 PC 机），它内部装有 SIMATIC 编程软件，可为各种型号的 PLC 进行编程，还可作为上位监控计算机对系统实施远程在线监控和管理。

2）触摸屏

触摸屏（HMI）作为 PLC 的操作面板，可实现人机交互，操作者可在本地方便地进行参数设置和数据修改以及数据、曲线、状态、报警等内容的查询。

3）PLC 组网

在图 5-1 中，通过 PROFIBUS 总线与其 PLC（S7-400、S7-300、S7-1200、S7-200 SMART）组网，形成整体的控制系统。

二、S7-200 SMART PLC 基本概述

1. S7–200 SMART PLC 结构组成

S7-200 SMART PLC 包括 CPU 主机（一体化结构设计，内置固定分配组合的 I/O 点）和扩展模块（数字量模块、模拟量模块、特殊功能模块）。S7-200 SMART PLC 如图 5-2 所示。

图 5-2　S7-200 SMART PLC

1）S7-200 SMART 主机结构分布

S7-200 SMART 主机将中央处理器、电源、输入和输出电路、通信接口等组合到一个设计紧凑的外壳中，形成功能强大的微型 PLC，其结构组成如图 5-3 所示。

图 5-3　S7-200 SMART 主机

1—I/O 的 LED；2—端子连接器；3—以太网通信端口；4—35 mm DIN 导轨安装夹片；5—以太网状态（保护盖下面）LED（ LINK，RX/TX）；6—状态；LED：RUN、STOP 和 ERROR；7—RS485 通信端口；8—可选信号板（仅限标准型）；9—存储卡连接（保护盖下面）

2）S7-200 SMART 主机配置

S7-200 SMART CPU 具有不同型号的特征和功能,以便帮助用户创建有效的解决方案。它的 CPU 分为紧凑型(不可扩展)和标准型(可扩展)两种,主机内置固定分配的 I/O 点(20点、30点、40点、60点),其输出形式分为继电器输出和晶体管输出,其结构配置见表 5-1。

表 5-1　S7-200 SMART CPU 配置

	CR40	CR60	SR20	ST20	SR30	ST30	SR40	ST40	SR60	ST60
紧凑型,不可扩展	×	×								
标准型,可扩展			×	×	×	×	×	×	×	×
继电器输出	×	×	×		×		×		×	
晶体管输出(DC)				×		×		×		×
I/O 点(内置)	40	60	20	20	30	30	40	40	60	60

由表 5-1 可见,CR40、CR60 为紧凑型不可扩展结构,输出形式为继电器;SR20、SR30、SR40、SR60 为标准型可扩展结构,输出形式为继电器;ST20、ST30、ST40、ST60 为标准型可扩展结构,输出形式为晶体管。

3）S7-200 SMART 扩展模块

无论是继电器输出或晶体管输出,只要是标准型,就可以通过扩展模块实现 I/O 点的扩充。S7-200 SMART 扩展模块见表 5-2。

表 5-2　S7-200 SMART 扩展模块

类型	输入	输出	输入 / 输出组合	其他
数字量扩展模块	8 个直流输入 16 个直流输入	8 个直流输出 8 个继电器输出 16 个继电器输出 16 个晶体管输出	8 个直流输入 /8 个直流输出 8 个直流输入 /8 个继电器输出 16 个直流输入 /16 个直流输出 16 个直流输入 /16 个继电器输出	—
模拟量扩展模块	4 个模拟量输入 8 个模拟量输入 2 个 RTD 输入 4 个 RTD 输入 4 个热电偶输入	2 个模拟量输出 4 个模拟量输出	4 个模拟量输入 /2 个模拟量输出 2 个模拟量输入 /1 个模拟量输出	—
信号板	1 个模拟量输入	1 个模拟量输出	2 个直流输入 /2 个直流输出	RS485/RS232 电池板

2. S7-200 SMART 系统硬件组成

1）中央处理器

中央处理器(CPU)是 PLC 的控制中枢。它按照 PLC 系统程序赋予的功能接收并存储从编程器键入的用户程序和数据;检查电源、存储器、I/O 以及监测定时器的状态,并能诊断用户程序中的语法错误。当 PLC 投入运行时,首先它以扫描的方式接收现场各输入装置的状态和数据,并存入输入映象区,然后从用户程序存储器中逐条读取用户程序,经过命令解释后按指令的规定执行逻辑或算数运算,并将结果送入输出映象区或数据寄存器内。等所有用户程序执行完毕后,将输出映象区的各输出状态或输出寄存器内的数据传送到相应的输出装置,驱动外部设备运行。如此循环运行,直到停止运行。

2）存储器

存储器主要有 RAM 和 ROM 组成,RAM 称为随机存储器,ROM 称为只读存储器。只读存储器还包括 PROM、EPROM 和 EEPROM。在 PLC 中,存储器主要用于存放系统程序、用户程序及工作数据。

（1）随机存储器。随机存储器 RAM 的工作速度高、价格低、改写方便。为了保证在断电后保存在 RAM 中的数据不丢失,一般用锂电池作为后备电源。工作数据是 PLC 运行过程中经常变化、存取的一些数据,一般存放在 RAM 中,以适应随机存取的要求。

（2）可擦除存储器。可擦除存储器 EPROM 和 EEPROM 是电可擦除存储器。其中的内容只有在特定的条件下可以被改写,一般用来存放不需要经常改变的用户程序。EE-PROM 作为用户存储器,兼有 ROM 的非易失性和 RAM 随机存取的优点,但是写入信息所需的时间比 RAM 长得多。

3）输入 / 输出接口电路（I/O）

PLC 的 I/O 接口电路有多种类型:数字量输入（DI）、数字量输出（DO）、模拟量输入（AI）、模拟量输出（AO）等。其中,较常用的为数字量接口电路。其输入接口电路按使用的电源不同可分为直流输入接口电路、交流输入接口电路和交—直流输入接口电路。

（1）输入接口电路。现场输入接口电路由光耦合电路组成,是 PLC 与现场外部设备连接的通道。PLC 采集输入接口信息,在用户程序扫描结束后,将其数据信息存储到 CPU 的输入映像中,作为用户程序执行的条件。输入接口电路原理如图 5-4 所示。

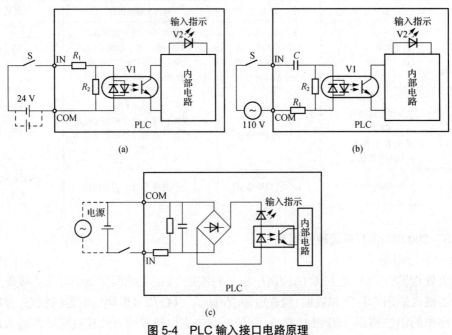

图 5-4　PLC 输入接口电路原理

（a）直流输入　（b）交流输入　（c）交-直流输入

（2）输出接口电路。现场输出接口电路由输出数据寄存器、选通电路和中断请求电路组成，CPU将用户程序运算的结果送到输出映象区中，在用户程序扫描结束后，输出映象区数据传送给输出接口电路，驱动外部设备运行。输出接口电路原理如图5-5所示。

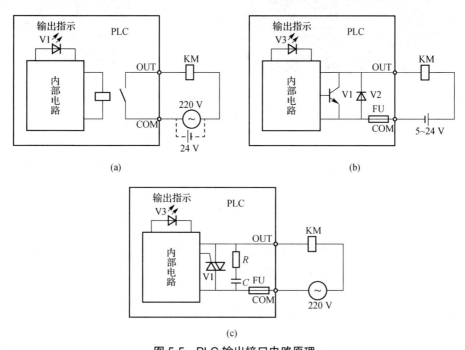

图5-5 PLC输出接口电路原理
（a）继电器输出 （b）晶体管输出 （c）双向晶体管输出

4）通信接口及协议

为了实现PLC与其他外设之间的数据通信，在PLC中通常都配有各种通信接口。PLC通过这些通信接口可与变频器、触摸屏、其他PLC、计算机等设备进行通信，实现不同的功能，更好地控制和服务系统。

（1）通信端口。通信端口是指数据发送的路径。就像人说话需要用嘴，PLC通信就用通信端口，两个设备的通信连接线就接在通信端口上。PLC常用的通信端口有RS232，RS485，RS422等。

（2）通信协议。通信协议是一种双方预先约定好的传输语言，传输前需要双方应答，传输时应有规定好的格式。PLC常用的通信协议有MODBUS RTU，PPI，MPI等。

（3）波特率。波特率是数据传输的格式，PLC的波特率是指每秒向外发送"0"或"1"的个数，波特率的单位是bit/s。我们常用的波特率有9 600 bit/s，19 200 bit/s等。

举例：9 600 bit/s指的就是PLC在1 s内可以向外发送9 600个"0"或"1"，即PLC通信端口的高低电压1 s可以变化9 600次。PLC通信时必须按"帧"发送数据，1帧=12位，也就是1帧=12个"0"或"1"。所以，波特率为9 600 bit/s时，1 s可发送800帧的数据。

PLC与变频器的数据传送如图5-6所示。

数据传送

图 5-6　PLC 与变频器数据传输

5）智能接口模块

智能接口模块是一个独立的计算机系统。它有自己的 CPU、系统程序、存储器以及与 PLC 系统总线相连的接口。PLC 的智能接口模块种类很多，如高速计数模块、闭环控制模块、运动控制模块、中断控制模块等。

6）电源模块

PLC 的电源模块可将交流电源转换成供 CPU、存储器所需的直流电源，是整个 PLC 的能源供给中心。它的好坏直接影响到 PLC 的功能和可靠性。因此，对 PLC 的电源提出了更高的要求，即要比普通电源具有更高的稳定性和抗干扰能力。同时，对大部分 PLC 而言，还可向外提供 24 V 直流稳压电源，用于对外部传感器供电。

7）其他外部设备

除了以上所述的部件和设备外，PLC 还有许多外部设备，如存储卡、信号板、人 / 机接口装置等，它们可以辅助 PLC 完成预定的控制任务。

3. S7-200 SMART CPU 特性及参数

（1）紧凑型不可扩展 CPU 特性及参数见表 5-3。

表 5-3　紧凑型不可扩展 CPU 特性及参数

特性		CPU CR40	CPU CR60
尺寸（mm）：$W \times H \times D$		$125 \times 100 \times 81$	$175 \times 100 \times 81$
用户存储器	程序	12 KB	12 KB
	用户数据	8 KB	8 KB
	保持型	最大 10 KB	最大 10 KB
板载数字量 I/O	输入	24DI	36DI
	输出	16DO 继电器	24DO 继电器
扩展模块		无	无
信号板		无	无
高速计数器		100 kHz 时 4 个，针对单相 50 kHz 时 2 个，针对 A/B	100 kHz 时 4 个，针对单相 50 kHz 时 2 个，针对 A/B
PID 回路		8	8
实时时钟，备用时间 7 天		无	无

用户存储器中的保持型是指 V 存储器、M 存储器、C 存储器的存储区（当前值）以及 T 存储器要保持的部分（保持型定时器上的当前值），最大可为最大指定量。

（2）标准型可扩展 CPU 特性及参数见表 5-4。

表 5-4　标准型可扩展 CPU 特性及参数

特性		CPU SR20 CPU ST20	CPU SR30 CPU ST30	CPU SR40 CPU ST40	CPU SR60 CPU ST60
尺寸(mm)：$W \times H \times D$		$90 \times 100 \times 81$	$110 \times 100 \times 81$	$125 \times 100 \times 81$	$175 \times 100 \times 81$
用户存储器	程序	12KB	18KB	24KB	30KB
	用户数据	8KB	12KB	16KB	20KB
	保持型	最大 10KB	最大 10KB	最大 10KB	最大 10KB
板载数字量 I/O	输入	12DI	18DI	24DI	36DI
	输出	8DO	12DO	16DO	24DO
扩展模块		最多 6 个	最多 6 个	最多 6 个	最多 6 个
信号板		1	1	1	1
高速计数器		200 kHz 时 4 个，针对单相 100 kHz 时 2 个，针对 A/B	200 kHz 时 4 个，针对单相 100 kHz 时 2 个，针对 A/B	200 kHz 时 4 个，针对单相 100 kHz 时 2 个，针对 A/B	200 kHz 时 4 个，针对单相 100 kHz 时 2 个，针对 A/B
PID 回路		8	8	8	8
实时时钟，备用时间 7 天		有	有	有	有

4.S7-200 SMART PLC 工作原理

1）PLC 扫描工作方式

PLC 接通电源后，系统程序开始运行，即采集输入映象信息，逐条解读用户程序并进行逻辑运算和处理，将结果送到输出映象中，直到用户程序结束；再返回程序的起始处，开始新一轮的扫描。这一循环过程是对系统内部各种任务进行查询、判断和执行的过程，也是用户程序扫描的过程。PLC 的扫描工作过程除了执行用户程序外，在每次扫描工作过程中还要完成内部处理、通信服务等工作。PLC 的整个扫描工作过程如图 5-7 所示。

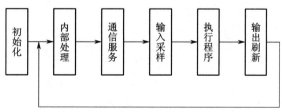

图 5-7　PLC 整个扫描工作过程

2）PLC 执行程序的过程

执行一次扫描操作所需的时间称为扫描周期，扫描周期与 CPU 运行速度、PLC 硬件配置、用户程序长短及指令的种类有关。通常编程软件或编程器可以提供扫描周期的当前值、最小值和最小值。

在内部处理阶段，PLC 以故障诊断为主。它的职责包括检查内部的 CPU、存储器等硬件是否正常以及其他一些辅助诊断装置是否处于常态。当因工作的实际需要，PLC 要与其他智能装置实现通信时，可通过中断处理操作来完成。

3）PLC 的工作模式

PLC 的工作模式包括运行模式（RUN）、停止模式（STOP）、报错模式（ERROR）。只有 PLC 处于工作模式，系统才可通过循环执行用户程序来实现控制功能。而停机模式或报错模式，PLC 只对系统进行诊断处理，而不扫描用户程序。

PLC 的扫描工作方式简单直观，前一指令被执行后，其结果马上就被后面将要扫描到的指令所利用。为了提高系统执行程序的准确性与可靠性，CPU 内部还设置监视定时器来监视每次扫描是否超过规定时间，用以避免由于 CPU 内部故障使程序执行进入死循环。此种扫描的工作方式，为程序设计带来了极大的方便，并为可靠运行提供了保障。

三、S7-200 SMART PLC 安装与接线

1. S7-200 SMART PLC 安装

1）S7-200 SMART PLC 的安装要求

S7-200 SMART PLC 的安装可采用水平或垂直方式安装在面板或标准 DIN 导轨上。安装时应保持一定的距离，以便于通风和散热。S7-200 SMART PLC 安装时应远离具有强磁场和发热源的地方；若不可避免，应留有一定的安全距离或实施屏蔽保护，尽量不要与带有强磁场干扰的电源共用；必要时可在电源入口增加滤通器。S7-200 SMART PLC 安装要求如图 5-8 所示。

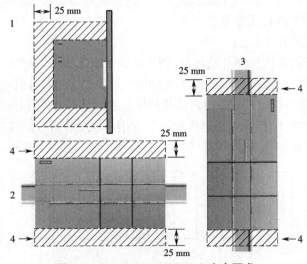

图 5-8　S7-200 SMART PLC 安全要求
1—侧视图；2—水平安装；3—垂直安装；4—空隙区域

2）S7-200 SMART PLC 的安装尺寸

S7-200 SMART PLC 的 CPU 和扩展模块都有安装孔，可以很方便地安装到面板上，安装尺寸的分布如图 5-9 所示，安装尺寸数据见表 5-5。

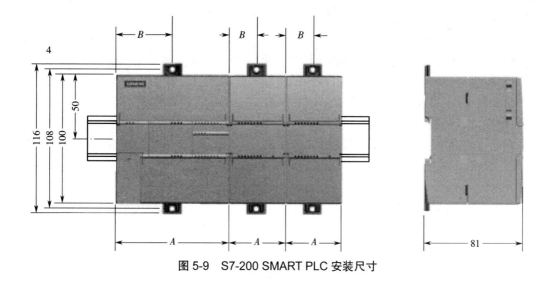

图 5-9 S7-200 SMART PLC 安装尺寸

表 5-5 S7-200 SMART PLC 安装尺寸

S7-200 SMART 模块		宽度 A(mm)	宽度 B(mm)
CPU SR20 和 CPU ST20		90	45
CPU SR30 和 CPU ST30		110	55
CPU SR40 和 CPU ST40		125	62.5
CPU SR60 和 CPU ST60		175	87.5
扩展模块	EM 4AI、EM 8AI、EM 2AO、EM 4AO、EM 8DI、EM 16DI、EM 8DO 和 EM 8DORLY、EM 16 DORLY 和 EM 16DO 晶体管	45	22.5
	EM 8DI/8DO 和 EM 8DI/8DORLY	45	22.5
	EM 16DI/16DO 和 EM 16DI/16DORLY	70	35
	EM 2AI/1AO 和 EM 4AI/2AO	45	22.5
	EM 2RTD、EM 4RTD	45	22.5
	EM 4TC	45	22.5
	EM DP01	70	35

2. S7-200 SMART PLC 接线

1）PLC 布线安装要求

PLC 的连接线路主要包括动力线、控制线、通信线等。它们具有不同的电压等级和不同的信号性质,应进行特殊布线处理。通常不同电压等级的线路、控制线、动力线、通信线不要混槽。通信线在有外界干扰源的情况下应使用屏蔽线,屏蔽线在接地处理时实施一端接地。

2）输入传感器电源选择

PLC 的输入传感器电源大部分为直流,通常可以使用 PLC 本机提供的直流 24 V 电源(不要用此电源带传感器负载),也可以使用外部直流电源,当使用外部直流电源时,不要和本机直流电源并联,但公共点 COM 应连接在一起,以变形成传感器的供电回路。外部直流电源最好选择开关电源,它的功耗比较小,可以可靠地给传感器供电。

3)输出点的浪涌保护

PLC 的输出点连接直流感性负载时,应在负载两端连接反向蓄流二极管(如果没有蓄流二极管,会显著降低触点的寿命),反向二极管可以快速消耗由于触点通断时感性负载瞬间产生的高电压,感性负载连接蓄流二极管如图 5-10 所示。PLC 的输出点连接交流感性负载时,应在负载两端连接阻容保护回路,阻容保护回路可以快速消耗由于触点通断时感性负载瞬间产生的高电压,阻容保护回路如图 5-11 所示。

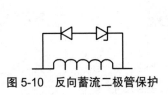

图 5-10　反向蓄流二极管保护

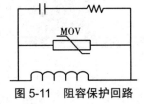

图 5-11　阻容保护回路

4)PLC 端子点接线处理

PLC 的各接线端子所连接的线路电压要符合技术要求,不要将高电压的线路接入到低压端子上,以免烧坏 PLC。接地端子应独立接地,不与其他设备接地端串联,接地线截面面积不小于 2.5 mm²。PLC 的占位空接线端子不要连接电源线。

3. S7-200 SMART PLC 端子接线

S7-200 SMART PLC 不同型号的端子接线具有不同的连接,在此仅以 SR30、ST30、EM AM06 为例,讲述其端子的线路连接。

SR30 和 ST30 的本机数字量输入 DI 为 18 个点,数字量输出 DO 为 12 个点,且输入为直流输入型,输出 SR30 为继电器输出,ST30 为晶体管输出。

1)SR30 CPU 的线路连接

SR30 CPU 的线路连接如图 5-12 所示。

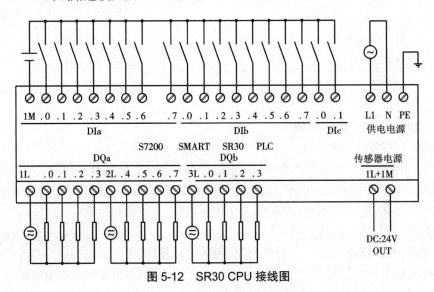

图 5-12　SR30 CPU 接线图

2）ST30 CPU 的线路连接

ST30 CPU 的线路连接如图 5-13 所示。

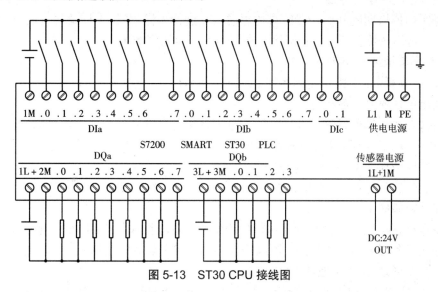

图 5-13　ST30 CPU 接线图

由图 5-12 可见,输出点为继电器时,还需在负载两端并联阻容保护回路或并接压敏电阻。由图 5-13 可见,输出点为晶体管时,还需在负载两端并联反向二极管。起到防浪涌保护作用。

3）EM AM06 的线路连接

EM AM06 是 S7-200 SMART 扩展模拟量组合模块,它由 4 个模拟量输入和 2 个模拟量输出组成。EM AM06 的线路连接如图 5-14 所示。

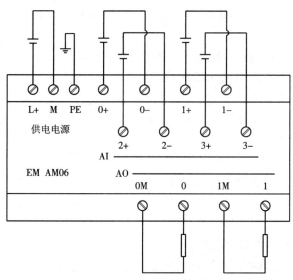

图 5-14　EM AM06 接线图

四、S7-200 SMART PLC 内部存储单元

1. 输入过程映象寄存器 I

在每次扫描周期的开始, CPU 对物理输入点进行采样, 并将采样值写入输入过程映象寄存器中。可以按位、字节、字或双字来存取输入过程映象寄存器中的数据。

位: I[字节地址].[位地址] I0.1

字节、字或双字: I[长度][起始字节地址] IB4、IW4、ID4

2. 输出过程映象寄存器 Q

在每次扫描周期的结尾, CPU 将输出过程映象寄存器中的数值复制到物理输出点上。可以按位、字节、字或双字来存取输出过程映象寄存器中的数据。

位: Q[字节地址].[位地址] Q1.1

字节、字或双字: Q[长度][起始字节地址] QB5、QW5、QD5

3. 变量存储区 V

变量存储器可以用来存储程序执行过程中控制逻辑操作的中间结果, 也可以用它来保存与工序或任务相关的其他数据。可以按位、字节、字或双字来存取变量存储区中的数据。

位: V[字节地址].[位地址] V10.2

字节、字或双字: V[长度][起始字节地址] VB100、VW100、VD100

4. 位存储区 M

位存储区可以作为控制继电器来存储中间操作状态和控制信息。可以按位、字节、字或双字来存取位存储区中的数据。

位: M[字节地址].[位地址] M26.7

字节、字或双字: M[长度][起始字节地址] MB20、MW20、MD20

5. 定时器存储区 T

定时器可用于时间累计, 其分辨率(时基增量)分为 1 ms、10 ms 和 100 ms 三种。定时器有两个变量。

当前值:16 位有符号整数, 存储定时器所累计的时间。

定时器位:按照当前值和预置值的比较结果置位或者复位。

预置值是定时器指令的一部分, 可以用定时器地址(T+ 定时器号)来存取这两种形式的定时器数据。如果使用位操作指令则是存取定时器位;如果使用字操作指令, 则是存取定时器当前值。

6. 计数器存储区 C

计数器可以用于累计其输入端脉冲电平由低到高的次数。CPU 提供了三种类型的计数器:一种只能增计数;一种只能减计数;一种既可以增计数, 又可以减计数。计数器有两种形式。

当前值: 16 位有符号整数, 存储累计值。

计数器位:按照当前值和预置值的比较结果置位或者复位。

预置值是计数器指令的一部分, 可以用计数器地址(C+ 计数器号)来存取这两种形式的计数器数据。如果使用位操作指令则是存取计数器位;如果使用字操作指令, 则是存取计数器当前值。

7. 累加器 AC

累加器是随机存储器,可以用它来存放中间过程。累加器的数据可以被实时刷新,当新的数据写入累加器后,旧的数据将被覆盖。S7-200 SMATR 提供了 4 个 32 位累加器(AC0, AC1, AC2 和 AC3),并且可以按字节、字或双字的形式来存取累加器中的数据。当以字节或字的形式存取累加器中的数据时,使用的是数值的低 8 位或低 16 位。当以双字的形式存取累加器中的数据时,使用全部 32 位。

8. 特殊存储器 SM

特殊存储器为 CPU 与用户程序之间传递信息提供了一种手段,可以用这些位选择和控制一些特殊功能。SM 可以按位、字节、字或双字来存取,常用的特殊标志位见表 5-6。

表 5-6 SM 常用的特殊标志位

SM 地址	功能说明
SM0.0	PLC 工作时常 ON
SM0.1	PLC 工作时第一个扫描周期 ON,之后断开
SM0.3	PLC 初次上电或执行软启动时 ON 一个扫描周期
SM0.4	1 min 的振荡脉冲,ON(接通)30 s,OFF(断开)30 s
SM0.5	1 s 的振荡脉冲,ON(接通)0.5 s,OFF(断开)0.5 s
SM0.6	扫描周期时钟,接通 1 个扫描周期,然后再断开 1 个扫描周期,如此重复
SM1.0	执行某些指令时,如果运算结果为零,该位将接通
SM1.1	执行某些指令时,如果结果溢出或检测到非法数字值,该位将接通
SMB2	该字节包含在自由端口通信过程中从端口 0 或端口 1 接收的各字符

9. 模拟量输入 AI

输入模拟量(物理量、化学量、生物量等效后的标准电压量或电流量)可转换成 1 个字长(16 位)的数值量。用标识符(AI)、数据长度(W)及字节的起始地址来存取这些值。因输入模拟量为 1 个字长,且从偶数位字节(如 0, 2, 4)开始,所以必须用偶数字节地址(如 AIW0,AIW2,AIW4)来采集或存取这些值。

10. 模拟量输出 AQ

输出模拟量(标准电压量或电流量等效后的物理量、化学量、生物量)是由 1 个字长(16 位)的数值量转换而成。用标识符(AQ)、数据长度(W)及字节的起始地址来输出这些值。因输出模拟量为 1 个字长,且从偶数位字节(如 0, 2, 4)开始,所以必须用偶数字节地址(如 AQW0,AQW2,AQW4)来读取或输出这些值。

五、S7-200 SMART PLC 编程

1.STEP 7–Micro/WIN SMART 用户界面

安装并运行 STEP 7-Micro/WIN SMART 软件,运行界面如图 5-15 所示。

由图 5-15 可见,STEP 7-Micro/WIN SMART 软件的运行界面由主菜单、快捷操作栏、指令树、编程区、变量表等区域组成。

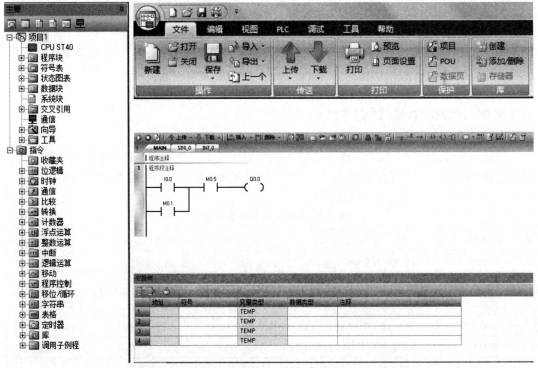

图 5-15　STEP 7-Micro/WIN SMART 软件运行界面

2.STEP 7–Micro/WIN SMART 编程语言

1）语句表（STL）

STL 语言以文本语言的形式显示程序。 STL 允许输入指令助记符来创建控制程序。STL 编辑还允许创建用 LAD 或 FBD 语言无法创建的程序。语句表的表现形式如图 5-16 所示。

```
LD      I0.0
O       Q0.5
AN      M0.5
A       M1.5
=       Q0.5
```

图 5-16　语句表编程

2）梯形图（LAD）

LAD 以图形方式显示程序，与电气原理图类似。LAD 程序仿真由来自电源的电流通过一系列的逻辑输入条件，进而决定是否启用逻辑输出。

LAD 程序包括已通电的左侧电源导轨。闭合触点允许能量通过它们流到下一元件，而断开的触点则阻止能量的流动。LAD 程序可以按逻辑分成不同的程序段，程序根据指示执行，每次执行一个程序段，顺序为从左至右，然后从顶部至底部。梯形图的表现形式如图 5-17 所示。

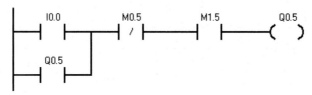

图 5-17　梯形图编程

3）功能图（FBD）

FBD 语言以图形方式显示程序，类似于通用逻辑门图。FBD 中没有 LAD 语言中的触点和线圈，但有相等的指令，以方框指令的形式显示。FBD 使用 "逻辑流" 用于表达流过 FBD 逻辑块的控制流的类似概念。通过 FBD 元件的逻辑 "1" 称为逻辑流。逻辑流输入的起点和逻辑流输出的终点可以直接分配给操作数。功能图的表现形式如图 5-18 所示。

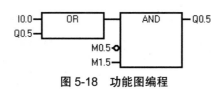

图 5-18　功能图编程

3. STEP 7–Micro/WIN SMART 基本指令

1）位逻辑指令

位逻辑指令包括 "装载与" 指令、"装载或" 指令、"逻辑与" 指令、"逻辑或" 指令、"输出" 指令。

2）微分、置位、复位指令

微分指令包括 "正跳变" 指令（上升沿）、"负跳变" 指令（下降沿）。"微分" 指令仅存在 1 个周期，所以必须与置位和复位指令合用。

3）逻辑块与、逻辑块或

逻辑块是将多个变量图元组合后构成新的逻辑功能。逻辑块之间可进行 "与" 和 "或" 的操作，并遵循先与后或的原则。

4）逻辑堆栈指令

逻辑堆栈指令是梯形图中的分支，当某个逻辑运算结果被多个分支使用时，就可以先把逻辑运算结果放到堆栈存储器中，待其他分支使用时，再从堆栈存储器中读取。

5）"定时器" 指令

定时器是以一定的时基进行计数累计，S7-200 SMRAT 的定时器分为 TON、TONR、TOF 三种，时基包括 1 ms、10 ms、100 ms。定时器号的分配见表 5-7。

表 5-7　定时器号的分配表

定时器类型	时基	最大值	定时器号
TON、TOF	1 ms	32.767 s	T32、T96
	10 ms	327.67 s	T33~T36, T97~T100
	100 ms	3 276.7 s	T37~T63, T101~T255

续表

定时器类型	时基	最大值	定时器号
TONR	1 ms	32.767 s	T0、T64
	10 ms	327.67 s	T1~T4、T65~T68
	100 ms	3276.7 s	T5~T31、T69~T95

6）计数器指令

S7-200 SMART 的计数器分为加计数、减计数、加减计数三种。计数器的输入/输出端功能见表 5-8。

表 5-8　计数器的输入/输出端功能表

输入/输出	数据类型	操作数
C×××	WORD	常数（C0~C255）
CU、CD	BOOL	能流
R	BOOL	能流
LD	BOOL	能流
PV	INT	IW、QW、VW、MW、SMW、SW、LW、T、C、AC、AIW、*VD、*LD、*AC、常数

7）比较指令

比较指令可以对两个数据类型相同的数值进行比较，可以比较字节、整数、双整数和实数。比较指令可装载 1，将 1 与逻辑堆栈顶中的值进行"与"运算或者"或"运算。比较指令包含六种运算方式，即 ==、<>、>、<、>=、<=。需要进行比较的数据类型可为 B（无符号字节）、W（有符号字整数）、D（有符号双字整数）、R（有符号实数）。

8）转换指令

转换指令可以将输入值 IN 转换为分配的格式，并将输出值存储在由 OUT 分配的存储单元中。如可以将双整数值转换为实数，也可以在整数与 BCD 格式之间进行转换。

（1）整数转换成 BCD 码。整数转换成 BCD 码是将输入的整数（WORD 数据类型值）IN 转换为二进制编码的十进制数（BCD 码），并将结果加载至分配给 OUT 的地址中。IN 的有效范围为 0 到 9999 的整数。

（2）BCD 码转换成整数。BCD 码转换成整数是将输入的二进制编码的十进制数（BCD 码，WORD 数据类型值）IN 转换为整数，并将结果加载至分配给 OUT 的地址中。IN 的有效范围为 0 到 9999 的 BCD 码。

9）传送指令

（1）字节、字、双字和实数传送。字节、字、双字和实数传送是将数据值从源（常数或存储单元）IN 传送到新存储单元 OUT，而不会更改源存储单元中存储的值。

（2）块传送。块传送包括字节块传送、字块传送、双字块传送，指令将已分配数据值块从源存储单元（起始地址 IN 和连续地址）传送到新存储单元（起始地址 OUT 和连续地址）。参数 N 分配要传送的字节、字或双字数。存储在源单元的数据值块不变。N 取值范围是 1 到 255。

教学单元 2　HW–BA5200 系列直接数字控制器

HW-BA5200 系列直接数字控制器是海湾集团开发的用于现场集散控制的自动化控制单元。它具有多种功能结构的控制单元,可直接用来控制中央空调、新风机、给排水等机电设备的监控。通过软件和硬件的集成,可使其成为建筑智能化监控系统的理想控制器。

一、直接数字控制器的基本概述

现代自动控制技术的发展已经有 50 多年,楼宇自动控制在中国也已经发展了近 20 年,这方面的许多概念和技术已经非常成熟,无论对于专业人员还是对于具有一般技术背景的人员来说,都已经熟悉。然而不同厂家的产品,在设计理念和技术路线上多少有所不同,了解这方面的信息,对用户和工程设计人员更好地使用产品会有一些帮助。通常楼宇自控系统由三大部分组成,即现场控制器、现场末端设备、上位机管理系统。

1. DDC 的概念

直接数字控制器(Direct Digital Controller,DDC)是一种具有控制功能和运算功能的嵌入式计算机装置。它可以实现对被控设备特征参数与过程参数的测量,并可独立完成就地控制。DDC 控制器通常分为可扩展式一体机和模块分布式两种结构, DDC 控制器的结构组成如图 5-19 所示。

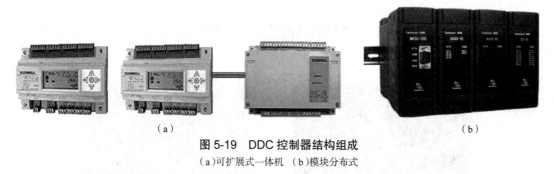

（a）　　　　　　　　　　　　　　　　　　　　　　（b）

图 5-19　DDC 控制器结构组成
（a）可扩展式一体机　（b）模块分布式

目前,在世界范围内 DDC 产品拥有很多,但常用的 DDC 产品主要有美国霍尼韦尔和江森、德国西门子、中国海湾威尔等。其 DDC 产品如图 5-20、图 5-21、图 5-22、图 5-23 所示。

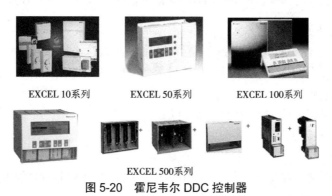

EXCEL 10系列　　　EXCEL 50系列　　　EXCEL 100系列

EXCEL 500系列

图 5-20　霍尼韦尔 DDC 控制器

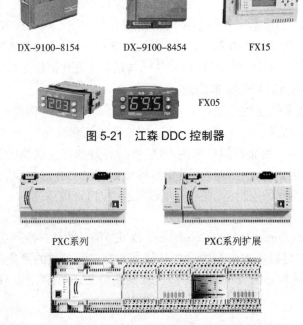

DX-9100-8154　　　　DX-9100-8454　　　　　FX15

FX05

图 5-21　江森 DDC 控制器

PXC系列　　　　　　　　PXC系列扩展

PXC系列组合

图 5-22　西门子 DDC 控制器

图 5-23　HW-BA5208 及 HW-BA5210 模块(海湾威尔 DDC 控制器)

2. DDC 的工作原理

DDC 通常用于计算机集散控制系统,它利用输入端口连接来自现场的手动控制信号、传感器(变送器)信号以及其他连锁控制信号等。CPU 接收输入信息后,按照预定的程序进行 PID 运算和控制输出,通过它的输出端口实现对外部阀门控制器、风门执行器、电机等设备的驱动控制。DDC 的系统组成如图 5-24 所示。

3. DDC 的 I/O 接口

1)输入接口

输入接口是把现场各种开关信号、模拟信号变成 DDC 内部处理的标准信号。其中,DI 为数字量输入信号,AI 为模拟量输入信号。

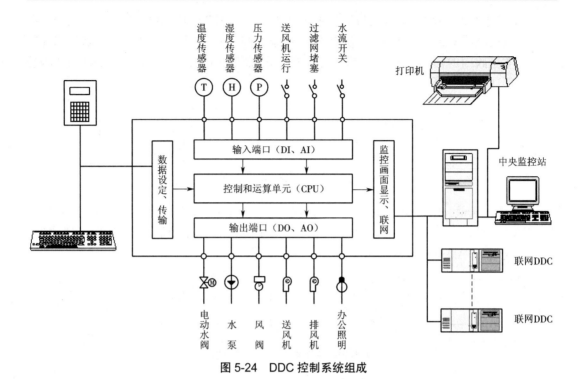

图 5-24　DDC 控制系统组成

（1）DI 通道。DI 接口一般与开关信号连接，如开关量传感器的输出、主令电气触点、其他电气连锁触点等。这些信号经过转换后变成 DDC 的标准信号，DDC 可以直接判断 DI 通道上开关信号的状态，并将其转化为数字信号（"1"或"0"）。DI 通道测控端口类型如图 5-25 所示。

图 5-25　DI 通道测控端口类型

（2）AI 通道。AI 接口一般与模拟信号相连，如温度、压力、流量、液位等，它们经过传感器转换后变成标准的工业仪表电信号，如 0~5 V 电压、0~10 V 电压或 4~20 mA 电流等。经过 DDC 内部的 A/D 转换后变成数字量。AI 通道测控端口类型如图 5-26 所示。

图 5-26　AI 通道测控端口类型

2）输出端口

输出接口是把 DDC 运算、控制、分析处理后的结果输出为各种开关信号、模拟信号，以驱动现场的阀门、驱动器、执行器、低压电器元件等动作。其中，DO 为数字量输出信号，AO 为模拟量输出信号。

（1）DO 通道。DDC 可直接将数字量输出状态（"1"或"0"）输出给 DO 通道,用来驱动继电器或接触器的线圈、电磁阀门的线圈、NPN 或 PNP 三极管、可控硅等。它们被用来控制诸如开关型阀门的开启和闭合,电机的启动和停止,照明灯的开启和关闭等。DO 通道测控端口类型如图 5-27 所示。

图 5-27　DO 通道测控端口类型

（2）AO 通道。DDC 可以将数字量的当前值经过 D/A 转换后输出给 AO 通道,转换后的信号变成标准的工业仪表电信号。模拟量输出信号一般用来控制比例、伺服装置（如风阀或水阀）等。AO 通道测控端口类型如图 5-28 所示。

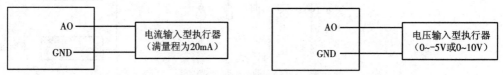

图 5-28　AO 通道测控端口类型

二、HW-BA5200 系列产品基本概述

1.HW-BA5200 系列 DDC 的硬件组成

HW-BA5000 系列楼宇自动化控制模块是海湾集团基于 LonWorks 现场总线技术研制生产的楼宇自动化控制产品,目前已经发展到第三代 52 系列。新模块采用 Echelon 公司最新推出 NodeBuilder.3.1 及 LonMaker3.1 开发平台,采用符合 LonMark 标准的设计,在产品开放性、易用性、灵活性以及功能和结构设计的合理性方面达到了新的高度。

HW-BA5000 系列产品,包含多种基于神经元芯片的 DDC 控制模块和由十几种基本软件功能模块（Function Block）组合而成的配套软件构成。由于设计上实现了软、硬件分离,每种硬件模块可以根据工程需要配置不同种类和数量的软件模块,使得设计人员可以真正按照模块的 I/O 口种类和数量进行设备选型和系统配置,而不必关心其软件实现细节,大大提高了模块的通用性和 I/O 口的利用率,能够显著降低设计复杂性和工程造价。HW-BA5000 系列主要软件和设备产品见表 5-9。

表 5-9　HW-BA5000 系列主要软件和设备产品

名称	型号	说明
应用软件	iiBS3.0	管理软件系统,可用于楼宇自动化系统控制或系统集成
应用软件	LonMaker.3.1	LON 网组态管理工具,用于构建 LON 网络
LON 网卡	PCLTA-20	PCI 接口的 LON 网卡,用于台式 PC 与 LON 网络相连
LON 网卡	PCC-10	PCMCIA 接口的 LON 网卡,用于笔记本电脑和 LON 网络相连
DDC 控制器	HW-BA5201	11UI/2UO/4DO/2AO,通用控制器,适用于空调机、新风机的控制
DDC 控制器	HW-BA5202	11UI/7DO,适用配电系统、水泵系统等监测模拟量、控制启停

名称	型号	说明
DDC 控制器	HW-BA5203	17DI,适用大量开关量输入信号的采集
DDC 控制器	HW-BA5204	9DI/8DO,适用于照明、变配电、给排水等系统大量开关量输入／输出控制
DDC 控制器	HW-BA5205	11UI/7DI,5203 的增强型,适用于大量模拟量和开关量数据的采集
DDC 控制器	HW-BA5206-11	11UI,小点数的通用输入模块
DDC 控制器	HW-BA5206-6	6UI,小点数的通用输入模块
DDC 控制器	HW-BA5206-3	3UI,小点数的通用输入模块
DDC 控制器	HW-BA5207-8	8DO,小点数的输出模块
DDC 控制器	HW-BA5207-4	4DO,小点数的输出模块
DDC 控制器	HW-BA5207-2	2DO,小点数的输出模块
DDC 控制器	HW-BA5208	5DI/5DO,小点数的输入／输出模块
DDC 控制器	HW-BA5209-4	4UO,小点数的通用输出模块
DDC 控制器	HW-BA5209-2	2UO,小点数的通用输出模块
DDC 控制器	HW-BA5210	时钟和逻辑运算模块
路由器	HW-BA5220	用于扩展网络规模
232/485 网关	HW-BA5221	用于连接 RS232 或 RS485 接口的设备,如冷冻机
热电阻变送器	HW-BA5222	用于连接各种热电阻型温度传感器

2. HW-BA5200 系列 DDC 的软件系统

LonMaker 集成工具(版本 3.1)是 Echelon 公司提供的一个软件包,可以用于设计、安装、操作和维护多厂商的、开放的、可互操作的 LonWorks 网络。它以 Echelon 公司的 LNS 网络操作系统为基础,把强大的客户 – 服务器体系结构和很容易使用的 Microsoft Visio 用户接口综合起来。这使得 LonMaker 成为一个完善的,并足以用于设计和启动一个分布式的控制网络的工具。

LonMaker 工具为 LonMark 节点,i.LON Internet 服务器和其他 LonWorks 节点提供了全面的支持。这个工具充分利用了 LonMark 节点的优越性,例如标准功能属性、配置属性、资源文档、网络变量别名、动态网络变量和可修改的类型等。LonMark 功能模式在 LonMaker 图形中以图形功能块的形式显示,可以很方便地目视和编制控制系统的逻辑文档。此外,它还向用户提供用于设计控制系统的、大家较为熟悉的、类似于 CAD 的环境。

Visio 灵巧的图形绘图功能为创建节点提供了直接的、简单的方法。LonMaker 工具包括许多 LonWorks 网络用的灵巧的图形,并且用户可以创建新的自定义图形。自定义图形可以像单个节点、功能块和连接线一样简单,也可以像带有嵌套子系统和预定义节点、功能块以及它们之间的连接的完整的系统一样复杂。当设计一个复杂的系统时,使用自定义子系统图形可以节省时间的特性,只要通过简单地从模板(Stencil)中拖动一个自定义子系统图形到绘图区,额外的子系统就能被创建。LonMaker3.1 网络管理软件编程界面如图 5-29 所示。

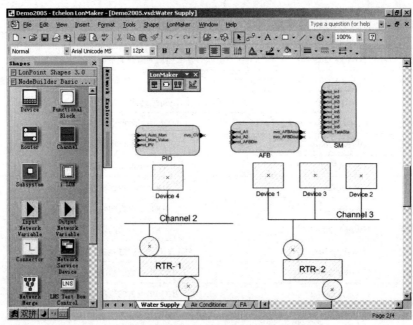

图 5-29　LonMaker3.1 网络管理软件编程界面

三、.HW-BA5200 系列产品介绍

1.HW-BA5200 系列控制器

1)基本概述

HW-BA5200 系列控制器是常用于智能楼宇控制系统的现场控制器,它采用 LONWORKS 现场总线技术与外界进行通信,具有网络布线简单、易于维护等特点。它可完成对楼控系统及各种工业现场标准开关量信号与模拟量信号的采集,并实现对各种开关量设备及模拟量设备的控制。

HW-BA5200 系列控制器的硬件部分主要由电源整流、电源变换、神经元模块、通信接口、I/O 接口、按键、指示灯、A/D 转换、D/A 转换、跳接端子等 10 个部分组成。工作电源采用直流 24 V 或交流 17 V 供电,各个控制器经 LONWORKS 现场总线连接后组网,并在软件网络平台上实施程序共享。

2)工作原理

HW-BA5200 系列控制器可接收用户下载的用户程序,当控制器接收到 DI 或 AI 信号后,其对应的指示灯亮,程序运行时,对应的输出 DO 或 AO 指示灯亮(也可通过手/自动转换开关对其强制输出)。控制器正常供电后,电源指示灯呈绿色点亮状态,控制器通信测试或正常在线监控运行时(编程计算机与模块处于连接状态),维护灯呈黄色并闪烁,当控制器出现系统故障或编程中出现非法操作时,其维护灯呈红色报警状态。维护键可用于通信测试及程序的上传下载。复位键可用来进行故障修复后的复位。HW-BA5210 控制器虽没有 I/O 接口,但其在软件中可为其他模块提供内部时钟及时间运行程序。

3)结构图及技术参数

(1)HW-BA5201 控制器。

HW-BA5201 控制器如图 5-30 所示。

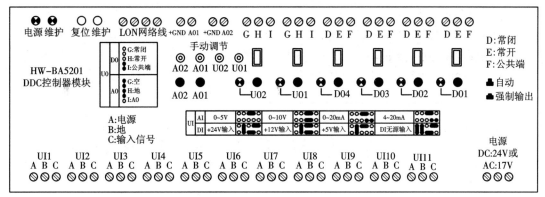

图 5-30　HW-BA5201 控制器

HW-BA5201 控制器技术参数如下所示。

①工作电源:采用 24 V 直流或 17 V 交流供电。

② I/O 数量: 11 个 UI(可作 DI、AI 输入用)、2 个 UO(可作 DO、AO 输出用)、2 个 AO、4 个 DO。

③输入信号类型: AI: 0~5 VDC、0~10 VDC、0~24 VDC、4~20 mADC。10 位 A/D 转换,DI:5 VDC、12 VDC、24 VDC 有源信号。无源常开触点信号。

④输出信号类型: AO,0~10 VDC,具有手动 / 自动输出转换开关,10 位 D/A 转换; DO,触点容量 250 VAC、5 A,具有手动 / 自动输出转换开关,输出为常开或常闭可选。

⑤通信协议:LONWORKS 总线。

(2)HW-BA5202 控制器。

HW-BA5202 控制器如图 5-31 所示。

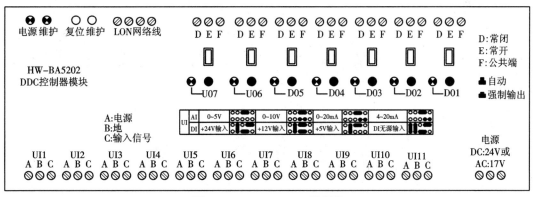

图 5-31　HW-BA5202 控制器

HW-BA5202 控制器技术参数如下所示。

①工作电源:采用 24 V 直流或 17 V 交流供电。

② I/O 数量:11 个 UI(可作 DI、AI 输入用)、7 个 DO。

③输入信号类型: AI, 0~5 VDC、0~10 VDC、0~24 VDC、4~20 mADC, 10 位 A/D 转换;DI,5 VDC、12 VDC、24 VDC 有源信号,无源常开触点信号。

④输出信号类型: DO,触点容量 250 VAC、5 A,具有手动 / 自动输出转换开关,输出为

常开或常闭可选。

⑤通信协议:LONWORKS 总线。

（3）HW-BA5203 控制器。

HW-BA5203 控制器如图 5-32 所示。

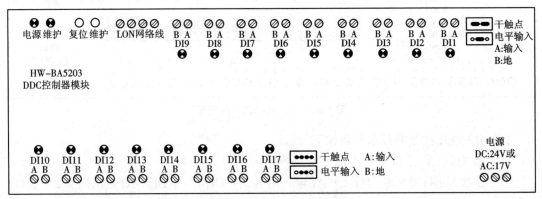

图 5-32　HW-BA5203 控制器

HW-BA5203 控制器技术参数如下所示。

①工作电源:采用 24 V 直流或 17 V 交流供电。

②I/O 数量:17 个 DI。

③输入信号类型:DI,5 VDC、12 VDC、24 VDC 有源信号,无源常开触点信号。

④通信协议:LONWORKS 总线。

（4）HW-BA5204 控制器。

HW-BA5204 控制器如图 5-33 所示。

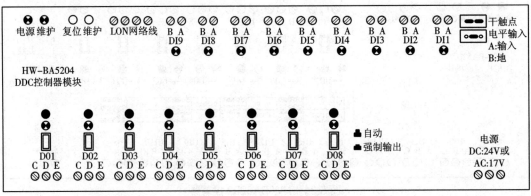

图 5-33　HW-BA5204 控制器

HW-BA5204 控制器技术参数如下所示。

①工作电源:采用 24 V 直流或 17 V 交流供电。

②I/O 数量:9 个 DI、8 个 DO。

③输入信号类型:DI,5 VDC、12 VDC、24 VDC 有源信号,无源常开触点信号。

④输出信号类型: DO,触点容量 250 VAC、5 A,具有手动 / 自动输出转换开关,输出为

常开或常闭可选。

⑤通信协议：LONWORKS 总线。

（5）HW-BA5205 控制器。

HW-BA5205 控制器如图 5-34 所示。

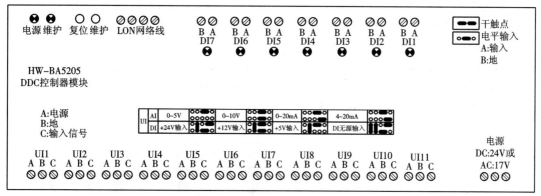

图 5-34　HW-BA5205 控制器

HW-BA5205 控制器技术参数如下所示。

①工作电源：采用 24 V 直流或 17 V 交流供电。

②I/O 数量：11 个 UI（可作 DI、AI 输入用）、7 个 DI。

③输入信号类型：AI，0~5 VDC、0~10 VDC、0~24 VDC、4~20 mADC，10 位 A/D 转换；DI，5 VDC、12 VDC、24 VDC 有源信号，无源常开触点信号。

④通信协议：LONWORKS 总线。

（6）HW-BA5206-11 控制器。

HW-BA5206-11 控制器如图 5-35 所示。

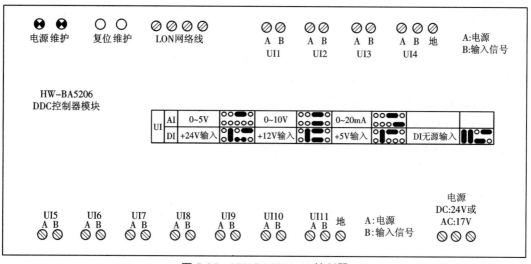

图 5-35　HW-BA5206-11 控制器

HW-BA5206-11 控制器技术参数如下所示。

①工作电源:采用 24 V 直流或 17 V 交流供电。

② I/O 数量:11 个 UI(可作 DI、AI 输入用)。

③输入信号类型: AI,0~5 VDC、0~10 VDC、0~24 VDC、4~20 mADC,10 位 A/D 转换;DI,5 VDC、12 VDC、24 VDC 有源信号,无源常开触点信号;

④通信协议:LONWORKS 总线。

(7)HW-BA5207-8 控制器。

HW-BA5207-8 控制器如图 5-36 所示。

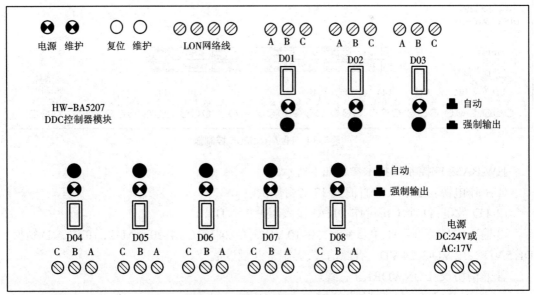

图 5-36 HW-BA5207-8 控制器

HW-BA5207-8 控制器技术参数如下所示。

①工作电源:采用 24 V 直流或 17 V 交流供电。

② I/O 数量:8 个 DO。

③输出信号类型: DO,触点容量 250 VAC、5 A,具有手动 / 自动输出转换开关,输出为常开或常闭可选。

④通信协议:LONWORKS 总线。

(8)HW-BA5208 控制器。

HW-BA5208 控制器如图 5-37 所示。

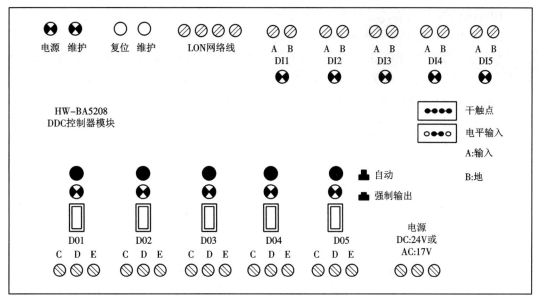

图 5-37　HW-BA5208 控制器

HW-BA5208 控制器技术参数如下所示。

①工作电源：采用 24 V 直流或 17 V 交流供电。

② I/O 数量：5 个 DI、5 个 DO。

③输入信号类型：DI，5V DC、12 VDC、24 VDC 有源信号，无源常开触点信号。

④输出信号类型：DO，触点容量 250 VAC、5 A，具有手动 / 自动输出转换开关，输出为常开或常闭可选。

⑤通信协议：LONWORKS 总线。

（9）HW-BA5209 控制器。

HW-BA5209 控制器如图 5-38 所示。

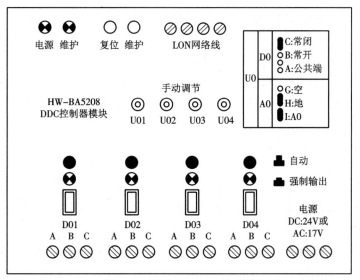

图 5-38　HW-BA5209 控制器

HW-BA5209 控制器技术参数如下所示。

①工作电源：采用 24 V 直流或 17 V 交流供电。

②输出信号类型：AO，0~10 VDC，具有手 / 自动输出转换开关，10 位 D/A 转换；DO，触点容量 250 VAC、5 A，具有手动 / 自动输出转换开关，输出为常开或常闭可选。

③通信协议：LONWORKS 总线。

（10）HW-BA5210 控制器。

HW-BA5210 控制器如图 5-39 所示。

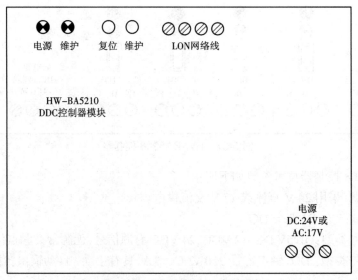

图 5-39　HW-BA5210 控制器

①工作电源：采用 24 V 直流或 17 V 交流供电。

②通信协议：LONWORKS 总线。

四、其他 DDC 产品介绍

1. DED-BA-E7800 系列控制模块

1）基本概述

DED-BA-E7800 系列控制模块是 HW-BA5200 系列产品的升级换代产品，由重庆得易安科技发展有限公司最新研制出品，是智能楼宇控制系统现场控制器的系列模块。它采用 LAN 网络总线技术和 TCP/IP 协议与外界进行通信，具有网络布线简单、易于维护等特点。它可完成对楼控系统及各种工业现场标准开关量信号与模拟量信号的采集，并且对各种模拟量以及开关量设备进行控制。

2）系统特点

（1）专业性。专为智能建筑设备管理量身定制，现场分布智能，点对点控制。

（2）模块化。系统内嵌空调、冷热源、送排风、热交换、给排水、变配电、照明等建筑设备监控系统工程模板。

（3）实用性。所有的系统和技术都经工程检验，全中文图形配置，操作简单方便，便于业主使用。

（4）友善性。提供灵活、方便的页面组态，支持真实三维立体组态显示，具有丰富的图形表现能力和动画效果。

（5）兼容性。系统提供 M-BUS、RS485、RS232 等硬件接口及 OPC 等软件接口，支持 LonWorks、BACnet/IP、Modbus、TCP/IP 等标准通信协议，可以完成不同厂商产品联网对接及第三方应用系统集成，确保系统的可扩展性和兼容性。

（6）先进性。系统完全基于互联网平台，可选择本地版或网络版（B/S 架构）软件，可实现总线型和网络型两种结构自由组合，客户端标准的 IE 浏览器，可提供手机 APP 远程操作。

（7）经济性。根据国内智能化系统特性对控制器进行标准化，减少端口浪费和管线布置，性价比高。

（8）安全性。系统具有灵活的用户权限管理及监控页面分组管理，完善的安全保障机制，提供多级分组分权限管理，防止非法访问和恶意破坏。

3）产品特点

（1）具有 12 路通用输入端口，可采集多种类型的模拟量信号和干触点的开关量信号，并对其进行不同方式的处理。

（2）具有 6 路开关量输出端口，可输出多种形式的开关量控制信号。

（3）具有 4 路模拟量输出端口，可对各种模拟量控制设备进行控制。

（4）输出端口都具有强制输出功能，方便调试。

（5）输入 / 输出口有防反接及过压保护，并与 CPU 电路光电隔离，具有较高的可靠性。

（6）控制器可以现场下载多种通用或专用软件程序（程序库会根据工程需求而扩充），从而完成不同的监控功能。

（7）控制器采用 TCP/IP 协议可以很方便地与任何网络主机连接，实现控制。

4）技术特性

（1）工作电压：DC24V。

（2）工作电流：250 mA。

（3）通信协议：TCP/IP；通信介质：网线。

（4）使用环境：温度为 -10~+55 ℃；相对湿度为 10%~95%，不凝露。

（5）储存环境：温度为 -10~+40 ℃；相对湿度为小于 90%，不凝露。

（6）外形尺寸：260 mm × 127 mm × 32 mm。

5）产品选型

DED-BA-E7800 系列控制模块有着多种不同功能的控制模块可供用户选择，具体产品选型见表 5-10。

表 5-10　DED-BA-E7800 系列控制模块产品选型

产品型号	产品名称	I/O 接口
DED-BA-E7801-1	通用控制模块	12UI/8DI/8DO/6AO
DED-BA-E7801-2	通用控制模块	11UI/1DI/6DO/4AO
DED-BA-E7801-3	通用控制模块	16UI/8DI/8DO/6AO

产品型号	产品名称	I/O 接口
DED-BA-E7801-4	通用控制模块	20UI/8DI/8DO/6AO
DED-BA-E7801-5	通用控制模块	12UI/8DI/8DO
DED-BA-E7801-6	通用控制模块	11UI/1DI/6DO
DED-BA-E7801-7	通用控制模块	12UI/8DI/8DO/8AO
DED-BA-E7801-8	通用控制模块	16UI/8DI/8DO/8AO
DED-BA-E7801-9	通用控制模块	20UI/8DI/8DO/8AO
DED-BA-E7801-10	通用控制模块	11UI/3DI/6DO/4AO
DED-BA-E7801-11	通用控制模块	11UI/5DI/6DO/4AO
DED-BA-E7801-12	通用控制模块	11UI/1DI/8DO/4AO
DED-BA-E7801-13	通用控制模块	11UI/3DI/8DO/4AO
DED-BA-E7801-14	通用控制模块	11UI/5DI/8DO/4AO
DED-BA-E7801-15	通用控制模块	16UI/8DI/8DO
DED-BA-E7801-16	通用控制模块	20UI/8DI/8DO
DED-BA-E7801-17	通用控制模块	12UI/8DI/10DO
DED-BA-E7801-18	通用控制模块	16UI/8DI/10DO
DED-BA-E7801-19	通用控制模块	20UI/8DI/10DO
DED-BA-E7801-20	通用控制模块	11UI/3DI/6DO
DED-BA-E7801-21	通用控制模块	11UI/5DI/6DO
DED-BA-E7801-22	通用控制模块	11UI/1DI/8DO
DED-BA-E7801-23	通用控制模块	11UI/3DI/8DO
DED-BA-E7801-24	通用控制模块	11UI/5DI/8DO
DED-BA-E7801-25	通用控制模块	12UI/8DI/10DO/6AO
DED-BA-E7802-1	通用控制模块	16DI/8DO
DED-BA-E7802-2	通用控制模块	20DI/8DO
DED-BA-E7802-3	通用控制模块	24DI/8DO
DED-BA-E7802-4	通用控制模块	20DI/10DO
DED-BA-E7802-5	通用控制模块	24DI/12DO
DED-BA-E7802-6	通用控制模块	16DI/10DO

2. KXM-22P DDC 控制器

1）基本概述

KXM-22P 系列 DDC 控制器采用了灵活的点数搭配方式，基础点数为 22 点（8UI/4DI/4DO/6AO），具备 BACnetMSTP 和 ModbusRTU 两大开放性通信协议，广泛应用于各种控制系统，可以满足对多种设备进行监控。KXM-22P 系列 DDC 控制器外形结构如图 5-40 所示。

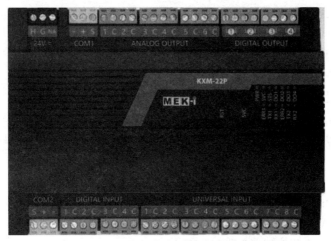

图 5-40　KXM-22P 系列 DDC 控制器外形结构

KXM-22P 系列 DDC 控制器的最大特点是用户可通过选配不通点数的 I/O 扩展模块,搭配出既符合需求又能有效提高竞争力的方案。除此以外,KXM-22P 可通过选配扩展模块 KXM-IP 升级为更高级带 Wi-Fi 和以太网功能的 IP 控制器,支持网页功能配置,使 KXM-22P 变成支持 BACnet IP/Modbus IP/Sedona 协议的功能性超强控制器。

2）主要功能

（1）采用 ARM Cortex 32 位处理器,I/O 点数可灵活搭配。

（2）完全采用电子可编程技术,且能够进行独立控制。

（3）具有暖通比例、积分、微分（PID）运算功能和能源设备管理功能。

（4）具有登录密码保护和事件报警处理功能。

（5）各功能模块灵活,升级搭配容易。

（6）具有内嵌实时时钟,开机表控制程序。

（7）具有数字和逻辑运算功能和 2 路 RS-485 通信接口。

3）主要特点

（1）标准开放协议。具备楼控的两大通信协议 BACnetMSTP 和 ModbusRTU,非常符合现场监控的要求及上层软件的通信要求。

（2）高精度模拟转换通道。12 位模拟转换器（ADC）和增益放大器（PGA）提高分辨率,高精度的模拟量输入点读数,12 位数字模拟转换器（DAC）提供更精确的模拟量输出。

（3）在线固件升级 / 配置。控制器可通过 RS-485 总线连接升级和配置。

（4）高稳定操作系统。通过软件 / 硬件监视器（看门狗）,提高操作系统的可靠性和稳定性。

（5）能源与设备管理功能。专为能源与设备管理而订制的功能模块。

（6）接插式可扩展功能。KXM-22P 可通过右侧插槽与不同功能的扩展模块进行功能性或 I/O 点扩展。目前可搭配的扩展模块有 KXM-0080、KXM-6002、KXM-IP。

4）技术参数

（1）额定电压:AC24 V ± 5 V 或 DC24 V+20%/-15%。

（2）额定电流:250 mA 在 AC24 V/DC24 V。

（3）工作温度:0~55 ℃。

（4）电池:松下 CR1220 锂电池。

（5）输入类型:U(0~5 V,0~10 V,0~20 mA,4~20 mA)/DI(无源触点)。

（6）输出类型:AO(0~10 V,0~20 mA,4~20 mA)/DO(无源触点)。

（7）扩展连接:KXM-0080,KXM-6002,KXM-IP 模块。

（8）RS-485;波特率 9.6 kbit/s,19.2 kbit/s,38.4 kbit/s,76.8 kbit/s,115.2 kbit/s;字长 8 位。

3. KXM-0080 DDC 控制器

1）基本概述

KXM-0080 DDC 控制器具有 8 路开关量并带物理光电隔离输入功能,支持标准的 BACnet MSTP 和 Modbus RTU 两大开放性通信协议,采集现场各种开关量的信号接入到系统中。KXM- 0080 DDC 控制器外形结构如图 5-41 所示。

2）主要功能

（1）可与 KXM-22P DDC 组合。

（2）具有独立的通信接口。

3）主要特点

标准开放协议。具备楼控的两大通信协议 BACnetMSTP 和 ModbusRTU,非常符合现场监控的要求及上层软件的通信要求。

图 5-41 KXM-0080 DDC 控制器外形结构

4）技术参数

（1）额定电压:AC24 V ± 5V 或 DC24V+20%/−15%。

（2）额定电流:250 mA 在 AC24 V/DC24 V。

（3）工作温度:0~55 ℃。

（4）输入类型：DI（无源触点）。

4. KXM-6002 DDC 控制器

1）基本概述

KXM-6002 DDC 控制器具有 6 路模拟量（开关量）输入和 2 路开关量输出,支持标准的 BACnet MSTP 和 Modbus RTU 两大开放性通信协议,采集现场各种开关量和模拟量的信号接入到系统中,并利用 2 路开关量输出扩展外部驱动设备。KXM- 6002 DDC 控制器外形结构如图 5-42 所示。

2）主要功能

（1）可与 KXM-22P DDC 组合。

（2）具有独立的通信接口。

（3）12 位 A/D 转换,具有高精度的分辨率。

3）主要特点

标准开放协议。具备楼控的两大通信协议 BACnetMSTP 和 ModbusRTU,非常符合现场监控的要求及上层软件的通信要求。

4）技术参数

（1）额定电压：AC24 V ± 5V 或 DC24 V+20%/−15%。

（2）额定电流：250 mA 在 AC24 V/DC24 V。

（3）输入类型：U(0~5 V, 0~10 V, 0~20 mA, 4~20 mA)/DI(无源触点)。

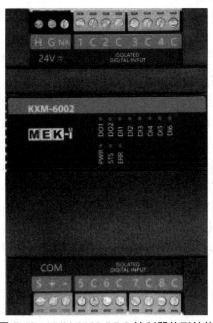

图 5-42　KXM-6002 DDC 控制器外形结构

（4）输出类型：DO（无源触点）。

（5）工作温度：0~55 ℃。

（6）输入类型：DI（无源触点）。

模块小结

现场控制器是建筑智能化系统控制的核心,它主要用来实施对现场机电设备的监控和管理。现场控制器包括可编程控制器、直接数字控制器、智能模块、智能板卡等。

可编程控制器是以微处理器为基础,综合了计算机技术、半导体技术、自动控制技术、数字技术和网络通信技术发展起来的一种通用工业自动控制装置。国际电工委员会(IEC)对可编程控制器的定义是可编程控制器是一种数字运算操作的电子系统,专为在工业环境下应用而设计。

S7-200 SMART 可编程控制器是西门子 S7-200 的升级产品。它采用一体化结构设计,内置固定分配组合的 I/O 点和扩展模块。中央处理器是 PLC 的控制中枢,运行时首先以扫描的方式接收现场各输入装置的状态和数据,经过用户程序的解析将结果输出给外部驱动设备。

PLC 的工作模式包括运行模式(RUN)、停止模式(STOP)、报错模式(ERROR)。只有PLC 处于工作模式,系统才可通过循环执行用户程序来实现控制功能。而停机模式或报错模式,PLC 只对系统进行诊断处理,而不扫描用户程序。

S7-200 SMART PLC 采用语句表、梯形图、功能图等多种编程语言,具有基本指令和特殊指令。作为现场控制器的 PLC,通过开关量和模拟量完成对现场机电设备的监控,再由上位监控计算机实施在线远程监控。

直接数字控制器(DDC)可直接用来对中央空调、新风机、给排水等机电设备实施监控。通过软件和硬件的集成,使其成为建筑智能化监控系统的理想控制器。

DDC 是一种具有控制功能和运算功能的嵌入式计算机装置。它可以实现对被控设备特征参数与过程参数的测量,并可独立完成就地控制。目前,在世界范围内 DDC 产品很多,但常用的 DDC 产品主要有美国霍尼韦尔和江森、德国西门子、中国海湾等。

HW-BA5000 系列楼宇自动化控制模块是海湾集团基于 LonWorks 现场总线技术研制生产的楼宇自动化控制产品,它在产品开放性、易用性、灵活性以及功能和结构设计的合理性方面达到了新的高度。LonMaker 集成工具是 Echelon 公司提供的一个软件包,它可以用于设计、安装、操作和维护多厂商的、开放的、可互操作的 LonWorks 网络。

DED-BA-E7800 系列控制模块是 HW-BA5200 系列产品的升级换代产品,它采用 LAN网络总线技术和 TCP/IP 协议与外界进行通信,具有网络布线简单、易于维护等特点。它可完成对楼控系统及各种工业现场标准开关量信号与模拟量信号的采集,并且对各种模拟量以及开关量设备进行控制。

KXM-22P 系列 DDC 控制器采用灵活的点数搭配方式,具备 BACnetMSTP 和 Modbus-RTU 两大开放性通信协议,广泛应用于各种控制系统,可以满足对多种设备进行监控。利用该控制器和现场仿真终端及仿真软件,可实现虚实结合的效果,对实训教学和技能训练起到很好的支撑作用。

复习思考题

1.什么是可编程控制器? 它的主要功能和特点是什么?

2.PLC 的工作原理有哪些？它可对哪些控制设备进行监控？

3.PLC 采用何种编程语言？常用的基本指令有哪些？

4. 什么是直接数字控制器？它的典型应用有哪些？

5.DDC 通常采用何种编程语言？它与组态软件如何进行通信？

6. 常用的 DDC 产品有哪些？它们各自的优势有哪些？

模块六　智能控制单元

智能控制单元通常以嵌入式系统为控制核心,具有独立的数字控制系统,在自动控制中常用来进行检测、驱动、控制、人机界面操作等。本单元主要介绍单片机、LOGO 控制器、变频器、触摸屏等知识。

教学单元1　单片机

单片机广泛应用于工业测控系统,目前拥有很大的市场占有率。它主要以 51 系列为主,是所有兼容 Intel 8031 指令系统单片机的统称。随着 Flash Rom 技术的发展,8004 单片机取得了长足的发展,成为应用最广泛的 8 位单片机之一,其代表型号是 ATMEL 公司的 AT89 系列。

一、单片机的认识

1. 什么是单片机

单片机的全称是单片微型计算机(Single Chip Microcomputer),从名字可以看出,单片机和微型计算机(俗称微机或电脑)有着千丝万缕的联系,下面来看单片机和微机的异同点。对微机而言,在硬件组成上,它包括主机和输入 / 输出设备,主机包含 CPU 和存储系统等,输入 / 输出设备包括鼠标、键盘、音响、显示器等。微机的硬件组成如图 6-1 所示,而单片机的硬件组成如图 6-2 所示。

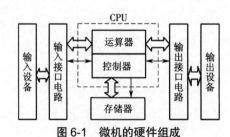

图 6-1　微机的硬件组成

图 6-2　单片机的硬件组成

由图 6-2 可见,把微机中的输入接口电路、CPU、存储器、输出接口电路集成在一块芯片上,就构成了单片微型计算机,简称单片机。

2. 单片机的封装及标号信息

1）单片机的封装

（1）双列直插式封装（Dual In-line Package，DIP）。双列直插式封装引脚数一般不超过100，是绝大多数中小规模集成电路采用的封装形式。双列直插式如图6-3所示。

图6-3　双列直插式

（2）带引线的塑料芯片封装（Plastic Leaded Chip Carrier，PLCC）。带引线的塑料芯片封装是表面贴装型封装之一，引脚从封装的四个侧面引出，呈丁字形，是塑料制品。PLCC封装的外形呈正方形，四周都有管脚，外形尺寸比DIP封装小得多。PLCC封装适合用SMT表面安装技术在PCB上安装布线，具有外形尺寸小、可靠性高的优点。现在大部分主板的BIOS都是采用这种封装形式。带引线的塑料芯片封装外形结构如图6-4所示。

图6-4　带引线的塑料芯片封装

（3）塑料方块平面封装（Plastic Quad Flat Package，PQFP）。PQFP封装芯片的四周均有引脚，其引脚总数一般都在100以上，而且引脚之间距离很小，管脚也很细，一般大规模或超大规模集成电路采用这种封装形式。塑料方块平面封装外形结构如图6-5所示。

图6-5　塑料方块平面封装

（4）插针网格阵列封装（Pin Grid Array Package，PGAP）。这种技术封装的芯片内外有多个方阵形的插针，每个方阵形插针沿芯片的四周间隔一定距离排列，根据管脚数目的多少,可以围成 2~5 圈。安装时,将芯片插入专门的 PGA 插座即 ZIF 插座。插针网格阵列封装如图 6-6 所示。

图 6-6　插针网格阵列封装

（5）球状引脚栅格阵列封装（Ball Grid Array，BGA）。BGA 封装是高密度表面装配封装技术。在封装底部,引脚都成球状并排列成一个类似于格子的图案,由此命名为 BGA。目前,主板控制芯片组多采用此类封装技术,材料多为陶瓷。球状引脚栅格阵列封装如图 6-7 所示。

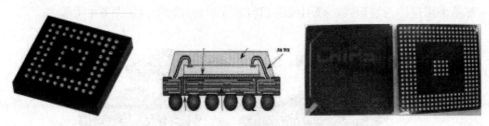

图 6-7　球状引脚栅格阵列封装

2）单片机的标号信息

在单片机上,常会看到有很多字母和数字的标识,例如 STC89C51 芯片,如图 6-8 所示。

图 6-8　STC89C51 芯片标识

由图 6-8 可见,芯片上标有 STC 89C51RC 40C-PDIP 0707CU8138.00D 的标识。这些含义描述的内容主要包括生产厂商、芯片类型、存储器格式、芯片电压等级、产品级别、温度范围、封装形式、生产日期等。

3. 单片机硬件系统

1）单片机内部结构

单片机的硬件系统是单片机应用的基础,控制程序是在硬件的基础上,对其资源进行合理的调配和使用,控制其按照一定的逻辑顺序进行运算或动作,实现应用系统所要完成的功能。对于单片机的学习者来说,应该掌握单片机的内部结构,才能开发出具有不同功能的单片机应用系统。

现以 MCS-51 系列单片机为例,来介绍单片机的内部结构。MCS-51 经典芯片有 8051、8751、89C51,它们除了程序存储器的结构不同之外,内部结构完全相同,引脚完全兼容。下面以 8051 为例,来介绍 51 系列单片机的内部结构,如图 6-9 所示。

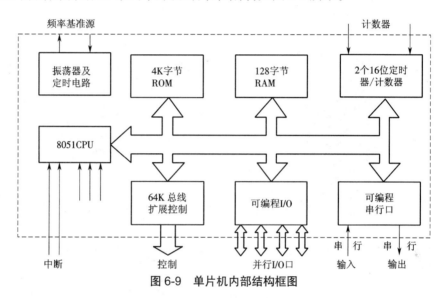

图 6-9　单片机内部结构框图

（1）8051CPU（中央处理器）。CPU 是单片机的控制核心,完成运算和控制功能。CPU 由运算器和控制器组成,运算器完成对数据的各种算术运算、逻辑运算等,控制器保证单片机内部各单元有条不紊地进行工作,同时完成单片机与外围设备或芯片的协调工作。

（2）内部数据存储器 RAM。在 8051 内部共有 256 个 RAM（Random-access Memory）,这 256 个 RAM 单元被平均分为两部分,高 128 个单元被特殊功能寄存器占用,低 128 个单元供用户使用。RAM 可读可写,掉电后数据也跟着相应丢失,通常用于暂时存放运算中所产生的中间数据。

（3）内部程序存储器 ROM。ROM（Read-only Memory）共有 4 KB 的掩膜存储器,只能读不能写,用于存放程序或程序运行过程中不会改变的原始数据,掉电后数据不会丢失。

（4）并行 I/O 口。51 单片机共有 4 个 8 位的并行 I/O 接口（P0、P1、P2、P3）,实现数据的并行输入或输出。

（5）串行口。单片机内部有一个全双工异步串行口,可以实现单片机与其他设备之间的串行数据通信。

（6）定时器 / 计数器。单片机内部有 2 个 16 位的定时器 / 计数器,可实现定时或计数功能,并以定时或计算结果来产生相应的中断信号。

（7）中断源。51 单片机共有 5 个中断源,根据中断优先级别的高低来对中断源进行响应。

（8）时钟电路。要想让单片机有条不紊的工作,必须有时钟电路,在单片机的外部只需接石英晶体振荡器和微调电容即可。

2）单片机的引脚

作为经典芯片的 8051,采用的是 40 引脚的双列直插式封装,其封装和外形如图 6-10 所示。

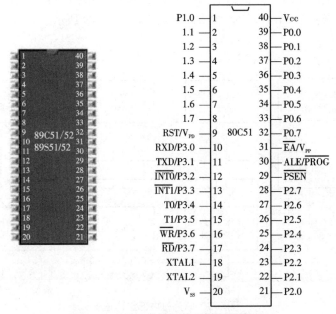

图 6-10　8051 单片机的封装及引脚图

8051 的 40 个引脚按引脚功能大致可分为 4 类:电源、时钟、控制和 I/O 引脚。

（1）电源:Vcc(40)为芯片电源,接 +5 V;Vss(20)为接地端。

（2）时钟:XTAL1(18)、XTAL2(19)分别为晶体振荡电路反相输入端和输出端。

（3）I/O。80C51 共有 4 个 8 位并行 I/O 端口:P0(32 至 39)、P1(1 至 8)、P2(21 至 28)、P3(10 至 17)口,共 32 个引脚。P3 口还具有第二功能,用于特殊信号输入 / 输出和控制信号(属控制总线)。

（4）控制线:共有 4 根,分别如下。

① ALE/PROG:地址锁存允许 / 片内 EPROM 编程脉冲。ALE 功能:用来锁存 P0 口送出的低 8 位地址。PROG 功能:片内有 EPROM 的芯片,在 EPROM 编程期间,此引脚输入编程脉冲。

② PSEN:外部 ROM 读选通信号。

③ RST/V_{PD}:复位 / 备用电源。RST(Reset)功能:复位信号输入端。V_{PD} 功能:在 Vcc 掉电情况下,接备用电源。

④ EA/Vpp:内外 ROM 选择 / 片内 EPROM 编程电源。EA 功能:内外部 ROM 选择端。Vpp 功能:片内有 EPROM 的芯片,在 EPROM 编程期间,施加编程电源 Vpp。

3）单片机的最小系统

能让单片机工作的最基本元器件所构成的系统,构成了 51 系列单片机的最小工作系统。51 系列单片机的最小系统包括如下部分。

（1）电源。单片机使用的是 5 V 电源（低电压系列的单片机除外）。

（2）振荡电路。单片机是一个复杂的同步时序电路,电路应在唯一的时钟信号控制下按时序进行工作。所以,在单片机的内部有一个时钟产生电路,只要接上两个电容和一个晶振即可工作。

（3）复位电路。单片机的复位电路是使 CPU 和系统中的其他功能部件都恢复到一个确定的初始状态,并从这个状态开始工作。

单片机最小系统如图 6-11 所示。

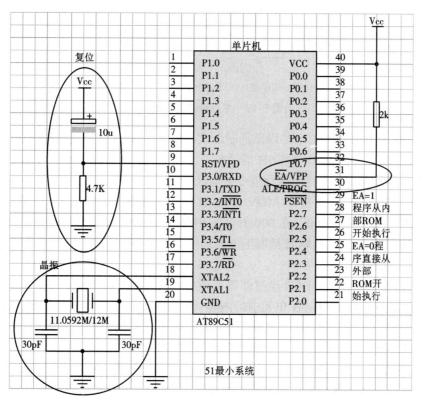

图 6-11　单片机最小系统

4. 单片机的工作过程

单片机的工作过程是一个不断"取指令—执行指令"的过程,程序在单片机中是一条一条存放的,当单片机开始工作时,从程序计数器 PC 指定的单元地址开始取指令（取完指令之后, PC 自动加 1,做好取下一字节的准备）;然后由指令译码器对指令进行指令译码,得到相应的操作,根据指令功能要求,进行相关"取数、送数、跳转"等相应的操作。执行完本条指令后,到程序存储器单元中取下一条指令,重复上面的操作。现在以 51 单片机一条指令 MOV A #09H（把立即数 09H 送入累加器 A 中）来讲解单片机的工作过程,如图 6-12 所示。

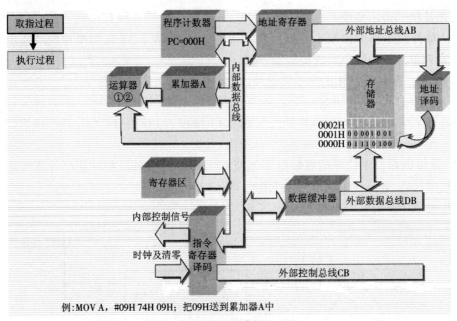

例:MOV A, #09H 74H 09H;把09H送到累加器A中

图6-12　单片机的工作过程

众所周知,程序在单片机中是以二进制形式存放的,所以在此把指令翻译成二进制来进行分析会更为简单清晰,MOV A #09H 翻译成二进制指令为"01110100B 00001001B"。程序计数器 PC 总是指向下一条将要执行指令的地址。

在程序存储器中,存放指令 MOV A #09H 的二进制代码"01110100B 00001001B"在0000H 单元中存放"01110100",在 0001H 单元中存放"00001001",当进行取指操作时,首先执行 PC 指向的 0000H,0000H 被取走放入地址寄存器,PC 自动加 1 变为 0001H(为下一次取指令操作做好准备)。

地址寄存器中的地址 0000H 经过外部地址总线 AB 送入到地址译码器中,根据译码器翻译结果,从地址中取走 0000H 单元中的内容,经外部数据总线、数据缓冲器进入指令译码寄存器,根据译码器的翻译结果"把 PC 指向的那个单元中的内容送入累加器 A",接着把 PC 所指向的存储单元 0001H 送入地址寄存器(同时 PC=0002H)。

经外部地址总线送入到地址译码器中翻译,根据翻译结果去存储单元中寻找 0001H 单元中的内容,取出 0001H 单元中内容后经数据总线、数据缓冲器送入累加器 A 中,完成指令的执行过程。

5. 单片机的特点及应用

单片机因体积小,所以很容易嵌入到应用系统中。但是单片机只是一块芯片,必须加上一些必要的外围扩展电路才能灵活地实现不同的应用。

1)单片机的特点

(1)功能齐全,可靠性及抗干扰能力很强。

(2)发展迅速,前景广阔。短短数十年,单片机已由 4 位机、8 位机、16 位机发展到 32 位机,结构日益完美,功能更加完善,其应用领域也越加广阔。

(3)容易嵌入,用途广泛。单片机的出现,使电路的组成和结构都发生了很大的改变,因体积小、性价比高、应用灵活等特点,在嵌入式控制系统中具有重要的地位。

2)单片机的应用

(1)工业检查与控制:如工业工程控制、智能控制、设备控制、数据采集等。

(2)智能终端:如键盘、打印机、传真机、复印机等。

(3)通信设备:如程控交换机、计算机网络、传真机等

(4)仪器仪表:如医疗器械、逻辑分析仪、色谱仪等

(5)家用电器:如电视、冰箱、智能电饭煲等。

二、单片机 C51 基本知识

1. C51 的基本数据类型

在进行程序设计时,使用的数据类型与编译器有关,在 C51 中,整型与短整型相同,单精度和双精度相同。表 6-1 给出了 Keil C51 所支持的数据类型。

表 6-1　Keil 51 编译器所支持的数据类型

基本数据类型	长度	取值范围
unsigned char	1 字节	0~255
signed char	1 字节	−128~+127
unsigned int	2 字节	0~65535
signed int	2 字节	−32768~+32767
unsigned long	4 字节	0~4294967295
signed long	4 字节	−2147483648~+2147483647
float	4 字节	± 1.175494E−38~ ± 3.402823E+38
bit	1 位	0 或 1
sbit	1 位	0 或 1
sfr	1 字节	0~255
sfr16	2 字节	0~65535

1)字符型

字符型有 signed char 和 unsigned char 之分,默认为 signed char。它们的长度均为一个字节,用于存放一个单字节的数据。

signed char,用于定义带符号字节数据,其字节的最高位为符号位,"0" 表示正数,"1" 表示负数,以补码表示,所能表示的数值范围是 −128~+127。

unsigned char,用于定义无符号字节数据或字符,可以存放一个字节的无符号数,其取值范围为 0~255。unsigned char 可以用来存放无符号数,也可以存放西文字符,一个西文字符占一个字节,在计算机内部用 ASCII 码存放。定义形式如下:

　　char a,b;unsigned char x;

2)整型

整型分 singed int 和 unsigned int,默认为 signed int。它们的长度均为两个字节,用于存放一个双字节数据。signed int,用于存放两字节带符号数,以补码表示,数的范围

为 −32768~+32767。unsigned int,用于存放两字节无符号数,数的范围为 0~65535。

定义形式示例如下:

```
int   k；        //定义一个变量
unsigned   int   i，j，k；      //定义多个变量
unsigned   int   i=6，j；      //定义变量的同时给变量赋初值
```

3）长整型

长整型分 singed long 和 unsigned long,默认为 signed long。它们的长度均为四个字节32 位,用于存放一个四字节数据。signed long,用于存放四字节带符号数,以补码表示,数的范围为 −2147483648~+2147483647。unsigned long,用于存放四字节无符号数,数的范围为0~4294967295。

定义形式示例如下:

```
signed long x; unsigned long y;
```

4）浮点型

浮点(float)型数据的长度为四个字节,格式符合 IEEE-754 标准的单精度浮点型数据,包含指数和尾数两部分,最高位为符号位,"1"表示负数,"0"表示正数,其次的 8 位为阶码,最后的 23 位为尾数的有效数位,由于尾数的整数部分隐含为"1",所以尾数的精度为24 位。

5）指针型

指针型本身就是一个变量,在这个变量中存放着指向另一个数据的地址。这个指针变量要占用一定的内存单元,对不同的处理器,其长度不一样,在 C51 中它的长度一般为 1~3个字节。

6）特殊功能寄存器型

特殊功能寄存器型是 C51 扩充的数据类型,用于访问 MCS-51 单片机中的特殊功能寄存器数据,因为 MCS-51 系列单片机片内有许多特殊功能寄存器,通过这些特殊功能寄存器可以控制 MCS-51 系列单片机的定时器、计数器、串口、I/O 及其他功能部件,每一个特殊功能寄存器在片内 RAM 中都对应于一个字节单元或两个字节单元。它分 sfr 和 sfr16 两种类型。其中,sfr 为字节型特殊功能寄存器类型,占一个内存单元,利用它可以访问 MCS-51内部的所有特殊功能寄存器;sfr16 为双字节型特殊功能寄存器类型,占用两个字节单元,利用它可以访问 MCS-51 内部的所有两个字节的特殊功能寄存器。 在 C51 中对特殊功能寄存器的访问必须先用 sfr 或 sfr16 进行声明。

定义形式示例如下:

```
sfr   P1=0x90；
sfr16   T1=0X8A；
```

7）位类型

位类型也是 C51 中扩充的数据类型,用于访问 MCS-51 单片机中的可寻址的位单元。在 C51 中,支持两种位类型: bit 型和 sbit 型。它们在内存中都只占一个二进制位,其值可以是"1"或"0",但是二者是有区别的。用 bit 定义的位变量在 C51 编译器编译时,在不同的时候位地址是可以变化的。在定义时,bit 型变量的定义如下:

　　　　bit flag ;　　// 定义一个位变量 flag

　　　　bit flag=1 ;　　// 定义一个位变量 flag 并赋初值 1

　　而用 sbit 定义的位变量必须与 MCS-51 单片机的一个可以寻址位单元或可位寻址的字节单元中的某一位联系在一起,即用于定义存储在可位寻址的 SFR 中的位变量,在 C51 编译器编译时,其对应的位地址是不可变化的。sbit 位变量的定义通常有以下 3 种用法。

　　(1)使用 sbit 的位地址:

　　　　sbit 位变量名 = 位地址

　　(2)使用 sbit 的单元名称:

　　　　sbit 位变量名 =sbit 单元名称 ^ 变量位序号

　　(3)使用 sbit 的单元地址:

　　　　sbit 位变量名 =sbit 单元地址 ^ 变量位序号

　　8)常量和变量

　　在使用时,根据变量在程序中是否发生变化,还可以将数据类型分为常量和变量两种。对于常量,在使用时不用定义即可以直接使用;而对于变量,在使用时必须先定义而后使用。

　　(1)常量。

　　常量是指在程序执行过程中,其值不能改变的量,常量的数据类型有整型、浮点型、字符型、字符串型和位类型。另外,在 C 语言中还有一种符号性常量,也就是在程序中用标识符来代表的常量,符号常量在使用之前必须用预处理命令"#define"来进行定义。其格式如下:

　　　　# define 符号常量的标识符　　常量 ;

　　例如:

　　　　#define PI 3.14 // 用符号常量 PI 表示数值 3.14

　　在此后面的代码中,凡是出现 PI 的地方,均代表 3.14 这个值。使用符号常量的好处是很显然的,当程序中很多地方都要用到某一个常量时,而其值又需要经常改动,使用符号常量就可以"一改全改",非常方便。变量标志符通常用大写字母表示。

　　(2)变量。

　　变量是指在程序执行的过程中其值不断变化的量,一个变量有一个名字,在存储器中占一定的存储单元,在该存储单元中存放变量的值。变量名和变量值是有区别的,变量名是一个符号地址,在对程序编译时,由系统对每一个变量分配一个地址。执行程序时,从变量中取值的过程是通过变量名找到相应的地址,再从其存储单元中读取值。

2. C51 的运算符

1)算术运算符

C51 中支持的算术运算符见表 6-2。

表 6-2　算术运算符

运算符	意义	示例(假设 x=5,y=2)
+	加法运算	z=x+y;// 结果 z=7
−	减法运算	z=x−y;// 结果 z=3

运算符	意义	示例（假设 x=5,y=2）
*	乘法运算	z=x*y;// 结果 z=10
/	除法运算（保留商的整数,小数部分丢弃）	z=x/y;// 结果 z=2
%	模运算（取余运算）	z=x%y;// 结果 z=1

加、减、乘运算相对比较简单,而对于除运算,如相除的两个数为浮点数,则运算的结果也为浮点数;如相除的两个数为整数,则运算的结果也为整数,即为整除,例如 25.0/20.0 结果为 1.25,而 25/20 结果为 1。而对于取余运算,则要求参加运算的两个数必须为整数,运算结果为它们的余数,例如 x=5%3,结果 x 的值为 2。

2）自增和自减运算符

在 C 语言中,表示加 1 和减 1 可以采用自增和自减运算符。自增和自减运算符见表 6-3。

表 6-3　自增和自减运算符

运算符	意义	示例（假设 x=2）
x++	先进行运算操作,再进行 x 加 1	y=x++;// 结果 y=2,x=3
++x	先让 x 加 1,再利用 x 的值进行其他运算操作	y=++x;// 结果 y=3,x=3
x--	先进行运算操作,再进行 x 减 1	y=x--;// 结果 y=2,x=1
--x	先让 x 减 1,再利用 x 的值进行其他运算操作	y=--x;// 结果 y=1,x=1

在自增和自减运算中,x++ 和 x-- 为后置运算,先运算,再增减;而 --x 和 ++x 属于前置运算,即先增减,后运算。

3）关系运算符

C51 中有 6 种关系运算符,见表 6-4。

表 6-4　关系运算符

运算符	意义	示例（假设 x=7,y=3）
>	大于	x>y;// 结果 1
<	小于	x<y;// 结果 0
>=	大于或等于	x>=y;// 结果 1
<=	小于或等于	x<=y;// 结果 0
==	等于	x==y;// 结果 0
! =	不等于	x! =y;// 结果 1

关系运算用于比较两个数的大小,用关系运算符将两个表达式连接起来形成的式子称为关系表达式。关系表达式通常用来作为判别条件构造分支或循环程序。关系表达式的一般形式如下:

　　表达式 1　关系运算符　表达式 2

　　关系运算的结果为逻辑量,成立为真(1),不成立为假(0)。其结果可以作为一个逻辑量参与逻辑运算。例如:5>3,结果为真(1);而 10= =100,结果为假(0)。

　　注意:关系运算符等于"= ="是由两个"="组成。

　　4)逻辑运算符

　　C51 有 3 种逻辑运算符:&&(逻辑与)、||(逻辑或)、!(逻辑非)。

　　逻辑运算符用于求条件式的逻辑值,用逻辑运算符将关系表达式或逻辑量连接起的式子称为逻辑表达式。它们格式如下:

　　逻辑与格式:

　　　　条件式 1 && 条件式 2

　　当条件式 1 与条件式 2 都为真时结果为真(非 0 值),否则为假(0 值)。

　　逻辑或格式:

　　　　条件式 1 || 条件式 2

　　当条件式 1 与条件式 2 都为假时结果为假(0 值),否则为真(非 0 值)。

　　逻辑非格式:

　　　　! 条件式

　　当条件式原来为真(非 0 值),逻辑非后结果为假(0 值);当条件式原来为假(0 值),逻辑非后结果为真(非 0 值)。

　　5)位运算符

　　C51 中的位运算符有:&(按位与)、|(按位或)、^(按位异或)、~(按位取反)、<<(左移)、>>(右移)。

　　【例 6-1】设 a=0x45=01010100B,b=0x3b=00111011B,则 a&b、a|b、a^b、~a、a<<2、b>>2 分别为多少?

　　a&b=00010000b=0x10;

　　a|b=01111111B=0x7f;

　　a^b=01101111B=0x6f;

　　~a=10101011B=0xab;

　　a<<2=01010000B=0x50;

　　b>>2=00001110B=0x0e;

　　其中,左移运算符"<<"的功能是把"<<"左边的操作数的各二进制位全部左移若干位,移动的位数由"<<"右边的常数指定,高位丢弃,低位补 0,例如"a<<4"是指把 a 的各二进制位向左移动 4 位,如 a=00000011B,左移 4 位后为 00110000B。

　　右移运算符">>"的功能是把">>"左边的操作数的各二进制位全部右移若干位,移动的位数由">>"右边的常数指定,进行右移运算时,如果是无符号数,则总是在其左端补"0"。

　　6)赋值运算符

　　(1)简单赋值运算符。

　　在 C51 中,赋值运算符"="的功能是将一个数据的值赋给一个变量,如 x=10。利用赋值运算符将一个变量与一个表达式连接起来的式子称为赋值表达式,在赋值表达式的后面加一个分号";"就构成了赋值语句,一个赋值语句的格式为"变量 = 表达式"。其中常量不能出现在左边,赋值语句左边必须是变量或寄存器,且必须先定义才能使用,执行时先计算出右边表达式的值,然后赋给左边的变量。例如:

    x=8+9; /* 将 8+9 的值赋给变量 x*/

    x=y=5; /* 将常数 5 同时赋给变量 x 和 y*/

在 C51 中,允许在一个语句中同时给多个变量赋值,赋值顺序自右向左。

(2)复合赋值运算符。

C51 语言中支持在赋值运算符"="的前面加上其他运算符,组成复合赋值运算符。C51中支持的复合赋值运算符,见表 6-5。

表 6-5 C51 中支持的复合赋值运算符

+=	加法赋值	-=	减法赋值
*=	乘法赋值	/=	除法赋值
%=	取模赋值	&=	逻辑与赋值
|=	逻辑或赋值	^=	逻辑异或赋值
~=	逻辑非赋值	>>=	右移位赋值
<<=	左移位赋值		

复合赋值运算的格式:

    变量 复合赋值运算符 表达式

它的处理过程是先把变量与后面的表达式进行某种运算,然后将运算的结果赋给前面的变量。其实这是 C51 语言中简化程序的一种方法,大多数二目运算都可以用复合赋值运算符简化表示,例如:a+=6 相当于 a=a+6;a*=5 相当于 a=a*5;b&=0x55 相当于 b=b&0x55;x>>=2 相当于 x=x>>2。

7)逗号运算符

在 C51 语言中,逗号","是一个特殊的运算符,可以用它将两个或两个以上的表达式连接起来,称为逗号表达式。逗号表达式的格式:

    表达式 1,表达式 2,……,表达式 n

程序执行时对逗号表达式的处理:按从左至右的顺序依次计算出各个表达式的值,而整个逗号表达式的值是最右边的表达式(表达式 n)的值。例如:x=(a=3,6*3),x 的值为 18。

8)条件运算符

条件运算符"? :"是 C51 语言中唯一的一个三目运算符,它要求有三个运算对象,用它可以将三个表达式连接在一起构成一个条件表达式。条件表达式的格式:

    逻辑表达式? 表达式 1:表达式 2

其功能是先计算逻辑表达式的值,当逻辑表达式的值为真(非 0 值)时,将计算的表达式 1 的值作为整个条件表达式的值;当逻辑表达式的值为假(0 值)时,将计算的表达式 2 的值作为整个条件表达式的值。例如:条件表达式 max=(a>b)? a: b 的执行中先判断 a>b 的结果,如果结果为真,则将 a 赋给 max,否则将 b 赋给 max。

3. C51 程序的基本结构

一个完整的 C 程序是由若干条语句按照一定的方式组合而成的,按照执行方式的不同,C 程序可以分为顺序结构、选择结构和循环结构。

1)顺序结构

顺序结构是最基本、最简单的结构,在这种结构中,程序由低地址到高地址依次执行,如图 6-13 所示。在图 6-13 中,给出了顺序结构流程图,程序先执行 A 操作,然后再执行 B 操作。

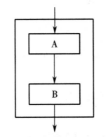

图 6-13　顺序结构流程图

2)循环结构

在程序处理过程中,有时需要某一段程序重复执行多次,这时就需要循环结构来实现,循环结构就是能够使程序段重复执行的结构。

循环结构又分为两种:当(while)型循环结构和直到(do...while)型循环结构。

(1)当型循环结构。

当型循环结构如图 6-14 所示,当条件 P 成立(为"真")时,重复执行语句 A;当条件不成立(为"假")时,停止重复并执行后面的程序。

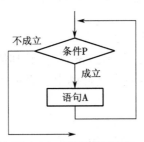

图 6-14　当型循环结构

在当型循环结构中,常用 while 语句来实现,即当条件满足时,就执行循环体。while 语句的一般格式如下:

　　　while(表达式)

　　　{语句;} /* 循环体 */

while 语句后面的表达式是判断能否循环的条件,后面的语句是循环体。当表达式为非 0(真)时,就重复执行循环体内的语句;当表达式为 0(假)时,则中止 while 循环,程序将执行循环结构之外的下一条语句。

(2)直到型循环结构。

直到型循环结构如图 6-15 所示,先执行语句 A,再判断条件 P,当条件成立(为"真")

时,再重复执行语句 A,直到条件不成立(为"假")时才停止重复,而执行后面的程序。

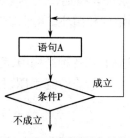

图 6-15　直到型循环结构

在 C51 中,用 do ... while 语句实现直到型循环结构,它的格式如下:

　　do

　　{ 语句;}　　　　　　　　　　/* 循环体 */

　　while(表达式);

它的特点是先执行循环体中的语句,后判断表达式。如表达式成立,则再执行循环体,然后又判断,直到表达式不成立时,退出循环,而执行 do ... while 结构后面的语句。do ... while 语句在执行时,不管条件是否满足,循环体内的语句至少会被执行一次。

(3)For 语句。

在 C 语言中,循环语句可以用 For 语句来实现,当循环次数明确的时候,使用 For 语句比使用 while 语句和 do while 语句都方便。For 语句的一般格式如下:

　　For(表达式 1;表达式 2;表达式 3)

　　{ 语句;} /* 循环体 */

For 语句后面带三个表达式,它们的执行过程如下:

①求解表达式 1 的值;

②求解表达式 2 的值,如表达式 2 的值为真,则执行循环体中的语句,然后执行下一步(3)的操作,如表达式 2 的值为假,则结束 For 循环,转到最后一步;

③若表达式 2 的值为真,则执行完循环体中的语句后,求解表达式 3,然后转到下一步(4);

④转到(2)继续执行;

⑤退出 For 循环,执行下面的一条语句。

在 For 循环中,一般表达式 1 为初值表达式,用于给循环变量赋初值;表达式 2 为条件表达式,对循环变量进行判断;表达式 3 为循环变量更新表达式,用于对循环变量的值进行更新,使循环变量不满足条件而退出循环。

(4)break 和 continue 语句。

break 和 continue 语句也常用于循环结构中,都可以用来跳出循环结构。但是二者又有所不同,下面分别介绍。

① break 语句。前面已介绍过用 break 语句可以跳出 switch 结构,使程序继续执行 switch 结构后面的一个语句。使用 break 语句还可以从循环体中跳出循环,提前结束循环而接着执行循环结构下面的语句。它不能用在除了循环语句和 switch 语句之外的任何其他

语句中。

② continue 语句。在循环结构中,用于结束本次循环,跳过循环体中 continue 下面尚未执行的语句,直接进行下一次是否执行循环的判定。

以上两种语句的区别在于:continue 语句只是结束本次循环而不是终止整个循环;break 语句则是结束循环,不再进行条件判断。

3)选择结构

选择结构可使程序根据不同的情况,选择执行不同的分支,在选择结构中,程序先都对一个条件进行判断。当条件成立,即条件语句为"真"时,执行一个分支;当条件不成立,即条件语句为"假"时,执行另一个分支。选择结构如图 6-16 所示,当条件成立时,执行分支 A;当条件 P 不成立时,执行分支 B。

在 C51 中,实现选择结构的语句为 if-else,if-else-if 语句,另外在 C51 中还支持多分支结构,多分支结构既可以通过 if 和 else if 语句嵌套实现,可用 swith-case 语句实现。

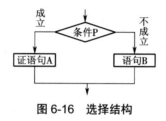

图 6-16　选择结构

(1)基本 if 语句。

基本 if 语句的格式如下:

```
if( 表达式 )
  {
      语句组;
  }
```

if 语句执行过程:当"表达式"的结果为"真"时,执行其后的"语句组",否则跳过该语句组,继续执行大括弧后面的语句。

if 语句中的"表达式"通常为逻辑表达式或关系表达式,也可以是任何其他的表达式或类型数据,只要表达式的值非 0 即为"真",且"表达式"必须用括号括起来;在 if 语句中,花括弧"{ }"里面的语句组如果只有一条语句,可以省略大括弧,但是为了提高程序的可读性和防止程序书写错误,在任何情况下都加上大括弧。

(2)if-else 语句。

if-else 语句的一般格式如下:

```
if( 表达式 )
    {
        语句组 1;
    }
else
    {
```

```
                语句组 2；
            }
```

if-else 语句执行过程：当"表达式"的结果为"真"时，执行其后的"语句组 1"，否则执行"语句组 2"。

4)if-else-if 语句

if-else-if 语句是由 if-else 语句组成的嵌套，用来实现多个条件分支的选择，其一般格式如下：

```
    if （表达式 1）
        {
        语句组 1；
        }
    else if（表达式 2）
        {
        语句组 2；
        }
    …
    else if（表达式 n）
        {
        语句组 n；
        }
    else
        {
        语句组 n+1；
        }
```

if-else-if 语句执行流程如图 6-17 所示。

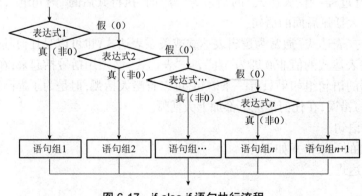

图 6-17 if-else-if 语句执行流程

5）switch-case 结构语句

if 语句通过嵌套可以实现多分支结构，但结构复杂，在程序编写的过程中，特别容易出错，而 switch-case 语句是 C51 中提供的专门处理多分支结构的多分支选择语句，它的格式如下：

switch（表达式）

{case 常量表达式 1：{语句 1；}break；

case 常量表达式 2：{语句 2；}break；

......

case 常量表达式 n：{语句 n；}break；

default：{语句 n+1；}

在使用 switch-case 语句时需要注意以下事项。

（1）switch 后面括号内的表达式，可以是整型或字符型表达式。

（2）当该表达式的值与某一"case"后面的常量表达式的值相等时，就执行该"case"后面的语句，然后遇到 break 语句退出 switch 语句；若表达式的值与所有 case 后的常量表达式的值都不相等，则执行 default 后面的语句，然后退出 switch 结构。

（3）每一个 case 常量表达式的值必须不同，否则会出现自相矛盾的现象。

（4）case 语句和 default 语句的出现次序对执行过程没有影响。

（5）每个 case 语句后面可以有"break"，也可以没有。有 break 语句，执行到 break 则退出 switch 结构；若没有，则会顺次执行后面的语句，直到遇到 break 或结束。

（6）每一个 case 语句后面可以带一个语句，也可以带多个语句，还可以不带；语句可以用大括弧括起，也可以不括。

（7）多个 case 可以共用一组执行语句。

教学单元 2　LOGO！控制器

LOGO！是西门子公司的一款微型可编程控制器（又称为智能逻辑控制器或可编程逻辑控制器），是西门子小型自动化产品的重要组成部分。

一、LOGO！控制器基本概述

在 LOGO！出现以前，自动化控制系统多数只能采用继电器控制或 PLC 控制来实现。采用继电器控制，其控制功能不易更改且接线烦琐；而采用 PLC 控制，其控制成本较高。随着工业控制对自动化产品的要求越来越高，促使人们在 PLC 和继电器之间寻求一种更为理想的产品，以顺应市场发展的需求，西门子公司推出了新型微型可编程控制器 LOGO！，自1996 年问世以来，LOGO！就以其结构小巧紧凑、功能强大、使用简单、价格低廉等特点，深受电气工程师的青睐，并取得了迅速的发展。

LOGO！控制器是一种具有可编程功能的智能型电子控制单元，被广泛应用于自动化控制和楼宇自控系统中。它具有体积小、质量轻、可靠性高、编程简单等特点。由于LOGO！控制器的输出点具有很强的带载能力，所以可直接用来带负载而不需要经过中间放大环节。LOGO！具有多种编程手段，如直接利用操作面板上的功能键编程（适用于现场调试或没有编程器），或利用计算机和专用编程软件编程（适用于整体编程和在线仿真）。

1.LOGO！控制器硬件组成

1）LOGO！本机模块

LOGO！本机模块又称为 LOGO！CPU 模块或 LOGO！主机，它由微处理器（CPU）、存储器、输入 / 输出接口、通信接口和电源电路等组成。LOGO！有 8 种本机模块,按是否带显示面板分为两种:基本型和经济型,如图 6-18 所示。其中,基本型自带显示屏,可以使用屏幕直接编程;经济型不带显示屏,只能通过 PC 编程,使用电缆将程序下载到 LOGO！基本模块中。

（a）　　　　　　　　　　（b）

图 6-18　LOGO！本机模块

（a）LOGO！基本型　（b）LOGO！经济型

（1）基本型:LOGO！12/24RC、LOGO！24、LOGO！24RC、LOGO！230RC。

（2）经济型:LOGO！12/24RCo、LOGO！24o、LOGO！24RCo、LOGO！230RCo。

注:经济型本机模块用标识符“o”来表示。

LOGO！本机模块均为 8 输入 4 输出。在 OBA6 系列中,LOGO！12/24RC、LOGO！12/24RCo、LOGO！24、LOGO！24o 本机模块的 I3、I4、I5、I6 可作为数字量高速输入,I1、I2、I7、I8 既可以作为数字量输入又可以作为模拟量输入,用作模拟量输入时只能处理 0~10 V 的信号。

LOGO！的输出有晶体管和继电器两种输出类型。其中,LOGO！24 和 LOGO！24o 为晶体管输出,其余的为继电器输出。继电器输出通道为电气隔离,可以承载不同的电压等级,承载电流最大为 10 A。晶体管输出通道为非电气隔离,输出电压为 24 V,承载电流最大为 0.3 A。

LOGO！各型号本机模块性能见表 6-6。

表 6-6　LOGO！各型号本机模块性能

类型	型号	供电电压	输入	输出	属性
基本型	LOGO！12/24RC	12/24 V DC	8 个数字量	4 个继电器（10 A）	有时钟、面板、键盘
	LOGO！24	24 V DC	8 个数字量	4 个固体晶体管（24 V/0.3 A）	无时钟,有面板、键盘
	LOGO！24RC	24 V AC/DC	8 个数字量	4 个继电器（10 A）	有时钟、面板、键盘
	LOGO！230RC	115~240 V AC/DC	8 个数字量	4 个继电器（10 A）	有时钟、面板、键盘

类型	型号	供电电压	输入	输出	属性
经济型	LOGO! 12/24RCo	12/24 V DC	8 个数字量	4 个继电器(10 A)	有时钟,无面板、键盘
	LOGO! 24o	24 V DC	8 个数字量	4 个固体晶体管 (24 V/0.3 A)	无时钟、面板、键盘
	LOGO! 24RCo	24 V AC/DC	8 个数字量	4 个继电器(10 A)	有时钟,无面板、键盘
	LOGO! 230RCo	115~240 V AC/DC	8 个数字量	4 个继电器(10 A)	有时钟,无面板、键盘

LOGO! 标识符的意义如下所述。

(1)12:12 V DC 型。

(2)24:24 V DC 型。

(3)230:115~240 V AC 型。

(4)R:继电器输出(没有 R 则为固态晶体管输出)。

(5)C:集成的周定时器。

(6)o:无显示面板。

(7)DM:数字量模块。

(8)AM:模拟量模块。

(9)CM:通信模块。

(10)TD:文本显示器。

2)LOGO! 扩展模块

LOGO! 扩展模块有三种类型:数字量模块、模拟量模块、通信模块。如图 6-19 所示。

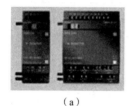 

（a） （b） （c）

图 6-19 LOGO! 扩展模块

（a）数字量模块 （b）模拟量模块 （c）通信模块

（1）数字量模块有 DM8 和 DM16 两种系列,如表 6-7 所示。DM8 系列包括 LOGO! DM8 12/24R、LOGO! DM8 24、LOGO! DM8 24R、LOGO! DM8 230R;DM16 系列包括 LOGO! DM16 24、LOGO! DM16 24R、LOGO! DM16 230R。DM8 系列数字量模块为 4 输入、4 输出,DM16 系列为 8 输入、8 输出。

表 6-7 LOGO! 数字量模块

名称	电源	输入	输出
LOGO! DM8 12/24R	12V/24V DC	4 个数字量	4 个继电器(5A)
LOGO! DM8 24	24V DC	4 个数字量	4 个固态晶体管
LOGO! DM8 24R	24V AC/DC	4 个数字量	4 个继电器(5A)

名称	电源	输入	输出
LOGO! DM8 230R	115~240V AC/DC	4 个数字量	4 个继电器(5A)
LOGO! DM16 24	24V DC	8 个数字量	8 个固态晶体管
LOGO! DM16 24R	24V DC	8 个数字量	8 个继电器(5A)
LOGO! DM16 230R	115~240V AC/DC	8 个数字量	8 个继电器(5A)

（2）模拟量模块分为模拟量输入模块和模拟量输出模块,如表 6-8 所示。模拟量输入模块有 LOGO! AM2 和 LOGO! AM2 PT100,两种模块的供电电压均为 12/24V DC。LOGO! AM2 的两个模拟量输入可以处理 0~10 V 或 0~20 mA 信号;LOGO! AM2 PT100 的两个模拟量输入为 -50~+200 ℃的热电阻信号。在 OBA6 系列中新增了模拟量输出模块 LOGO! AQ2,它的供电电压为 24 V DC, LOGO! AQ2 的两个模拟量输出为 0~10 V 或 0/4~20 mA 信号。

表 6-8　LOGO! 模拟量模块

名称	电源	输入	输出
LOGO! AM2	12V/24V DC	2 个模拟量 0~10V 0~20 mA	无
LOGO! AM2 PT100	12V/24V DC	2 个 Pt100 或 Pt1000 -50~200℃	无
LOGO! AM2 AQ	24V	无	2 个模拟量 0~10V,0/4~20 mA

（3）通信模块有 LOGO! CM AS-I 和 LOGO! CM EIB/KNX 两种,其通信模块性能如表 6-9 所示。

表 6-9　LOGO! 通信模块

名称	电源	输入	输出
LOGO! CM AS-I 接口	30V DC	LOGO! 物理输入的后四个输入 (In- In+1)	LOGO! 物理输出的后四个输出 (Qn~Qn+1)
LOGO! CM EIB/KNX	24V AC/DC	最多 16 个虚拟数字输入(I) 最多 8 个虚拟模拟输入(AI)	最多 12 个虚拟数字输出(Q) 最多 2 个虚拟模拟输出(AQ)

SIEMENS 公司还推出了一款可应用在 OBA6 系列的专用人机界面 LOGO! TD 文本显示器,如图 6-20 所示。它扩展了 LOGO! 基本模块的显示和用户接口功能。LOGO! TD 文本显示器可以对电路程序的运行参数进行编辑,但不能对 LOGO! 进行编程。此外,LOGO! 还包括电缆(网线)、电源、存储卡和电池卡等附件。

图 6-20 LOGO! TD 文本显示器

2. LOGO! 控制器工作原理

LOGO! 控制器可依靠用户编辑的用户程序完成特定的操作。由于 LOGO! 控制器的程序具有可编程功能,所以使编程变得方便,预先编制好的程序经过在线调试逐步完善,最终得到满意的控制结果。LOGO! 控制器具有多种逻辑控制功能,图 6-21 所示是"与""或""非"等基本功能块。基本功能块主要实现对变量的基本逻辑控制,也是 LOGO! 编程操作中应用最多的控制方法。

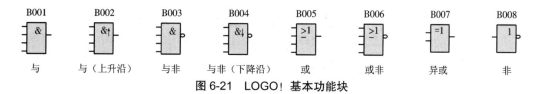

图 6-21 LOGO! 基本功能块

图 6-22 所示是特殊功能块,列举了 LOGO! 控制器中一些特殊的逻辑控制单元。它们的功能和作用更接近于数字电路,是实现较复杂控制或特殊功能控制的内部核心单元。

由图 6-22(a)可见,给出的是时间控制单元,这些单元通过不同的时间预定格式完成不同要求的时间控制。

由图 6-22(b)可见,给出的是计数器、模拟量处理、数字控制等单元。这些单元实现一些特殊操作。

LOGO! 控制器的数字量输入可以来自主令开关(按钮或行程)、开关量传感器和其他电气信号的辅助触点。信号的输入电源可以是交流 220 V,也可以是直流 24 V(需要选不同的型号)。模拟量输入主要来自传感器的现场检测信号,信号电压 0~10 V、电流 4~20 mA。模拟量输入信号与 LOGO! 的输入接口实现了 A/D 转换。

二、LOGO! 控制器安装与接线

1. LOGO! 控制器安装

LOGO! 控制器(基本模块和扩展模块)通常安装在 DIN 导轨上,安装操作如图 6-23 所示。

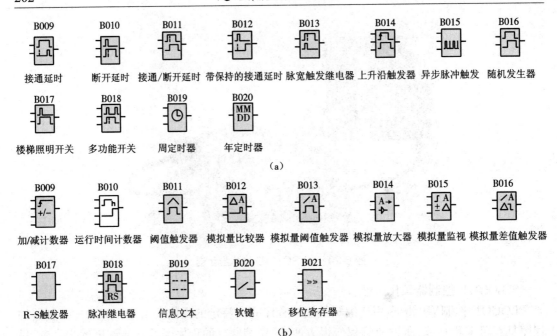

图 6-22　LOGO! 特殊功能块

（a）时间控制单元　（b）计数器、模拟量处理、数字控制等单元

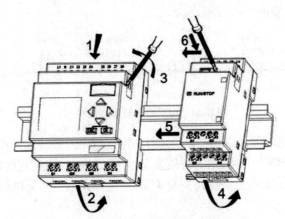

图 6-23　LOGO! 控制器安装操作示意图

具体步骤如下：

（1）将 LOGO! 基本模块（扩展模块）上端钩挂在 35 mm 轨道上；

（2）推压模块的底部，将模块扣锁在导轨上，下端的安装锁口必须扣紧；

（3）将 LOGO! 基本模块（扩展模块）右侧的连接器盖板拆除；

（4）将扩展模块放置在 LOGO! 基本模块右侧的 DIN 轨道上；

（5）将扩展模块向左侧滑行，直到接触到 LOGO! 基本模块；

（6）使用螺丝刀将锁扣向左推动，在末端位置将滑块锁扣扣住 LOGO! 基本模块。

其中，（1）（2）为 LOGO! 基本模块的安装，（3）（4）为 LOGO! 扩展模块的安装，重复（3）至（6）可以安装其他扩展模块，注意最后一个扩展模块上的扩展接口必须用盖板盖住。

LOGO！控制器安装完成后如图6-24所示。

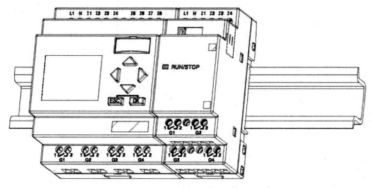

图6-24　LOGO！控制器安装后示意图

2. LOGO！控制器接线

1）LOGO！电源接线

LOGO！模块分为直流和交流两种供电形式。直流电源供电时,建议使用保险丝对LOGO！进行保护,电源电压等级为DC:12V时,可选用0.8 A保险丝;电源电压等级为DC:24V时,可选用2.0 A保险丝。直流电源供电的接线如图6-25所示。

交流电源供电时,为了抑制供电回路中的电压峰值,可以安装一个金属氧化物压敏电阻（MOV）对LOGO！进行保护,如S10K275压敏电阻。选择压敏电阻时,其额定工作电压要至少比LOGO！额定电压高20%。交流电源供电接线如图6-26所示。

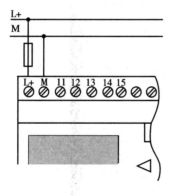
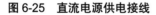
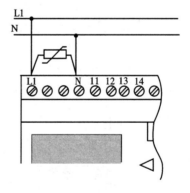

图6-25　直流电源供电接线　　　　　图6-26　交流电源供电接线

2）LOGO！输入接线

LOGO！230模块的供电电压为115~240 V,其数字量输入接线如图6-27所示。这种型号的模块,其输入为4个一组,同一组内的4个输入必须接到同一相位的电源上,不同的组之间相位可以不同。例如,I1~I4为一组,I5~I8为另一组。

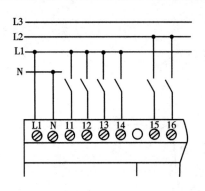

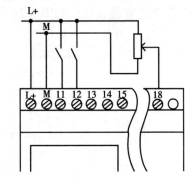

图 6-27 230 模块供电电压为 115~240 V，
数字量供电接线

图 6-28 电压为 12/24 V 模块数字量

电压等级为 12/24 V 模块的数字量输入接线如图 6-28 所示。由于 LOGO! 12/24RC、LOGO! 12/24RCo、LOGO! 24、LOGO! 24o 本机模块的 I1、I2、I7、I8 既可以作为数字量输入又可以作为模拟量输入，因此作为模拟量输入使用时有不同的接线方式。在用作模拟量输入时，由于只能处理 0~10V DC 电压信号，调试时通常采用电位器对输入模拟量信号进行调节，为使电位器旋转到满刻度时达到最大值 10 V，必须在电位器输入侧连接一个不受输入电压影响的串行电阻。推荐电位器以及和它串行的电阻如下：当输入电压为 12 V 时，使用 5 kΩ 的电位器；当输入电压为 24 V 时，使用 5 kΩ 的电位器以及 6.6 kΩ 的串行电阻。

3）数字量输出接线

LOGO! 的数字量输出分为固态晶体管输出和继电器输出。

型号名称中不含标识符 R 的 LOGO! 模块输出均为固态晶体管输出，固态晶体管输出有短路保护和过载保护，自带负载电源，不需要另加辅助负载电源，每个输出的最大电流为 0.3 A，输出电压为 24 V。这种输出方式一般用于高速输出，如伺服 / 步进等，用于动作频率高的输出。数字量固态晶体管输出接线如图 6-29 所示。

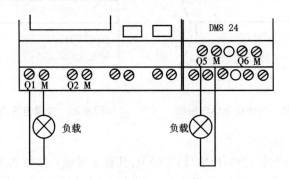

图 6-29 数字量固态晶体管输出接线

型号名称中含标识符 R 的 LOGO! 模块输出均为数字量继电器输出。继电器输出通道是电气隔离的，输出点可以承载不同的电压等级，承载电流最大为 10 A。继电器输出端连接各种负载，如电机、接触器和电磁线圈等。继电器输出接线如图 6-30 所示。

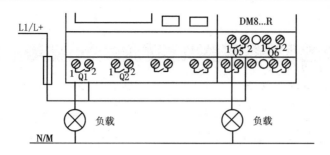

图 6-30　继电器输出接线

三、LOGO！控制器编程与仿真

1.LOGO！控制器编程方法

1）LOGO！控制器编程软件

LOGO！控制器的编程软件有多种版本，本书以 LOGO！Soft Comfort V6.0 版本进行讲解。运行该软件后系统进入软件起始界面，如图 6-31 所示。

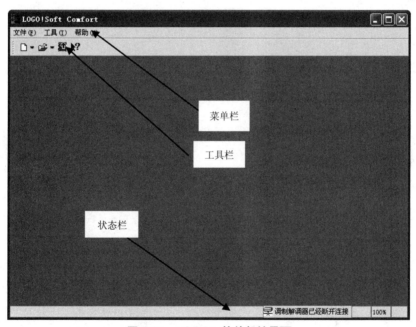

图 6-31　LOGO！软件起始界面

在起始界面中点击"新建"后，即可进入编程界面，如图 6-32 所示。该屏幕由两个窗口组成，左区以树状列表的形式展开了所有的连接器、功能模块、快捷工具栏；右区则是程序编写区，用来编辑用户控制程序。

快捷工具栏如图 6-33 所示，它可以实现快速编程操作。

在编程操作中，除了使用快捷工具栏外，还可以通过点击鼠标右键调出功能列表，如图 6-34 所示。右键功能列表与快捷工具栏的功能大致相似，编程时视个人的操作习惯使用不同的操作方法。LOGO！的编程软件提供了编程、仿真、在线测试、程序上传与下载等多种操作功能。

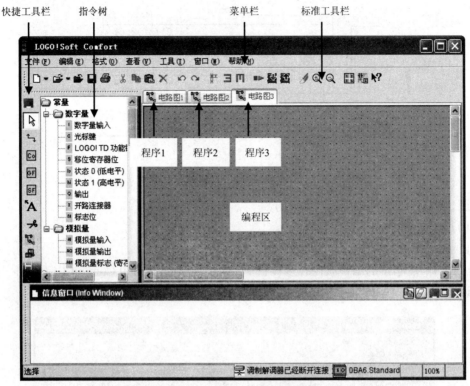

图 6-32 LOGO！软件编程界面

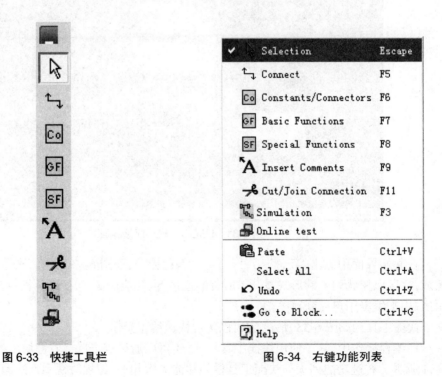

图 6-33 快捷工具栏

图 6-34 右键功能列表

2）工具栏常用功能简介

（1）标准工具栏。

:新建,打开,关闭,保存。

:剪切,复制,粘贴,删除。

:撤销,恢复。

:自动对齐,垂直对齐,水平对齐。

:切换 LOGO! 模式,单击该按钮时,会将 LOGO! 的模式在运行和停止之间切换。

:下载和上传。下载是指将计算机软件中的程序下载到 LOGO! 模块;上传是指将程序从 LOGO! 上传到计算机。

:该命令激活时,所选定功能块的所有连接线都显示为彩色;选择单个连接线,则选定的连接线凸显为彩色。

:将编程区的内容放大或缩小。

:页面设置,对编程区做分页处理。

:将程序在功能块图和梯形图之间转换。

:关联帮助,用来调用有关某对象的帮助文件。如果对软件中某个对象有疑问,可以单击该命令,然后单击该对象,将会打开一个包含该对象相关信息的窗口。

（2）快捷工具栏。

:最小化指令树或恢复显示指令树。

:选择工具。若要选中编程区中某对象,需要单击该按钮,将光标切换到选择状态。

:连线工具。用于将功能块的输出与另一个功能块的输入相连接。

:常量 / 连接器,单击后出现以下内容。

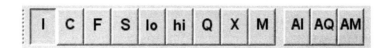

:基本功能块,单击后出现以下功能按钮。

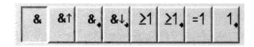

:特殊功能块,单击后出现以下功能按钮。

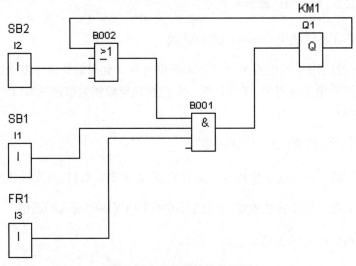

A：文本工具，可以在编程区的适当位置插入文本注释。

**：剪切／联结连接。用于剪切或联结功能块之间的连接。

**：仿真。用于对编好的程序进行模拟测试。

**：在线测试。用电缆将 LOGO！与计算机相连接，当 LOGO！运行时，对 LOGO！的运行状况进行检测调试。

3）LOGO 控制器的编程方法

用鼠标选择键先选中要操作的快捷图标，然后在程序编辑区中单击鼠标左键即可将该连接器或功能块放置在程序编辑区中（连续点击可放置多个元件），按 ESC 键可放弃元件的放置。

完成所需元件的布局后，利用连线工具连接线路。线路的连接即是控制逻辑和原理的设计过程。当连接线路较多或有重复交叉时，可利用剪刀工具进行化简。剪切后的线路以接插件的连接方式显示。编程效果如图 6-35 和图 6-36 所示。

图 6-35　剪辑前编程效果图

2.LOGO！控制器编程指令

1）常量和连接器

（1）数字量输入。数字量输入以字母 I 标识，并以 I1、I2、…、I24 为其编号，这些编号按照安装时的顺序，依次与 LOGO！本机模块和扩展模块上的数字量输入端子的编号相对应，最多可使用 24 个数字量输入。

（2）光标键。LOGO！基本型提供了 4 个光标键，即C1▲　C2▼　C3◀　C4▶。程序中设定光标键后，可以在系统处于运行模式，显示屏显示方向键状态下，操作光标键。

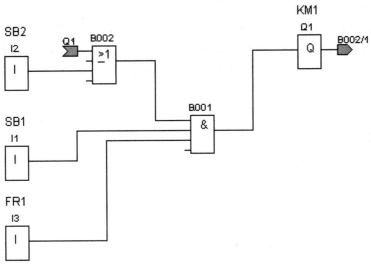

图 6-36 剪辑后编程效果图

（3）LOGO! TD 功能键。LOGO! TD 有 4 个功能键,标识分别为 F1、F2、F3、F4,可以在电路程序中使用,这些键的编程方式和其他输入相同,使用这些功能键可以节省开关和输入。当 LOGO! 处于运行模式时,可操作相应的功能键控制电路程序的动作。

（4）移位寄存器位。LOGO! 提供移位寄存器位 S1~S8,这些位在电路程序中为"只读"属性,只能通过移位寄存器这一特殊功能修改移位寄存器位的内容。

（5）状态 0（低电平）。电压电平为 0（低电平）状态,可以用来设置功能块输入是否保持低电平状态。

（6）状态 1（高电平）。电压电平为 1（高电平）状态,可以用来设置功能块输入是否保持高电平状态。

（7）数字量输出。数字量输出以字母 Q 标识,并以 Q1、Q2、…、Q16 为其编号,这些编号按照安装时的顺序,依次与 LOGO! 本机模块和扩展模块上的数字量输出端子的编号相对应,最多可使用 16 个数字量输入。

（8）开路连接器。开路连接器以字母 X 标识,用于与未使用块的输出相连。如果功能块的输出不连接其他功能块,则必须连接开路连接器,否则在下载到 LOGO! 时会出错。

（9）标志位。标志位以字母 M 标识。LOGO! OBA6 提供 27 个数字标志 M1~M27,它们是内部虚拟的输出,输出其输入值。其中 OBA6 版本的 LOGO! 中特殊标志位包括启动标志位 M8、背光标志位 M25 和 M26、消息文本字符集标志位 M27。

（10）模拟量输入。模拟量输入以字母 AI 标识,并以 AI1、AI2、…、AI8 为其编号,这些编号按照安装时的顺序,依次与 LOGO! 本机模块和扩展模块上的模拟量输入端子的编号相对应,最多可使用 8 个模拟量输入,接收 0~10 V 或 0~20 mA 的输入信号。

（11）模拟量输出。模拟量输出以字母 AQ 标识。LOGO! 提供了两个模拟量输出,即 AQ1 和 AQ2。输出信号为 0~10 V 或 0~20 mA 的常规信号,或 4~20 mA 的电流信号。

（12）模拟量标志（寄存器）:模拟量标志以字母 AM 标识,并以 AM1、AM2、…、AM6 为其编号,用来作为模拟量功能块的标记,输出其输入模拟值。

2）基本功能块

（1）AND（与）。AND 是"与"操作，它是将多个输入变量进行串联，完成逻辑运算后再将运算结果赋值给输出变量。其特点是所有输入变量 I 的当前值均为"1"时，输出 Q 为"1"，否则输出 Q 为"0"。AND（与）操作如图 6-37 所示。

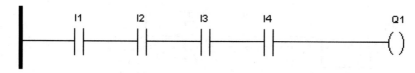

图 6-37　AND（与）操作

AND（与）操作的真值表见表 6-10。

表 6-10　AND（与）操作的真值表

输入 1	输入 2	输入 3	输入 4	输出 Q1	输入 1	输入 2	输入 3	输入 4	输出 Q1
0	0	0	0	0	1	0	0	0	0
0	0	0	1	0	1	0	0	1	0
0	0	1	0	0	1	0	1	0	0
0	0	1	1	0	1	0	1	1	0
0	1	0	0	0	1	1	0	0	0
0	1	0	1	0	1	1	0	1	0
0	1	1	0	0	1	1	1	0	0
0	1	1	1	0	1	1	1	1	1

（2）NAND（与非）。NAND 是"与非"操作，它是将多个输入变量进行并联，完成逻辑运算后再将运算结果赋值给输出变量。其特点是只有所有输入变量 I 的当前值为"1"时，输出 Q 为"0"，否则输出 Q 均为"1"。NAND（与非）操作如图 6-38 所示。

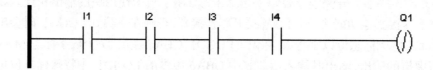

图 6-38　NAND（与非）操作

NAND（与非）操作的真值表见表 6-11。

表 6-11　NAND（与非）操作的真值表

输入 1	输入 2	输入 3	输入 4	输出 Q1	输入 1	输入 2	输入 3	输入 4	输出 Q1
0	0	0	0	1	1	0	0	0	1
0	0	0	1	1	1	0	0	1	1
0	0	1	0	1	1	0	1	0	1

输入1	输入2	输入3	输入4	输出Q1	输入1	输入2	输入3	输入4	输出Q1
0	0	1	1	1	1	0	1	1	1
0	1	0	0	1	1	1	0	0	1
0	1	0	1	1	1	1	0	1	1
0	1	1	0	1	1	1	1	0	1
0	1	1	1	1	1	1	1	1	0

（3）OR（或）。OR 是"或"操作，它是将多个输入变量进行并联，完成逻辑运算后再将运算结果赋值给输出变量。其特点是所有输入变量 I 的当前值均为"0"时，输出 Q 为"0"，否则输出 Q 为"1"。OR（或）操作如图 6-39 所示。

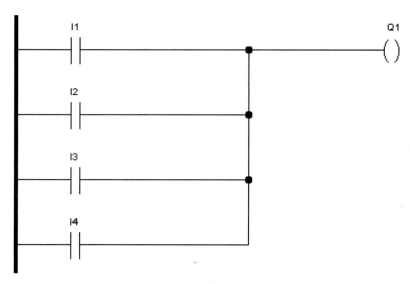

图 6-39　OR（或）操作

OR（或）操作的真值表见表 6-12。

表 6-12　OR（或）操作的真值表

输入1	输入2	输入3	输入4	输出Q1	输入1	输入2	输入3	输入4	输出Q1
0	0	0	0	1	1	0	0	0	1
0	0	0	1	1	1	0	0	1	1
0	0	1	0	1	1	0	1	0	1
0	0	1	1	1	1	0	1	1	1
0	1	0	0	1	1	1	0	0	1
0	1	0	1	1	1	1	0	1	1
0	1	1	0	1	1	1	1	0	1
0	1	1	1	1	1	1	1	1	0

（4）NOR（或非）。NOR是"或非"操作，它是将多个输入变量进行并联，完成逻辑运算后再将运算结果赋值给输出变量。其特点是所有输入变量I的当前值均为"0"时，输出Q为"1"，否则输出Q为"0"。NOR（或非）操作如图6-40所示。

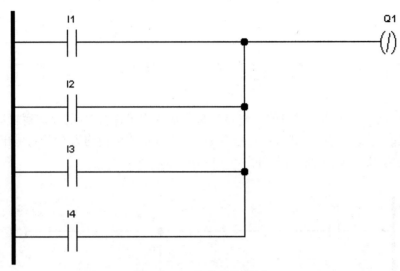

图6-40　NOR（或非）操作

NOR（或非）操作的真值表见表6-13。

表6-13　NOR（或非）操作的真值表

输入1	输入2	输入3	输入4	输出Q1	输入1	输入2	输入3	输入4	输出Q1
0	0	0	0	1	1	0	0	0	0
0	0	0	1	0	1	0	0	1	0
0	0	1	0	0	1	0	1	0	0
0	0	1	1	0	1	0	1	1	0
0	1	0	0	0	1	1	0	0	0
0	1	0	1	0	1	1	0	1	0
0	1	1	0	0	1	1	1	0	0
0	1	1	1	0	1	1	1	1	0

（5）NOT（非）。NOT是"反相输出"操作，它的输出结果总是与输入信号的状态相反，即输入信号状态为"1"时，输出结果为"0"；输入信号状态为"0"时，输出结果为"1"。NOT（非）操作如图6-41所示。

图6-41　NOT（非）操作

NOT（非）操作的真值表见表 6-14。

表 6-14　NOT（非）操作的真值表

输入 1	Q1	输入 1	Q1
0	1	1	0

3）特殊功能块

特殊功能块包括定时器、计数器、模拟量以及杂项四种功能类型，主要是实现较复杂的逻辑控制，满足用户在编辑程序时更为多样性的要求。

（1）接通延时定时器。Trg（输入控制信号）接通为"1"时，T001 在经过延时参数 T 后产生"1"的输出结果，使输出 Q1 为"1"；Trg 断开为"0"时，T001 立刻变为"0"；输出 Q1 也随之变为"0"。所以，Trg 持续为"1"的时间要大于延时参数 T 的时间，接通延时工作有效。接通延时定时器应用案例如图 6-42 所示。

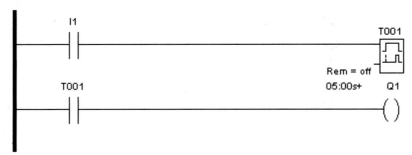

图 6-42　接通延时定时器编程案例

【注释】I1 接通为"1"且持续时间大于 5 s 时，T001 为"1"，Q1 输出为"1"；I1 为"0"时，Q1 输出为"0"。

（2）关断延时定时器。Trg 接通为"1"时，T001 立刻接通，输出 Q1 为"1"。而 Trg 断开为"0"时，T001 在经过延时参数 T 后变为"0"，输出 Q1 也随之为"0"。所以，Trg 持续为"1"的时间与延时无关，而 Trg 由"1"变为"0"是延时的激励条件。关断延时定时器应用案例如图 6-43 所示。

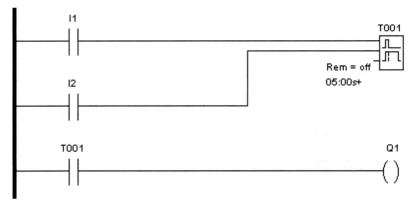

图 6-43　关断延时定时器编程案例

【注释】I1 为"1"时，T001 为"1"，Q1 输出为"1"；I1 由"1"跳转到"0"且保持"0"状态时间大于 5 s 后，T001 为"0"，Q1 输出为"0"；I2 为"1"时，复位 T001 和输出 Q1。

（3）接通 / 关断延时定时器。它实际上是接通延时和断开延时的组合，在此不再赘述。接通 / 关断延时定时器应用案例如图 6-44 所示。

图 6-44　接通 / 关断延时定时器编程案例

【注释】I1 为"1"且脉宽大于 5 s 时，Q1 输出为"1"；I1 由"1"跳转到"0"且保持"0"状态时间大于 5 s 时，Q1 输出为"0"。

（4）保持接通延时定时器。Trg 由"0"到"1"出现上升沿时，T001 在经过延时参数 T 后产生"1"的输出结果，使输出 Q1 为"1"；而 Trg 关断时，并不影响延时过程和输出 Q1 的结果。R 由"0"到"1"出现上升沿时，延时过程终止，并使输出 Q1 的结果为"0"。所以，Trg 可以是一个短暂的脉冲信号，延时过程与 Trg 持续的时间无关。保持接通延时定时器应用案例如图 6-45 所示。

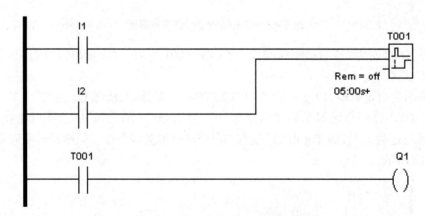

图 6-45　保持接通延时定时器编程案例

【注释】I1 由"0"跳转到"1"，T001 延时 5 s 后输出为"1"，Q1 输出为"1"；I2 为"1"时，复位 T001 和输出 Q1；I1 由"1"跳转到"0"时，不影响 T001 的延时。

（5）脉宽继电器（脉冲输出）。Trg 接通为"1"时，T001 为"1"，输出 Q1 为"1"；T001 在经过延时参数 T 后输出为"0"；而 Trg 断开为"0"时，T001 立刻变为"0"，输出 Q1 为"0"。所以，Trg 持续为"1"的时间要大于延时参数 T 的时间，接通延时工作有效。脉宽继电器应用案例如图 6-46 所示。

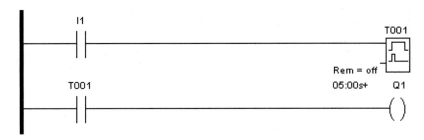

图 6-46　脉宽继电器编程案例

【注释】I1 为"1"时，T001 为"1"，输出 Q1 为"1"，并触发延时时间，在该延时时间 5 s 内输出 Q1 保持"1"状态不变；5 s 后，输出 Q1 复位为"0"，即输出脉宽为 5 s 的脉冲。如果在设置的延时时间 5 s 届满前，I1 从"1"跳转到"0"，则输出 Q1 立即复位。

（6）沿触发脉宽继电器（脉冲输出）。Trg 由"0"到"1"出现上升沿时，输出信号 Q1 会经过 T_L 时间的延时由"0"到"1"；再经过 T_H 时间的延时由"1"到"0"。Trg 的每一次上升沿信号，都将导致上述输出信号功能的重复。R 由"0"到"1"出现上升沿时，延时过程终止或输出 Q1 的结果为"0"。沿触发脉宽继电器（脉冲输出）应用案例如图 6-47 所示。

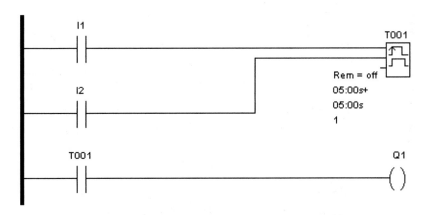

图 6-47　沿触发脉宽继电器（脉冲输出）编程案例

【注释】I1 从"0"跳转到"1"时，T001 经过 5 s 延时后为"1"，输出 Q1 为"1"，再经过 5 s 延时后，T001 为"0"，输出 Q1 为"0"。由此，输出了 1 个秒脉冲宽度，脉冲数可设置为"1~9"个，如果 T001 在延时期间，I1 由"1"跳转到"0"，则 T001 被复位。

（7）异步脉冲发生器。由脉冲宽度时间 T_H 和脉冲间隔时间 T_L 构成。当 T_H 等于 T_L 时，输出为同步振荡脉冲；而当 T_H 不等于 T_L 时，输出为异步振荡脉冲。Trg1 为"1"时，脉冲宽度为 T_H 时间，脉冲间隔为 T_L 时间，Trg1 为"1"且 Trg2 为"1"时，脉冲宽度为 T_L 时间，脉冲间隔为 T_H 时间，输出 Q 随振荡脉冲的通断而发出闪烁信号。异步脉冲发生器应用案例如图 6-48 所示。

【注释】I1 为"1"时，T001 输出脉冲宽度 1 s，间隔 2 s 的脉冲串，Q1 同步输出；I1 为"1"且 I2"1"时，T001 输出脉冲宽度 2 s，间隔 1 s 的脉冲串，Q1 同步输出。

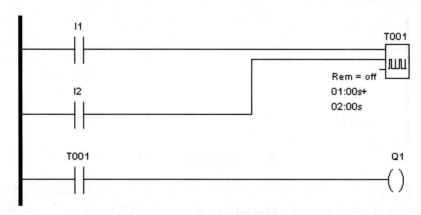

图 6-48　异步脉冲发生器编程案例

（8）多功能开关。Trg 接通为"1"时，T001 为"1"，输出 Q1 为"1"；Trg 关断为"0"时，T001 保持为"1"，输出 Q1 保持为"1"；当 Trg 再次接通为"1"时，T001 为"0"，输出 Q1 为"0"；Trg 再次关断为"0"时，T001 保持为"0"，输出 Q1 保持为"0"。多功能开关编程举例如图 6-49 所示。

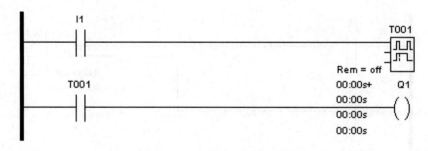

图 6-49　多功能开关编程案例

【注释】I1 从"0"跳转到"1"时，T001 为"1"，输出 Q1 为"1"；I1 从"1"跳转到"0"时，T001 保持为"1"，输出 Q1 保持为"1"；I1 再次从"0"跳转到"1"时，T001 为"0"，输出 Q1 为"0"；I1 再次从"1"跳转到"0"时，T001 保持为"0"，输出 Q1 保持为"0"。

（9）周定时器和年定时器。周定时器和年定时器均为内部时钟，不需要外部激励，但其触点可用来进行相应的控制。周定时器和年定时器编程举例如图 6-50 所示。

【注释】I1 从"0"跳转到"1"时，T001 为"1"，输出 Q1 为"1"；I1 从"1"跳转到"0"时，T001 设置为周一至周日，8：30 至 16：30 输出为"1"，其他时间 T001 为"0"；年定时器设置为 5 月 1 日至 9 月 30 日输出为"1"，其他时间为"0"。所以，T001 为"1"时，输出 Q1 为"1"；T001 为"0"时，输出 Q1 为"0"。

（10）加 / 减计数器。加 / 减计数器的三个输入端分别为复位、加 / 减计数脉冲、加 / 减计数定义。当复位端为"0"到"1"时，计数器复位；当加 / 减计数为"0"到"1"时，计数器实施加 / 减计数；当加 / 减计数定义端为"0"时，实施加计数；当加 / 减计数定义端为"1"时，实施减计数。加 / 减计数器编程举例如图 6-51 所示。

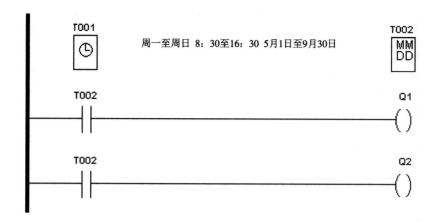

图 6-50 周定时器和年定时器编程案例

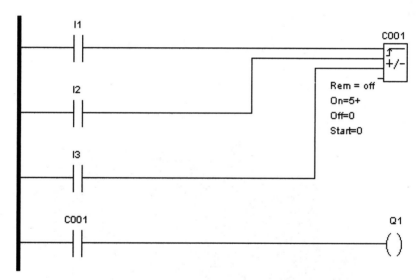

图 6-51 加/减计数器编程案例

【注释】I3 为"0"时,I1 每次由"0"到"1"时,C001 加"1";I3 为"1"时,I1 每次由"0"到"1"时,C001 减"1";I1 为"0"到"1"时,C001(复位)为"0"。

(11)锁存继电器。锁存继电器由置位端"S"和复位端"R"组成输入控制信号。锁存继电器输出控制真值表见表 6-15,编程举例如图 6-52 所示。

表 6-15 锁存继电器输出控制真值表

置位 S	复位 R	输出 Q
0	0	保持
1	0	1
0	1	0
1	1	0

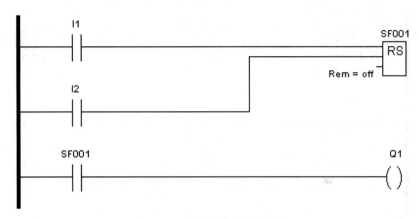

图 6-52　锁存继电器编程案例

【注释】I1 由"0"到"1"时，SF001 置位为"1"，输出 Q1 为"1"；I1 由"1"到"0"时，SF001 保持不变；I2 由"0"到"1"时，SF001 复位为"0"，输出 Q1 为"0"；I2 由"1"到"0"时，SF001 保持不变；I1、I2 都为"1"时，SF001 复位为"0"，输出 Q1 为"0"。

教学单元 3　V20 变频器

变频器（Variable-frequency Drive，VFD）是电气传动系统的核心设备，它通过改变交流电动机工作电源的频率，实现对交流电动机转速的调节。变频器产品如图 6-53 所示。

图 6-53　变频器产品

变频器除了具有交流调速功能外，还具有软启动和软制动功能，在智能楼宇控制系统中，变频器的应用也很广泛，特别是风机和水泵的调速控制，随着工业自动化程度的不断提高，变频器也得到了非常广泛的应用。

一、变频器的基本概述

1. 变频器的概念

变频器主要由整流、滤波、逆变、制动单元、驱动单元、检测单元、微处理单元等组成。它通过内部电路对 IGBT 大功率管实施通断控制，来调整输出电源的电压和频率，并根据交流电动机的实际需要来提供其所需要的电源电压,进而达到节能、调速的目的。另外,变频器具有过流、过压、过载等多项保护功能。

变频器自 20 世纪 80 年代初问世以来,现已形成了五代产品(模拟式变频器、数字式变频器、智能型变频器、多功能型变频器、集中型变频器)。由于变频器采用大功率电力电子元件,所以随着电子器件的发展,变频器也在不断更新。

2. 变频器的工作原理

变频器的功能是将来自电网的工频电源整流后变成直流,再经过逆变的方式对其频率进行调整,调整后输出的电压和频率加在交流电动机的定子线圈上,使电动机的转速呈现连续可调。

变频器主要分为间接变频和直接变频两大类,而间接变频又根据中间直流环节主要储能元件的不同分为电压型和电流型。电压型是将电压源的直流变换为交流,直流回路的滤波是电容;电流型是将电流源的直流变换为交流,直流回路的滤波是电感。由于在智能楼宇控制系统中,主要使用电压型变频器,所以本文主要介绍电压型变频器的工作原理和控制特性。

电压型变频器主回路结构如图 6-54 所示,它由三相整流器、中间直流环节、逆变器环节组成。

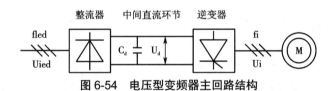

图 6-54　电压型变频器主回路结构

由图 6-54 可见,由于中间直流环节电容的存在,它的低阻抗输出相当于恒压源,故称电压型。为了实现电压和频率呈比例控制,必须同时对整流电压和逆变频率进行协调控制,以改善电网的功率因数,减少对电网的污染。整流部分可采用不控整流,而逆变部分采用 PWM(Pulse Width Modulation,脉冲宽度调制),在逆变器中同时完成频率和电压的协调变换。

3. 变频器与机械负载关系

三相交流异步电动机的转速表达式为

$$n=(1-S)60f_1/p$$

式中　n——转速;

　　　S——转差率;

　　　f_1——频率;

　　　p——磁极对数。

由上式可知,改变频率 f_1 的值,转速就会跟着改变(p 认为是常数)。频率增加时,转速增加;频率减小时,转速减小。

交流电动机在其定子线圈中通入三相交流电后,每相定子线圈中就会产生感应电动势,其有效值为

$$E_1=4.44k_f f_1 W_1 \Phi_M$$

式中　E_1——电动机定子线圈中的感应电动势；

　　　k_1——常数；

　　　f_1——频率；

　　　W_1——电动机定子线圈匝数；

　　　$\varPhi_M$——电动机定子产生的磁通。

如果忽略损耗，那么定子线圈中产生的感应电动势 E_1 与定子线圈所加的电压 U_1 近似相等，即 $U_1=E_1$。

对于恒转矩负载，因其磁通 $\varPhi_M$ 不变，所以电压与频率的比值是常数。电压与频率之间成正比关系，即得到下列表达式。

$$U/f=4.44k_1f_1W_1\varPhi_M=常数$$

由上式可得，恒转矩负载在额定负载转矩的情况下，只能在基频以下调速。也就是说，最高工作频率为 50 Hz。

对于恒功率负载，要求电压保持不变，所以频率与磁通之间的关系成反比，即得到下列表达式：

$$U=4.44k_1f_1W_1\varPhi_M=常数$$

由此可得，恒功率负载在额定负载转矩的情况下，只能在基频以上调速。也就是说，最低工作频率为 50 Hz。

4. 变频器在智能楼宇中应用

1）在空调系统中的应用

在大楼的中央空调系统中，空气处理机分为定风量控制和变风量控制两种。所谓变风量控制，就是通过调整送风机的转速（变频调速）来改变对房间的总送风量。当调整房间的终端控制器时，房间送风通道中的风门开度发生变化，从而改变送风流量。由于总送风量的变化，使得送风风道的静压随着改变，控制器实时接收来自送风风道上的静压传感器信号，并将该值与内部设定值比较，进行 PID 运算后输出模拟信号至送风机的变频器，改变送风机的转速。变风量中央空调系统如图 6-55 所示。

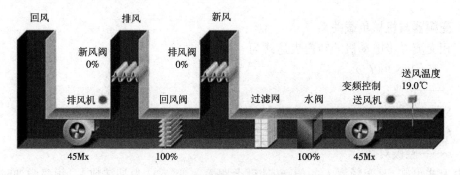

图 6-55　变风量中央空调系统

风道静压值大于设定值时，变频器控制风机减速运行；风道静压值小于设定值时，变频器控制风机加速运行；风道静压值等于设定值时，变频器控制风机恒速运行。这种静压控制的优点是节能，可根据房间的需求，输送合适的风量；而且能实现单个房间的温度控制，使室内空气均匀等。

2）在恒压供水系统中的应用

大楼的供水系统通常采用变频恒压供水控制。变频恒压供水系统是通过调整变频器的输出频率,实现对供水管网压力的恒定控制。在供水系统中,用户流量发生变化时,供水管网压力也将发生变化。通过调整供水泵的转速,可弥补由于流量的变化而导致的管网压力变化。

在智能楼宇中,为了节约能源和降低投资成本（由于变频器的价格偏高）,许多用户常采用由一台变频器控制多台水泵的方案,即所谓的 1 拖 X 方案。1 拖 X 恒压供水系统如图 6-56 所示。

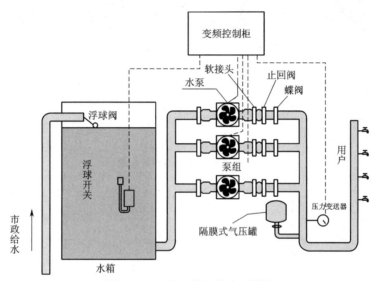

图 6-56　1 拖 X 恒压供水系统图

1 拖 X 方案的工作流程:任何时间里只有 1 台水泵工作在变频状态。当用水流量增大时,"1 号泵"（此时处于变频工作状态）的频率已经调整到额定频率而水压仍不足时,需要增加"2 号泵"投入运行,经过短暂的延时后,变频器实现快速停止,然后迅速切换"1 号泵"为工频运行,同时将"2 号泵"切换到变频启动并运行。当"2 号泵"也达到额定频率而水压仍不足时,重复上述操作,将"2 号泵"切换为工频运行,"3 号泵"投入到变频启动并运行。反之,当用水量减少时,则先从"1 号泵"开始,然后"2 号泵"依次退出工作,完成一次加减泵的循环。

变频器的调整原理是通过对供水管网压力的实时检测,并与设定值进行比较,根据出现的正 / 负偏差进行 PID 运算来调整变频器的输出频率。当用水流量减小时,供水管网的压力上升,变频器减小输出频率,电动机转速下降（供水能力下降）。当用水流量增加时,供水管网的压力下降,变频器增加输出频率,电动机转速上升（供水能力加强）。

对供水泵采用变频控制的优点是可以实现节能。实践证明,使用变频设备可使水泵运行平均转速比工频转速降低 20%,从而大大降低能耗,节能率可达 20%~40%。

二、V20 变频器的基本概述

1. V20 变频器系统组件

V20 变频器是西门子公司的新产品,用于控制三相异步电动机的调速(风机、水泵),有四种外形尺寸。V20 变频器的外形结构及尺寸如图 6-57 所示。

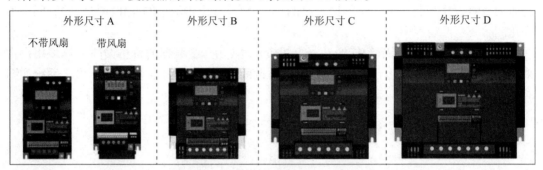

图 6-57　V20 变频器外形结构及尺寸

V20 变频器采用三相交流 400 V 供电,其不同尺寸产品的额定功率和额定电流见表6-16。

表 6-16　V20 变频器参数配置表

组件	额定输出功率（kW）	额定输出电流（A）	订货号	
			不带滤波器	带滤波器
外形尺寸 A 不带风扇	0.37	1.3	6SL3210-5BE13-7UV0	6SL3210-5BE13-7CV0
	0.55	1.7	6SL3210-5BE15-5UV0	6SL3210-5BE15-5CV0
	0.75	2.2	6SL3210-5BE17-5UV0	6SL3210-5BE17-5CV0
外形尺寸 A 带 1 个风扇	1.1	3.1	6SL3210-5BE21-1UV0	6SL3210-5BE21-1CV0
	1.5	4.1	6SL3210-5BE21-5UV0	6SL3210-5BE21-5CV0
	2.2	5.6	6SL3210-5BE22-2UV0	6SL3210-5BE22-2CV0
外形尺寸 B 带 1 个风扇	3.0	7.3	6SL3210-5BE23-0UV0	6SL3210-5BE23-0CV0
	4.0	8.8	6SL3210-5BE24-0UV0	6SL3210-5BE24-0CV0
外形尺寸 C 带 1 个风扇	5.5	12.5	6SL3210-5BE25-5UV0	6SL3210-5BE25-5CV0
外形尺寸 D 带 1 个风扇	7.5	16.5	6SL3210-5BE27-5UV0	6SL3210-5BE27-5CV0
	11	25	6SL3210-5BE31-1UV0	6SL3210-5BE31-1CV0
	15	31	6SL3210-5BE31-5UV0	6SL3210-5BE31-5CV0

2.V20 变频器铭牌数据

V20 变频器的铭牌数据包括订货号、产品序列号、部件号、硬件版本。V20 变频器的铭牌数据如图 6-58 所示。

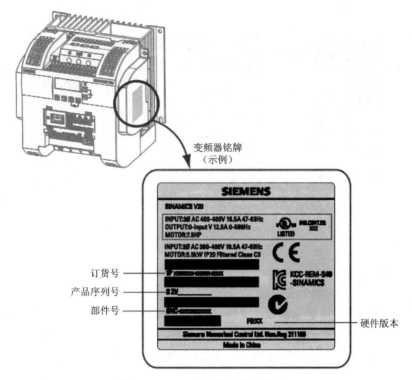

图 6-58 V20 变频器的铭牌数据

3.V20 变频器主要配件

V20 变频器的主要配件包括参数下载器、MMC/SD 卡、外接 BOP 面板等。

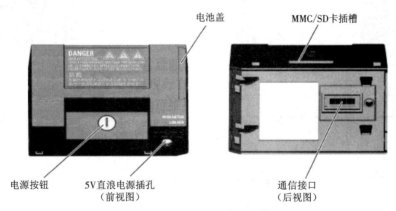

图 6-59 V20 变频器参数下载器

1）参数下载器

V20 变频器参数下载器外形结构及安装尺寸如图 6-59 和图 6-60 所示。

参数下载器可实现变频器与 MMC / SD 卡之间的参数上传 / 下载。它安装在变频器的前面卡槽里，可用电池供电（2 节 5 号电池），也可由外部 5 V 直流电源供电（配有 5 V 直流电源插孔）。

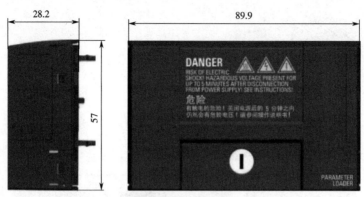

图 6-60 V20 变频器参数下载器安装尺寸

2）MMC/SD 卡

（1）支持文件格式：FAT16 和 FAT32。

（2）最大存储容量：2 GB。

（3）参数传输所需的最小空间：8 KB。

3）外接 BOP 面板

V20 变频器配有外接 BOP，用于实现变频器的远程操作控制，可将其安装在电气控制柜的门上，或者安装到其他的操作盘上。外接 BOP 通过 BOP 接口模块与 V20 变频器连接，如图 6-61 所示。

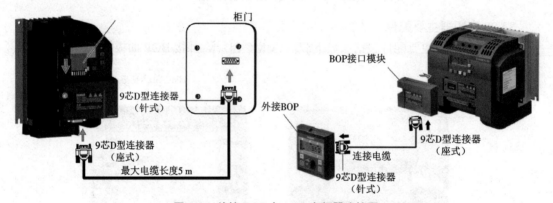

图 6-61 外接 BOP 与 V20 变频器连接图

三、V20 变频器的安装及接线

1. 机械安装

V20 变频器的机械安装包括壁挂式安装和穿墙式安装。壁挂式安装通常是将变频器安装在电气控制柜或控制屏上。变频器安装在电气控制柜中时，要充分考虑其通风和散热问题，要预留一定尺寸的散热通道。穿墙式安装是将变频器装好后，散热器延伸至电柜外，并固定在墙壁上的一种安装方式。

2. 电气安装

1）V20 变频器系统连接

V20 变频器主电路的输入连接包括三相交流电源、熔断器（快速保险）、交流接触器、进线电抗器（选件）、滤波器（选件）。变频器的输出连接包括电动机控制端子、输出电抗器（选件）、制动电源接口、三相交流异步电动机。扩展接口主要连接参数下载器（选件）、BOP接口模块（选件）。V20变频器典型的系统连接如图6-62所示。

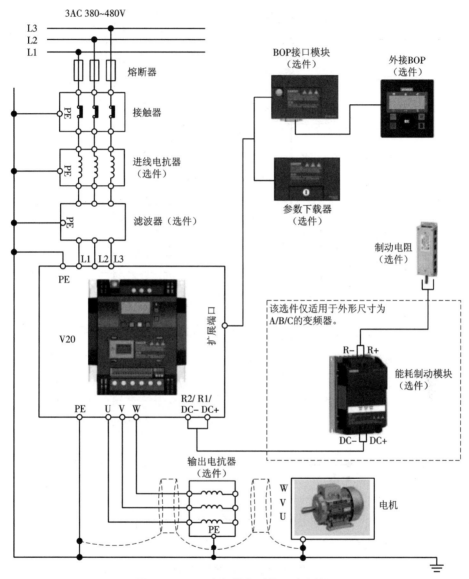

图 6-62　V20 变频器典型的系统连接图

2）V20 变频器电气线路连接

V20 变频器电气接线分为主电路和控制电路。主电路主要是电源、变频器、电动机、制动接口之间的接线。控制电路主要是数字输入量、模拟输入量、数字输出量、模拟输出量、RS-485 通信接口和扩展接口（插接）的接线。V20 变频器电气接线如图 6-63 所示。

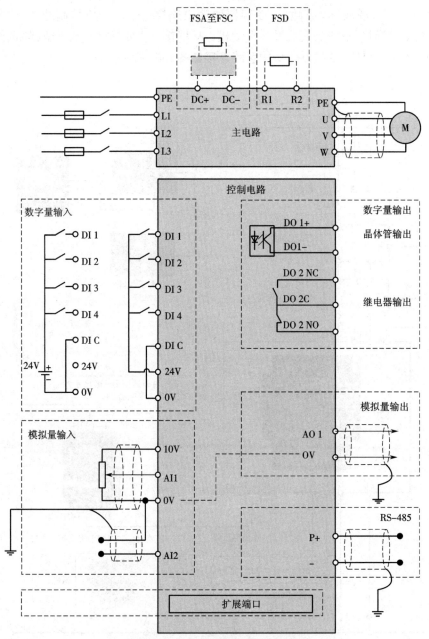

图 6-63　V20 变频器电气接线图

3）V20 变频器接线端子

V20 变频器接线端子包括电源端子（L1，L2，L3）、PE 端子（输入进线）、电动机端子（U，V，W）、DC 端子（DC−，DC+）、PE 端子（输出线）、用户端子（1~19）。V20 变频器电气接线端子和用户端子说明如图 6-64 和图 6-65 所示。

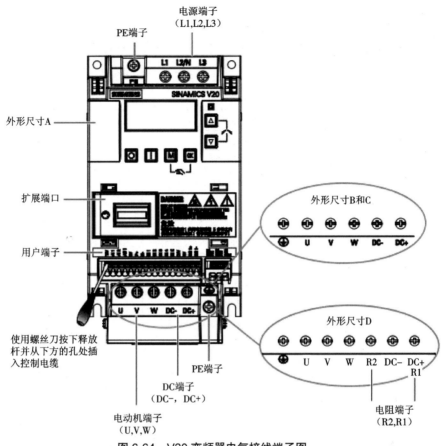

图 6-64　V20 变频器电气接线端子图

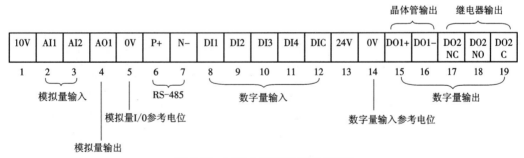

图 6-65　V20 变频器用户端子明细

用户端子功能见表 6-17。

表 6-17　V20 变频器用户端子参数配置表

类别	编号	端子标记	描述
	1	10V	以 0V 为参考的 10 V 输出(公差为 ± 5 %),最大 11 mA,有短路保护

续表

类别	编号	端子标记	描述	
模拟量输入	2	AI1	模式	AI1：单端双极性电流和电压模式
				AI2：单端单极性电流和电压模式
	3	AI2	控制电路隔离	无
			电压范围	AI1：-10~10 V；AI2：0~10 V
			电流范围	0~20 mA（4~20 mA，软件可选）
			电压模式精度	全范围 ± 5 %
			电流模式精度	全范围 ± 5 %
			输入阻抗	电压模式：> 30 K
				电流模式：235 R
			精度	10 位
			断线检测	是
			阈值 0 → 1（用作数字量输入）	4.0 V
			阈值 1 → 0（用作数字量输入）	1.6 V
			响应时间（数字量输入模式）	4 ms ± 4 ms
模拟量输出	4	AO1	模式	单端双极性电流模式
			控制电路隔离	无
			电流范围	0~20 mA（4~20 mA，软件可选）
			精度（0~20 mA）	± 1 mA
			输出能力	20 mA 输出 500 R
	5	0V	模拟量输入 / 输出参考电位	
	6	P+	RS485 P +	
	7	N-	RS485 N-	
数字量输入	8	DI1	模式	PNP（低电平参考端子）
	9	DI2		NPN（高电平参考端子）
	10	DI3		采用 NPN 模式时特性数值颠倒
	11	DI4	控制电路隔离	直流 100 V（功能性低电压）
	12	DIC	绝对最大电压	每 50 秒 ± 35 V 持续 500 ms
			工作电压	-3~30 V
			阈值 0 → 1（最大值）	11V
			阈值 1 → 0（最小值）	5V
			输入电流（保障性关闭值）	0.6~2 mA
			输入电流（最大导通值）	15 mA
			兼容 2 线制接近开关	否
			响应时间	4 ms ± 4 ms
			脉冲列输入	否
	13	24V	以 0 V 为参考的 24 V 输出（公差为 -15 %~+ 20 %），最大 50 mA，无隔离	
	14	0V	数字量输入参考电位	

类别	编号	端子标记	描述	
数字量输出	15	DO1+	模式	常开型无电压端子,有极性
	16	DO1−	控制电路隔离	直流 100 V(功能性低电压)
			端子间最大电压	± 35 V
			最大负载电流	100 mA
			响应时间	4 ms ± 4 ms
	17	DO2 NC	模式	转换型无电压端子,无极性
	18	DO2 NO	控制电路隔离	4 kV(主电源 230 V)
	19	DO2 C	端子间最大电压	240 V + 10 %
			最大负载电流	0.5 A @ 交流 250 V,电阻负载 0.5 A @ 直流 30 V,电阻负载
			响应时间	打开: 7 ms ± 7 ms 关闭: 10 ms ± 9 ms

四、V20 变频器的开机调试

1. 内置基本操作面板(BOP)

1)内置面板(BOP)组成

V20 变频器带有内置操作面板(BOP),面板的基本配置如图 6-66 所示。

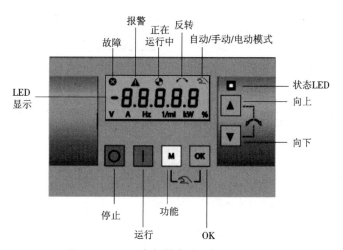

图 6-66　V20 变频器内置面板配置及功能

2)内置面板功能。

内置面板功能见表 6-18。

表 6-18　V20 变频器内置面板功能表

按钮	操作	功能
⊙	单击	OFF1 停车方式:电机按参数 P1121 中设置的斜坡下降时间减速停车。 说明:若变频器配置为 OFF1 停车方式,则该按钮在"自动"运行模式下无效。
	双击(<2 s)或 长按(>3 s)	OFF2 停车方式:电机不采用任何斜坡下降时间,而按惯性自由停车。
Ⅰ		启动变频器:若变频器在"手动"或"点动"运行模式下启动,则显示变频器运行图标(🌐)。 说明:若当前变频器处于外部端子控制(P0700 = 2,P1000 = 2)并处于"自动"运行模式,该按钮无效。
M	多功能按钮	OFF2 停车方式:电机不采用任何斜坡下降时间,而按惯性自由停车。
	短按(<2 s)	①进入参数设置菜单或转至下一显示画面; ②就当前所选项重新开始按位编辑; ③在按位编辑模式下连按两次即返回编辑前画面
	长按(>2 s)	①返回状态显示画面; ②进入设置菜单
OK	短按(<2 s)	①在状态显示数值间切换; ②进入数值编辑模式或换至下一位; ③清除故障
	长按(>2 s)	快速编辑参数号或参数值
M + OK	手动 / 点动 / 自动:按下该组合键在不同运行模式间切换。 说明:只有当电机停止运行时,才能启用点动模式。	
▲		①当浏览菜单时,按下该按钮即向上选择当前菜单下可用的显示画面; ②当编辑参数值时,按下该按钮增大数值; ③当变频器处于"运行"模式时,按下该按钮增大速度; ④长按(>2 s)该按钮快速向上滚动参数号、参数下标或参数值。
▼		①当浏览菜单时,按下该按钮即向下选择当前菜单下可用的显示画面; ②当编辑参数值时,按下该按钮减小数值; ③当变频器处于"运行"模式时,按下该按钮减小速度; ④长按(>2 s)该按钮快速向下滚动参数号、参数下标或参数值。
▲ + ▼		使电机反转。按下该组合键一次启动电机反转;再次按下该组合键撤销电机反转;变频器上显示反转图标(↷)表明输出速度与设定值相反。

M + OK 组合键运行模式切换:自动模式(无图标) → M+OK → 手动模式(显示手形图标 ✍) → M+OK → 点动模式(显示闪烁的手形图标 ✍),自动模式 ← M+OK

3)状态图标

V20 变频器的内置面板上有一个液晶显示窗,可同时显示指令、指令当前值、故障代码、状态图标,还可显示变频器当前的技术参数,见表 6-19。

表 6-19 V20 变频器状态图标

⊗		变频器存在至少一个未处理的故障
⚠		变频器存在至少一个未处理报警
⊕	⊕	变频器在运行中(电机频率可为 0 r/m)
	⊕(闪烁)	变频器可能被意外上电(例如霜冻保护模式时)
⌒		电机反转
✋	✋	变频器处于"手动"模式
	✋(闪烁)	变频器处于"点动"模式

2. 变频器菜单结构

1)变频器通电状态

V20 变频器首次通电或恢复出厂设置后,基本显示和菜单操作流程如图 6-67 所示。

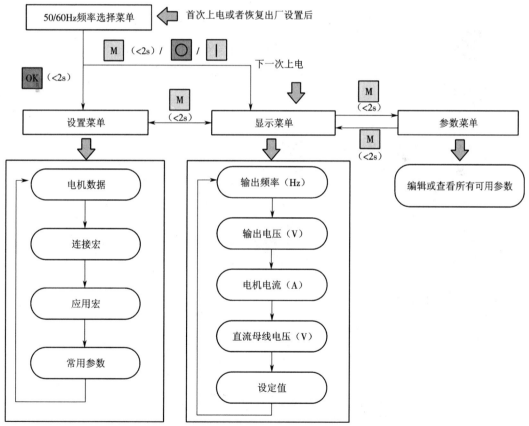

图 6-67 V20 变频器基本显示和菜单操作流程

2)状态 LED 显示

V20 变频器只有一个 LED 状态指示灯。 此 LED 灯可显示橙色、绿色或红色。如果变频器同时存在多个状态,则 LED 指示灯按照以下优先级顺序显示,见表 6-20。

表 6-20　LED 状态指示灯显示列表

变频器状态	LED 颜色	
上电	橙色	
准备就绪（无故障）	绿色	
调试模式	绿色 0.5Hz 闪烁	
发生故障	红色 2Hz 闪烁	
参数克隆	橙色 1Hz 闪烁	

3. 变频器手动 / 点动运行

（1）在手动模式下启动电动机方法如下。

按	**I**	启动电动机
按	**O**	停止电动机

（2）在点动模式下启动电动机方法如下。

按	**M** + **OK**	组合键从"手动"切换到"点动"模式（ 图标闪烁）		
按	**I**	启动电动机	松开 **I**	停止电动机

4. 变频器快速调试

1）快速调试操作流程

V20 变频器的快速调试是以基本面板操作及运行来实现的,在快速调试中应完成电机数据、连接宏、应用宏、常用参数的设置。快速调试操作流程如图 6-68 所示。

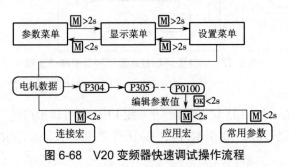

图 6-68　V20 变频器快速调试操作流程

2）快速调试接线

快速调试的接线只连接主电路（电源、电机），其接线如图6-69所示。

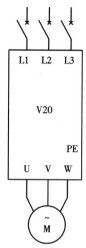

图 6-69 V20 变频器快速调试接线

3）快速调试指令表

对 V20 变频器进行快速调试时，需先恢复出厂设置，见表6-21；然后再进行快速调试（参数菜单），见表6-21。

表 6-21 恢复出厂设置

参数	出厂值	功能	设置
P0003		用户访问级别	=1（标准用户访问级别）
P0010		调试参数	=30（恢复出厂设置）
P0970		出厂复位	=1 参数复位为用户默认设置（如已存储），否则复位为出厂默认设置

设置参数 P0970 后，变频器会显示"88888"字样，且随后显示"P0970"。P0970 及 P0010 自动复位至初始值 0。

表 6-22 快速调试（参数菜单设置）

参数	出厂值	功能	设置
P0003		用户访问级别	=3（专家访问级别）
P0010		调试参数	=1（快速调试）
P0100		50/60 Hz 频率选择	根据需要设置参数值： =0 为欧洲 [kW]，50 Hz（工厂缺省值） =1 为北美洲 [hp]，60 Hz =2 为北美洲 [kW]，60 Hz
P0304[0] ●		电机额定电压（V）	范围：10~2000 说明：输入的铭牌数据必须与电机接线（星形／三角形）一致

参数	出厂值	功能	设置
P0305[0] ●		电机额定电流（A）	范围：0.01~10000 说明：输入的铭牌数据必须与电机接线（星形/三角形）一致
P0307[0] ●		电机额定功率（kW 或 hp）	范围：0.01~2000.0 说明： 如 P0100 = 0 或 2，电机功率单位为 kW 如 P0100 = 1，电机功率单位为 hp
P0308[0] ●		电机额定功率因数（cos φ）	范围：0.000~1.000 说明：此参数仅当 P0100 = 0 或 2 时可见
P0309[0] ●		电机额定效率（%）	范围：0.0~99.9 说明：仅当 P0100 = 1 时可见，此参数设为 0 时内部计算其值
P0310[0] ●		电机额定频率（Hz）	范围：12.00~599.00
P0311[0] ●		电机额定转速（R/min）	范围：0~40000
P0335[0]		电机冷却	根据实际电机冷却方式设置参数值； = 0 为自冷（工厂缺省值）； = 1 为强制冷却； = 2 为自冷与内置风扇； = 3 为强制冷却与内置风扇
P0640[0]		电机过载系数（%）	范围：10.0~400.0（工厂缺省值为 150.0） 说明：该参数相对于 P0305（电机额定电流）定义电机过载电流极限值
P0700[0..2]		选择命令源	= 0 为出厂默认设置； = 1 为操作面板（工厂缺省值）； = 2 为端子； = 5 为 RS485 上的 USS / MODBUS
P1000[0]		频率设定值选择	范围：0~77（工厂缺省值：1）； = 0 为无主设定值； = 1 为 MOP 设定值； = 2 为模拟量设定值； = 3 为固定频率； = 5 为 RS485 上的 USS； = 7 为模拟量设定值
P1080[0]		最小频率（Hz）	范围：0.00~599.00（工厂缺省值为 0.00） 说明：此参数中所设定的值对正转和反转都有效。
P1082[0]		最大频率（Hz）	范围：0.00~599.00（工厂缺省值为 50.00） 说明：此参数中所设定的值对正转和反转都有效
P1120[0]		斜坡上升时间（s）	范围：0.00~650.00（工厂缺省值为 10.00） 说明：此参数中所设定的值表示在不使用圆弧功能时使电机从停车状态加速至电机最大频率（P1082）所需的时间
P1121[0]		斜坡下降时间（s）	范围：0.00~650.00（工厂缺省值为 10.00） 说明：此参数中所设定的值表示在不使用圆弧功能时使电机从电机最大频率（P1082）减速至停车状态所需的时间

续表

参数	出厂值	功能	设置
P1300[0]		控制方式	=0 为具有线性特性的 V/f 控制(工厂缺省值); =1 为带 FCC(磁通电流控制)的 V/f 控制; =2 为具有平方特性的 V/f 控制; =3 为具有可编程特性的 V/f 控制; =4 为具有线性特性的 V/f 控制(带节能功能); =5 为用于纺织应用的 V/f 控制; =6 为带 FCC 用于纺织应用的 V/f 控制; =7 为具有平方特性的 V/f 控制(带节能功能); =19 为带独立电压设定值的 V/f 控制
P3900		快速调试结束	=0 为不快速调试(工厂缺省值); =1 为结束快速调试并执行工厂复位; =2 为结束快速调试; =3 为仅对电机数据结束快速调试; 说明:在计算结束之后,P3900 及 P0010 自动复位至初始值 0。变频器显示"88888"表明其正在执行内部数据处理
P1900		选择电机数据识别	=0 为禁止; =2 为静止时识别所有参数

五、V20 变频器功能设定

1. 选择停车方式

根据控制工艺要求,变频器可控制电动机采取不同的停车方式。V20 变频器的停车方式包括 OFF1、OFF2、OFF3。

【温馨提示】变频器在 OFF2 / OFF3 命令后会处于"ON 禁止"状态,此时需要给出低→高 ON 命令才能再次启动电机。

1)OFF1 停车方式

OFF1 为正常停车,它与 ON 命令紧密对应,当撤销 ON 命令后,直接激活 OFF1 命令,使变频器停止运行。采用 OFF1 停车方式时,变频器使用 P1121 中定义的斜坡下降时间。如果输出频率降至 P2167 参数值以下并且 P2168 中的时间已结束,变频器取消控制脉冲。OFF1 停车过程如图 6-70 所示。

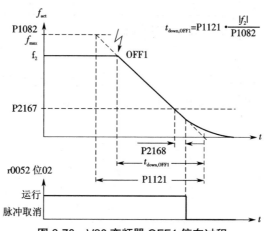

图 6-70 V20 变频器 OFF1 停车过程

2）OFF2 停车方式

OFF2 为自由停车方式，当执行 OFF2 命令时，变频器立即取消控制脉冲（此时无任何控制命令），电动机按惯性自由停车。OFF2 停车过程如图 6-71 所示。

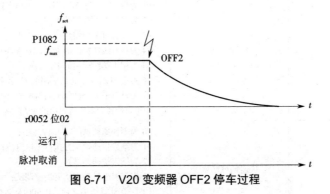

图 6-71　V20 变频器 OFF2 停车过程

3）OFF3 停车方式

OFF3 为快速停车，其停车时间取决于 P1135 中的斜坡下降时间，当输出频率降至 P2167 参数值以下并且 P2168 中的时间已结束，变频器取消控制脉冲。OFF3 停车过程如图 6-72 所示。

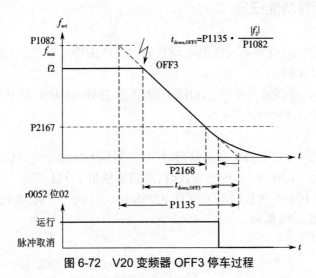

图 6-72　V20 变频器 OFF3 停车过程

2. 节能运行模式

节能运行模式的工作原理是通过改变变频器输出电压（微调）高低，来实现最小输入功率，适用于负载稳定或变化缓慢的电动机。节能运行模式功能如图 6-73 所示，参数设置见表 6-23。

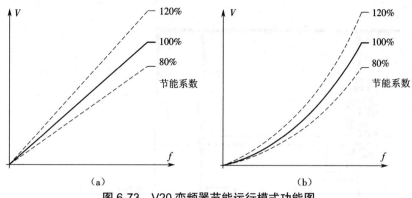

图 6-73　V20 变频器节能运行模式功能图
（a）节能模式,线性控制　（b）节能模式,平方控制

表 6-23　节能运行参数设置

参数	功能	设置
P1300[0...2]	控制方式	= 4 为具有线性特性的 V/f 控制(带节能功能); = 7 为具有平方特性的 V/f 控制(带节能功能)
r1348	节能模式系数(%)	此参数显示计算出的用于所需输出电压的节能模式系数(范围为 80%~120%)。 如果该参数值过低,系统可能会变得不稳定

3. 电机过热保护功能设置

该功能可防止电动机过载(过热)运行。当变频器检测到电动机过热保护报警值时,会作出特定的反应,并记忆断电时电动机的当前温度,电动机再次启动时会根据 P0610 的设置作出特定反应。电动机过载(过热)保护参数设置见表 6-24。

表 6-24　电动机过载(过热)保护参数设置

参数	功能	设置
P0610[0...2]	电动机温度反应	此参数定义电机温度达到报警阈值时的反应; = 0 为无反应,仅报警,不保存温度; = 1 为报警,最大电流 I_{max} 降低(结果:频率降低,生成故障 F0011,不保存温度); = 2 为报警并跳闸(F11),不保存温度; = 4 为无反应,恢复之前的温度; = 5 为报警,I_{max} 降低,恢复之前的温度; = 6 为报警并跳闸(F11),恢复之前的温度相关性,跳闸阈值 = P0604 * 110 %

4. 多泵控制模式

多泵控制是指允许变频器最多控制 2 个额外的水泵或风机,即由 1 台变频器控制水泵(变频运行),同时还可通过接触器或电机启动器控制 2 台以下的水泵或风机(工频运行)。接触器或电机启动器通过变频器的数字量输出端进行控制。多泵控制系统如图 6-74 所示,多泵控制参数设置见表 6-25。

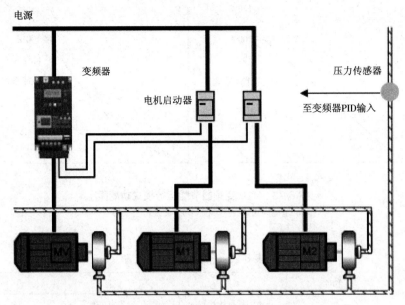

图 6-74 V20 变频器多泵控制系统图

表 6-25 多泵控制参数设置

参数	功能	设置
P2370[0...2]	多泵控制停机模式	当使用多泵控制时,此参数可选择外部电动机的停机模式。 = 0 为常规停机(工厂缺省值); = 1 为顺序停机
P2371[0...2]	多泵控制配置	此参数为多泵控制中的外部电机(M1,M2)选择配置。 = 1 为 M1 = 1X, M2 = = 2 为 M1 = 1X, M2 = 1X = 3 为 M1 = 1X, M2 = 2X
P2372[0...2]	多泵控制循环	此参数使能多泵控制下的电机循环。 = 0 为禁止(工厂缺省值) = 1 为使能
P2373[0...2]	多泵控制滞环 [%]	P2373 为 PID 设定值的百分比,该值必须在加泵延迟开始之前超过 PID 误差 P2273。 范围:0.0~200.0(工厂缺省值为 20.0)
P2374[0...2]	加泵延迟 [s]	此参数定义开始加泵之前的延迟时间,PID 误差 P2273 必须在此之前超过多泵控制滞环 P2373。 范围:0~650(工厂缺省值为 30)
P2375[0...2]	减泵延迟 [s]	此参数定义开始减泵之前的延迟时间,PID 误差 P2273 必须在此之前超过多泵控制滞环 P2373。 范围:0~650(工厂缺省值为 30)
P2376[0...2]	加泵延迟超驰(%)	P2376 为 PID 设定值的百分比。当 PID 误差 P2273 超出该值时,加泵 / 减泵与延迟计时器无关。 范围:0.0~200.0(工厂缺省值为 25.0) 说明:该参数值必须始终大于多泵控制滞环 P2373。

参数	功能	设置
P2377[0...2]	多泵控制关闭计时器（s）	此参数定义加泵或减泵后防止延迟超驰的时间。 范围：0~650（工厂缺省值为30）
P2378[0...2]	多泵控制频率 f_{st}（Hz）	此参数设置在加泵/减泵时数字量输出（DO）开关的频率,同时变频器从最大频率斜坡运行至最小频率（或反之）。 范围：0.0~120.0（工厂缺省值：为50.0）
r2379[0...2]	CO / BO：多泵控制状态字	此参数显示多泵控制的输出字,从而便于进行外部连接。 位00为启动电机1（1：是；0：否）； 位01为启动电机2（1：是；0：否）
P2380[0...2]	多泵运行小时数（h）	此参数显示外部电机运行的小时数。下标： [0] 为电机1运行小时数； [1] 为电机2运行小时数； [2] 为未使用； 范围：0.0~4294967295（工厂缺省值为0.0）

5. 查看变频器运行状态

V20变频器在运行过程中,用户可通过显示面板查看诸如频率、电压、电流等关键运行参数,从而实现对变频器的基本监控。查看V20变频器运行参数操作流程如图6-75所示。

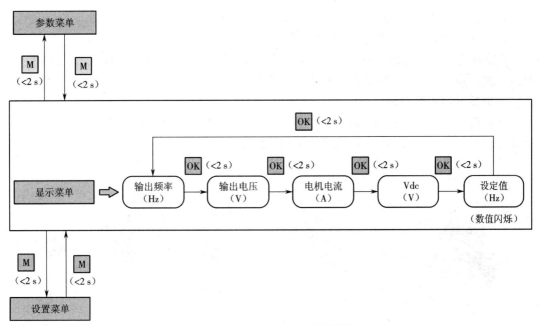

图 6-75　查看 V20 变频器运行参数操作流程图

教学单元 4　触摸屏

HMI（Human Machine Interface）即"人机接口",也叫人机界面,通常用来与控制器（PLC或单片机）连接,其硬件系统采用嵌入式控制器,常用的软件有WindowsCE、Android、

Apple、Windows 及其他图形化组态软件。其屏幕具有触摸功能,所以常被称为触摸屏。

一、触摸屏的基本概述

1. 触摸屏的概念

触摸屏是通过手或专用触控笔进行操作的计算机嵌入系统。当接触屏幕上的图形元素时,屏幕上的触觉反馈系统可根据预先编程的程序驱动各种连接装置,用以取代机械式的操作面板,并由液晶显示画面制造出生动的动态效果。同时,将图元与数据库关联后的数据与控制器进行通信并实施数据交换。触摸屏的形式如图 6-76 和图 6-77 所示。

图 6-76　工业控制触摸屏

图 6-77　触控一体机

2. 触摸屏的分类

触摸屏可按传输介质、安装方式、技术原理进行分类。

（1）触摸屏按传输介质分类,可分为电阻式、电容感应式、红外线式以及表面声波式。

（2）触摸屏按安装方式分类,可分为外挂式、内置式和整体式。

（3）触摸屏按技术原理分类,可分为矢量压力传感技术触摸屏、电阻技术触摸屏、电容技术触摸屏、红外线技术触摸屏、表面声波技术触摸屏。

3. 触摸屏的主要用途

触摸屏广泛应用于通信、控制、教学、会议、影视、广告等领域,其表现形式为文本、数据、曲线、场景、操作盘、用户菜单等,如图 6-78 至图 6-83 所示。

图 6-78　显示文本

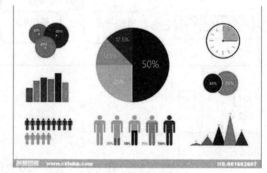

图 6-79　显示数据

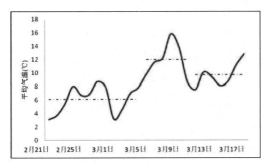

图 6-80　显示曲线

图 6-81　显示场景

图 6-82　操作面板

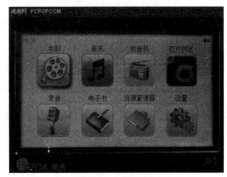

图 6-83　用户菜单

二、TPC7062Ti 触摸屏简介

1. 认识 TPC7062Ti 触摸屏

1）TPC7062Ti 触摸屏基本组成

TPC7062Ti 触摸屏是一套以先进的 Cortex-A8 CPU 为核心（主频 600 MHz）的高性能嵌入式一体化触摸屏，设计上采用了 7 英寸高亮度 TFT 液晶显示屏（分辨率 800×480），四线电阻式触摸屏（分辨率 4096×4096）。同时，还预装了 MCGS 嵌入式组态软件（运行版）和 WINCE 系统，具备强大的图像显示和数据处理功能。TPC7062Ti 触摸屏外形结构如图 6-84 所示。

2）TPC7062Ti 触摸屏功能特点

TPC7062Ti 触摸屏采用了 65535 色的高清画面，系统采用工业 Ⅲ 级标准，LED 背光，使其运行可靠；控制器主频 600 MHz，内存 128 MB，系统存储 128 MB，可扩展 SD 卡；配有 RS-232 和 RS485 串口，USB 接口；支持以太网口连接；功耗为 5W，每星期耗电仅为 1 kWh（度）。

3）TPC7062Ti 触摸屏软件配置

TPC7062Ti 触摸屏内置 MCGS 嵌入式系统（运行版）和 WINCE 系统。方便触摸屏的组态后运行，也可通过 WINCE 系统对其内部数据实施管理。

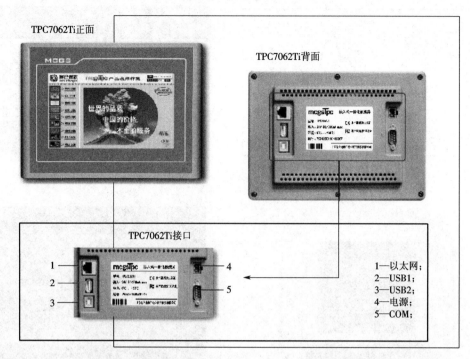

图 6-84　TPC7062Ti 触摸屏外形结构

2.TPC7062Ti 触摸屏的安装

1）TPC7062Ti 触摸屏外形尺寸

TPC7062Ti 触摸屏采用塑膜面板密封，外形尺寸为 226.5 mm × 163 mm × 36 mm，开孔尺寸为（215 ± 0.5 ）mm ×（ 152 ± 0.5 ）mm。TPC7062Ti 触摸屏外形结构及开孔尺寸如图 6-85 所示。

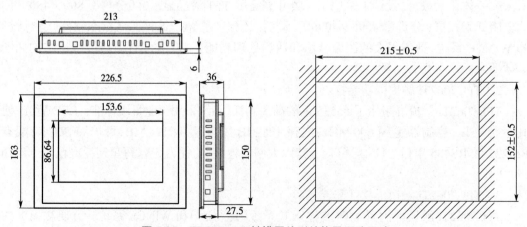

图 6-85　TPC7062Ti 触摸屏外形结构及开孔尺寸

2）TPC7062Ti 触摸屏安装方式

TPC7062Ti 触摸屏采用内嵌壁挂式或内嵌水平式安装方式，使用专用的连接片和螺钉进行安装，其倾斜角度介于 0°~30°。TPC7062Ti 触摸屏安装方式如图 6-86 所示。

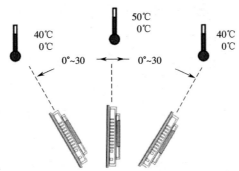

图 6-86　TPC7062Ti 触摸屏安装方式

3.TPC7062Ti 触摸屏的接口说明

TPC7062Ti 触摸屏的接口见表 6-26。

表 6-26　TPC7062Ti 触摸屏的接口

LAN（RJ45）	以太网接口
串口（DB9）	$1 \times RS232, 1 \times RS485$
USB1	主口，USB1.1 兼容
USB2	从口，用于下载工程
电源接口	$24V\ DC \pm 20\%$

TPC7062Ti 触摸屏的接口排列如图 6-87 所示。

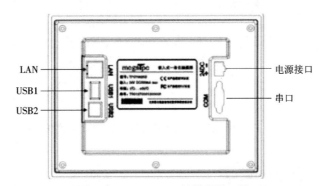

图 6-87　TPC7062Ti 触摸屏接口排列

TPC7062Ti 触摸屏的串口（DB9）各引脚功能说明见表 6-27。

表 6-27　TPC7062Ti 触摸屏串口引脚说明

COM1	2	RS232 RXD
	3	RS232 TXD
	5	GND
COM2	7	RS485+
	8	RS485-

TPC7062Ti 触摸屏串口引脚排列如图 6-88 所示。

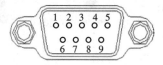

图 6-88　TPC7062Ti 触摸屏串口引脚排列

【温馨提示】TPC7062Ti 触摸屏与西门子、三菱、欧姆龙 PLC 的通信连接分别为 RS-484、RS-422、RS-232,通信连接线各引脚连接如图 6-89 至图 6-91 所示。

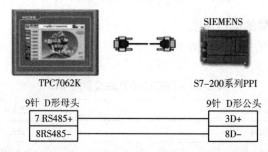

图 6-89　TPC7062Ti 触摸屏串口与西门子 PLC 的通信连接

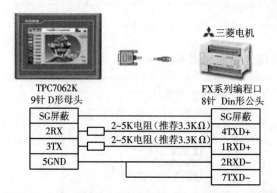

图 6-90　TPC7062Ti 触摸屏串口与三菱 PLC 的通信连接

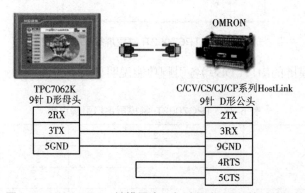

图 6-91　TPC7062Ti 触摸屏串口与欧姆龙 PLC 的通信连接

TPC7062Ti 触摸屏串口扩展设置(终端电阻)COM2 口 RS-485 终端匹配电阻和跳线设置如图 6-92 所示。

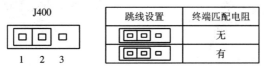

跳线设置	终端匹配电阻
	无
	有

J400

1　2　3

图 6-92　TPC7062Ti 触摸屏串口终端匹配电阻和跳线设置

三、MCGS 嵌入式组态软件基本概述

MCGS 嵌入版是专门应用于嵌入式计算机监控系统的组态软件,它由组态环境和运行环境两部分组成,其组态环境可在 Windows 平台上运行,可实现对实际工程问题的组态设计,而运行环境则是在嵌入式操作系统 WindowsCE 中运行。MCGS 嵌入版在运行过程中可实现对现场数据的采集处理,以动画显示、报警处理、流程控制和报表输出等多种方式,实现在线监控和数据交互管理。MCGS 嵌入版的运行环境嵌入在触摸屏中,起到控制器操作面板的作用。

1. MCGS 嵌入版组态软件的功能

(1)简单灵活的可视化(全中文)操作界面。

(2)基于系统工作台的面向窗口开发界面。

(3)实时性强,有良好的并行处理性能。

(4)丰富、生动的多媒体画面和资源图库。

(5)完善的安全机制,允许用户自由设定菜单、按钮及退出系统的操作权限。

(6)强大的网络功能,支持 TCP/IP、Modem、485/422/232 以及各种无线网络传输。

(7)多样化的报警功能,具有丰富的报警类型和对报警数据的应答。

(8)实时数据库为用户分步组态提供极大方便,可分别进行组态配置,独立建造,互不相干。

(9)通过 OPC、DDE、ODBC、ActiveX 等机制,可方便扩展 MCGS 嵌入版组态软件的功能。

2. MCGS 嵌入版组态软件的特点

(1)容量小、速度快、成本低。

(2)功能强大、系统稳定性高。

(3)操作简便、通信方便、支持多种设备。

(4)全新的 ActiveX 动画构件,能方便、灵活地处理和显示生产数据。

(5)支持目前绝大多数硬件设备,同时可以方便地定制各种设备驱动。

(6)系统内嵌简单易学的类 Basic 脚本语言与丰富的 MCGS 策略构件。

四、MCGS 嵌入式组态软件的体系结构

MCGS 嵌入式组态软件的体系结构分为组态环境、模拟运行环境和运行环境三部分,如图 6-93 所示。

由图 6-93 可见,组态环境和模拟运行环境都可以在计算机上运行,用户可根据实际需要进行组态设计和模拟运行,以此来帮助用户设计和构造理想的组态工程。

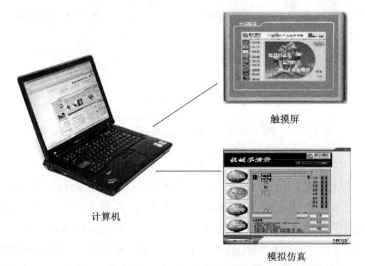

触摸屏

计算机

模拟仿真

图 6-93　MCGS 嵌入式组态软件系统结构图

运行环境则是一个独立的运行系统,它按照组态工程中用户指定的方式进行各种处理,完成用户组态设计的目标和功能。运行环境是在触摸屏上展示组态的工作过程。它自身没有任何意义,必须与组态工程一起作为一个整体,才能构成用户应用系统。一旦组态工作完成,并且将组态好的工程通过串口或以太网下载到下位机的运行环境中,组态工程就可以离开组态环境而独立在下位机上运行,从而实现控制和运行。

MCGS 嵌入版的主体结构由系统工作台构成,内含五个窗口,即主控窗口、设备窗口、用户窗口、实时数据库和运行策略,如图 6-94 所示。

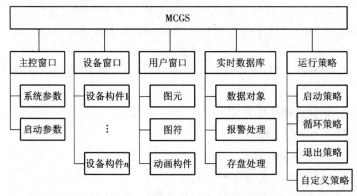

图 6-94　MCGS 嵌入式组态软件系统工作台

1. 主控窗口

主控窗口是系统的主框架,它确定了工程项目的总体轮廓以及运行流程、特性参数和启动特性等项内容。通过主控窗口,可完成用户菜单的设计和系统属性的设置。主控窗口系统属性中包含基本属性、启动属性、内存属性、系统参数、存盘参数。在系统工作台的主控窗口中按下"系统属性"按钮,即可进入属性设置对话框。

1)基本属性

基本属性包含窗口标题、菜单设置、封面窗口、权限设置、登录设置、窗口显示、窗口注释等,在此主要对系统运行平台的整体框架和管理权限进行设置,如图 6-95 所示。

2)启动属性

启动属性是定义已创建的用户窗口在启动运行时能自动在前台运行,在用户窗口列表和自动运行窗口中,任意双击某个窗口名称,即可完成对启动窗口的添加或删除,如图 6-96 所示。

图 6-95　基本属性　　　　　　　　　　图 6-96　启动属性

3)内存属性

内存属性是定义已创建的用户窗口在运行时能自动装入内存,以便能快速调出用户窗口至前台,在用户窗口列表和装入内存窗口中,任意双击某个窗口名称,即可完成对窗口装入内存的添加或删除。

4)系统参数

系统参数主要是对系统运行时的控制参数进行设置,如快速闪烁周期、中速闪烁周期、慢速闪烁周期、动画刷新周期、系统最小时间,如图 6-97 所示。

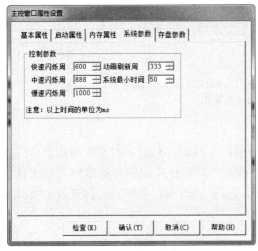

图 6-97　系统参数　　　　　　　　　　图 6-98　存盘参数

5）存盘参数

存盘参数是对工程文件配置、过程数据路径、特大数据存储设置等诸多参数进行设置，如图 6-98 所示。

6）菜单组态

在建立了一个新工程文件后，为了便于操作者的操作，设计人员可以为用户编制一套适合用户操作的菜单。这些菜单项用来执行不同的命令，如打开某一个窗口、关闭某一个窗口、完成数据对象值操作、执行某段脚本程序、执行某个运行策略等。

在主控窗口中，通过点击"菜单组态"按钮，或直接双击主控窗口中的图标，便可弹出菜单组态窗口，如图 6-99 所示。在菜单组态工作区内点击鼠标右键，弹出常用的菜单编辑，用户可在该窗口下完成菜单的基本设置工作。MCGS 嵌入式组态软件允许用户自由设置所需的每一个菜单命令，内容包括名称、对应的快捷键、执行的功能等。

在菜单组态过程中，可完成新增菜单项、新增分隔线、新增下拉菜单以及菜单项的上、下、左、右的位置调换和删除菜单、工具条、状态条、属性、事件等所有操作。

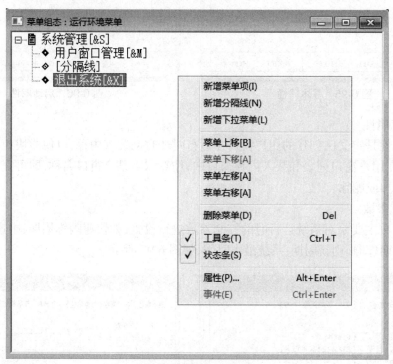

图 6-99　菜单组态窗口

2.设备窗口

设备窗口用来放置不同类型和功能的设备构件，实现对外部设备的操作和控制，通过构件导入外部设备的数据，并与实时数据库对接，或把实时数据库中的数据输出到外部设备。运行过程中，设备窗口是不可见的，只在后台独立运行。运行时，系统自动打开设备窗口，管理和调度所有设备构件与外部设备实时通信。

1）设备组态

在系统工作台上选择设备窗口，通过点击"设备组态"按钮，或直接双击设备窗口中的图标,便可弹出设备组态窗口。在组态区域中点击鼠标右键,在弹出的菜单中选择"设备工具箱",出现设备工具箱窗口,如图 6-100 所示。

图 6-100　设备工具箱

2) 设备管理

在设备工具箱窗口中,用鼠标点击"设备管理"按钮,弹出设备管理对话框,如图 6-101 所示。在"可选设备"区域中选择"通用串口父设备",然后点击"增加"按钮,或直接双击"通用串口父设备",将其添加到"选定设备"区域中(放入到设备工具箱中),然后再选择"PLC 设备",用同样方法将"西门子_S7200PPI"添加到"选定设备"区域中。

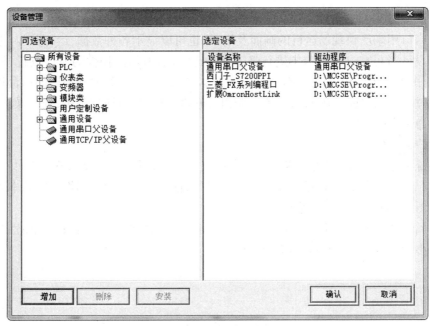

图 6-101　设备管理窗口

3）设备组态属性设置

打开设备工具箱后，将"通用串口父设备"和"西门子_S7200PPI"添加到设备窗口中，见图6-101。在设备组态窗口中，双击"通用串口父设备"，弹出通用串口父设备属性编辑窗口；双击"西门子_S7200PPI"，弹出设备属性设置——设备0编辑窗口，如图6-102和图6-103所示。依次点击设备编辑窗口右侧的菜单条，完成相应的属性设置和数据变量的连接。

图6-102　通用串口设备属性

3. 用户窗口

用户窗口用来反映现场运行的画面及场景，也可以显示各种数据、运行曲线、报警信息等内容。设计者可在这些窗口中进行静态和动态画面的设计、控件的属性设置、脚本编辑等，通过对图形对象的组态设置，建立与实时数据库的连接。运行时触摸屏的前台将完整地展示组态过程。用户窗口在MCGS嵌入版组态软件运行时，可通过菜单、按钮操作或控件、脚本程序命令实施调用。

1）用户窗口属性

在系统工作台上选择"用户窗口"，点击"新建窗口"（系统默认窗口0），选中"窗口0"，点击"窗口属性"按钮，弹出"用户窗口属性设置"对话框。用户窗口属性中的基本属性和扩充属性如图6-104和图6-105所示。

基本属性和扩充属性主要用来设置运行该窗口时的名称、背景颜色；扩充属性主要定义窗口的大小、窗口视区大小、打印窗口形式等。

图 6-103　设备编辑窗口

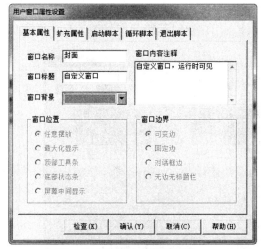

图 6-104　用户窗口基本属性

图 6-105　用户窗口扩充属性

　　用户窗口属性中还包括启动脚本、循环脚本、退出脚本三个窗口,其中启动脚本(退出脚本和启动脚本大致接近)和循环脚本如图 6-106 和图 6-107 所示。

图 6-106　用户窗口启动脚本

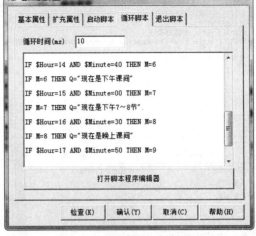

图 6-107　用户窗口循环脚本

启动脚本在窗口初次运行时被执行一次,通常放置初始参数和特定调用标志。它的特点是该窗口打开时,启动脚本只执行一次。退出脚本是在窗口退出时执行该脚本一次。

循环脚本在窗口运行过程中能反复执行,通常放置传输数据、变量状态、动画实施等脚本程序。需要注意的是,该脚本程序虽然循环扫描,但与该窗口当前状态有关,一旦窗口关闭,循环脚本便停止扫描。它与运行策略中的脚本执行形式不同。

2)用户窗口运行状态

在"用户窗口"中选中某个窗口或直接双击该窗口图标,便可进入该用户窗口的组态界面,设计者可在用户窗口组态界面中进行组态设计。用户窗口运行状态如图 6-108 所示。

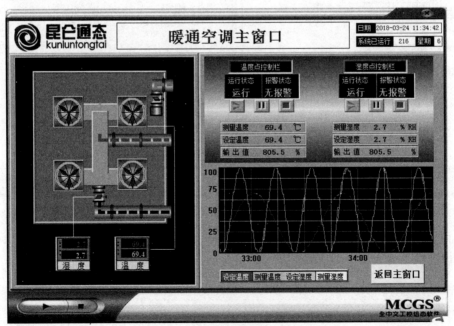

图 6-108　用户窗口运行状态

3）用户窗口组态设计

用户窗口中图元的组态设计与数据库及动画控件有关,动画组态设计包括颜色动画连接（填充颜色、边线颜色、字符颜色）,位置动画连接（水平移动、垂直移动、大小变化）,输入输出连接（显示输出、按钮输入、按钮动作）,可见度,闪烁效果。用户窗口属性和用户窗口组态如图 6-109 和图 6-110 所示。

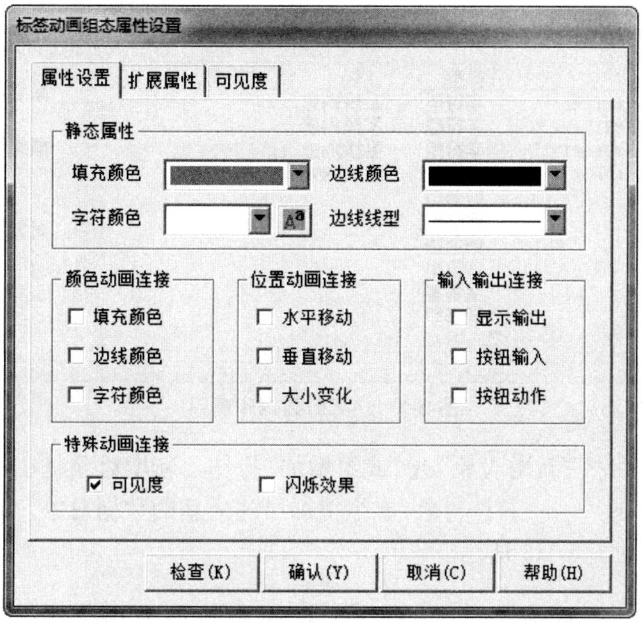

图 6-109　用户窗口属性

图 6-110　用户窗口组态设计

4. 实时数据库

实时数据库是系统运行的核心,是组态环境和运行环境连接的桥梁。系统的各个部分都是以实时数据库为公用区进行数据交换、动作协调。实时数据库中的数据变量包含开关、数值、字符、事件、组对象 5 个选项。实时数据库窗口如图 6-111 所示。

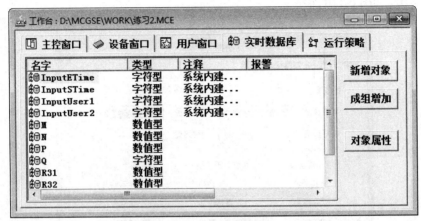

图 6-111   实时数据库窗口

建立数据对象可按"新增对象"或"成组增加"按钮。新增对象是在选中某个数据对象后能复制出同属性的另一个数据对象,成组增加可建立新的数据对象。数据对象和对象类型内容如图 6-112 和图 6-113 所示

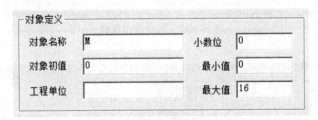

图 6-112   数据对象填充项

图 6-113   数据对象类型

5. 运行策略

运行策略可处理较复杂的工程。所谓"运行策略",是指系统为用户定制的能够对系统运行流程自由控制所组态生成的一系列功能模块的总称。运行策略的建立使系统能够按照设定的顺序和条件操作实时数据库,控制用户窗口的打开、关闭以及设备构件的工作状态,从而实现对系统工作过程的精确控制及有序的调度管理。运行策略窗口如图 6-114 所示。

运行策略的共用策略包括启动策略、循环策略、退出策略;启动策略和退出策略是在系统运行或退出时自动执行一次的策略,循环策略是在系统运行中能按指定时间反复执行的

策略。除了上述共用策略外,系统还提供了扩展策略(用户策略、循环策略、报警策略、事件策略、热键策略),除了循环策略外,其他策略均需执行某个操作才可运行。

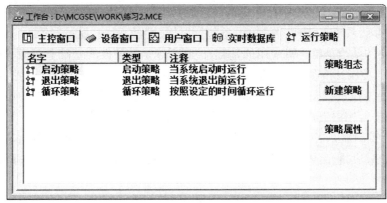

图 6-114 运行策略窗口

五、MCGS 嵌入式组态软件的组态流程

MCGS 嵌入式系统工程设计组态的基本流程包括 8 个部分,即建立工程文件、创建用户窗口、创建实时数据库、主控窗口属性定义、用户窗口组态设计、设备窗口组态设计、设置运行策略、系统调试并运行,如图 6-115 所示。

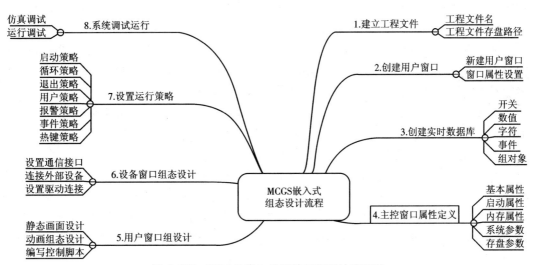

图 6-115 MCGS 嵌入式系统工程设计流程图

由图 6-115 可见,在实施工程文件组态设计时,可采取边设计边集成的方式。因用户窗口运行时所显示的场景、工艺、数据、曲线、报警等信息均与数据库变量有关,而动画组态设计就是数据库变量在满足特定条件下的赋值及函数运算。所以,MCGS 嵌入式系统工程设计是以用户窗口为载体,以数据变量为核心的一体化设计,而运行策略和设备组态则是完成系统运行的具体关联。

模块小结

单片机的全称是单片微型计算机,它在硬件组成上包括主机和输入/输出设备。主机包含CPU和存储系统等,输入/输出设备包括鼠标、键盘、音响、显示器等。

单片机硬件系统是单片机应用的基础,控制程序是在硬件的基础上,对其资源进行合理的调配和使用,控制其按照一定的逻辑顺序进行运算或动作,实现应用系统所要完成的功能。

单片机的工作过程是一个不断的"取指令—执行指令"的过程,单片机开始工作时,通过执行指令,进行相关"取数、送数、跳转"等相应的操作。

LOGO!控制器是一种具有可编程功能的智能型电子控制单元,它的本机模块又称为LOGO!CPU模块,它由微处理器(CPU)、存储器、输入/输出接口、通信接口和电源电路等组成。

变频器是电气传动系统的核心设备,它通过改变交流电动机工作电源的频率,实现对交流电动机转速的调节。变频器主要由整流、滤波、逆变、制动单元、驱动单元、检测单元、微处理单元等组成。在建筑智能化系统中,变频器主要应用在水泵和风机上,特别是在中央空调和高层恒压供水控制系统中得到了广泛应用。

V20变频器配有外接BOP,外接BOP用于实现变频器的远程操作控制,可将其安装在电气控制柜的门上,或者安装在其他的操作盘上。外接BOP通过BOP接口模块与V20变频器连接。V20变频器的快速调试是以基本面板操作及运行来实现的,在快速调试中,应完成电机数据、连接宏、应用宏、常用参数的设置。

多泵控制是指允许变频器最多控制2个额外的水泵或风机,即由1台变频器控制水泵(变频运行),同时还可通过接触器或电机启动器控制2台以下的水泵或风机(工频运行)。接触器或电机启动器通过变频器的数字量输出端进行控制。

连接宏是V20变频器内置的特有功能,当调试变频器时,可一次性设置不同的连接宏,但需要更改上一次连接宏时,务必先进行恢复出厂设置、快速调试、设置其他连接宏,以避免上次连接宏设置参数没有删除而引起错误操作。

触摸屏是通过手或专用触控笔进行操作的计算机嵌入系统。当接触屏幕上的图形元素时,屏幕上的触觉反馈系统可根据预先编程的程式驱动各种连接装置,用以取代机械式的操作面板,并由液晶显示画面制造出生动的动态效果。触摸屏广泛应用于通信、控制、教学、会议、影视、广告等业务,其表现形式为文本、数据、曲线、场景、操作盘、用户菜单等。

复习思考题

1.什么是单片机? 单片机的硬件和软件基本组成有哪些?

2.LOGO!控制器具有哪些功能和特点?

3.LOGO!控制器的编程方式有哪些? 其仿真功能的特点有哪些?

4.什么是变频器? 变频器在建筑智能化系统中的主要作用有哪些?

5.变频器的宏起什么作用? 如何应用变频器的宏?

6.触摸屏的主要作用是什么? 触摸屏的典型应用有哪些?

模块七　建筑机电设备监控系统

建筑机电设备是建筑智能化系统中的主要控制设备,它由暖通系统、给排水系统、供配电系统、照明系统、电梯系统组成。这些系统通常由 PLC 实施自动化控制,再由现场控制器(DDC)实施监控,并将数据上传到上位管理计算机中,达到远程监控和管理的目的。

教学单元 1　暖通设备运行监控系统

暖通设备用来给建筑物进行采暖、通风(冷风、热风),主要设备包括空气处理机、新风机、制冷站、换热站、送风机、排风机等。

一、空气处理机监测与控制

空气处理机是大楼内中央空调系统的主要设备,它直接向被控区域输送经过调节和处理的风源,在不同的季节具有不同的控制方式,如冬季送暖风、夏季送冷风、春秋季节送新风。空气处理机除了调节被控区域的温度外,还进行湿度和空气质量的调节。

1. 空气处理机基本组成

空气处理机由送风系统、回风系统、温度调节系统、湿度调节系统、空气净化系统、风量调节系统、传输风道及输出风口组成。在智能建筑中,将现场末端设备、现场控制器嵌入到空气处理机中,由上位监控计算机对其实现监测与控制。空气处理机的监控原理如图 7-1 所示。

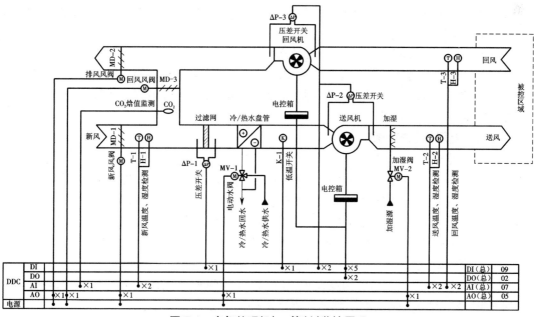

图 7-1　空气处理机(二管制)监控原理

由图 7-1 可见,空气处理机的送风机(回风机)采用的是交流电动机直接控制,即输出为定风量,而被控区域的风量则依据自身被控面积的大小,靠风板的调节来实现。

如果送风机(回风机)采用变频控制,就构成了变风量空气处理机。变风量空气处理机的监控原理如图 7-2 所示。

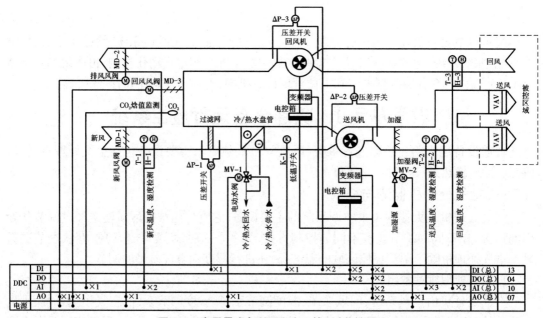

图 7-2　变风量空气处理机(二管制)监控原理

由图 7-2 可见,空气处理机中的送风机(回风机)采用了变频控制,用户可对房间温度自行设定(温度的设定即是 VAV 风量的设定),VAV 自动监测室内温度和末端风量的变化,根据所测房间温度和设定值的比较,调节末端风阀的开度,由此满足房间风量的需求,以此保证房间所需的实际风量。

由于各个房间所需的风量不同,导致送风系统(回风系统)风压的变化,系统根据送风管道静压与送风管道静压设定值的偏差,由 DDC 进行实时 PID 运算,输出模拟量控制变频器的频率,调节送风机(回风机)的转速,控制总送风量的变化,恒定送风管道内的静压值,实现节能控制。

2. 空气处理机监控功能

1)实时监测

空气处理机借助传感器,对送风、回风、新风的温度和湿度,过滤网两端的压差,送风机、回风机前后的压差,风道内低温报警,送风机、回风机运行状态、故障报警、手/自动转换等信息进行数据采集。DDC 实时接收来自传感器的监测信息并与中央监控计算机进行实时在线通信,由中央监控计算机进行画面监测和数据处理。

2)远程控制

(1)根据回风温度与送风温度设定值的偏差,由 DDC 实时进行 PID 运算,控制电动水阀的开度,调节冷/热水的流量,使送风温度维持在设定的范围内。

(2)根据回风湿度与送风湿度设定值的偏差,由 DDC 实时进行 PID 运算,控制电动加湿阀的开度,调节加湿源的流量,使送风湿度维持在设定的范围内。

（3）实时监测回风中的 CO_2 焓值，与对应的设定值比较，出现偏差时，DDC 经过 PID 运算，控制回风风阀、排风风阀、新风风阀的开度，综合调整送风的空气质量，使 CO_2 焓值维持在设定的范围内。

（4）随送风机（回风机）送风管道静压的变化，由 DDC 实时进行 PID 运算，调节变频器的运行频率，维持送风系统风压的恒定，同时，自动累计风机运行状态及工作时间，提示定期维修的诊断信息。

（5）DDC 对送风机和新风风阀、排风风阀、回风风阀、电动水阀、电磁加湿阀实施联动控制。送风机停止后，新风风阀、排风风阀、回风风阀、电动水阀、电磁加湿阀将自动关闭。进行空气质量调节时，新风风阀与回风风阀实施反比例联调。同时，为了避免室内出现负压，送风机和回风机必须实施联动控制。

3）报警功能

当出现送风机（回风机）故障、温度（或湿度）超限、CO_2 焓值超标、过滤网堵塞、维修预警等信息时，DDC 和中央监控计算机均实施报警处理。

4）数据管理功能

中央监控计算机接收来自 DDC 的各种数据信息并建立相应的数据库，在计算机显示屏上完成各种动态画面和数据的显示（如设定值、测量值、运行状态、查询数据、运行曲线等）。以下所有系统中均有数据管理功能，不再赘述。

5）打印功能

定期打印相关的曲线、数据报表、报警参数、预维修计划等。以下所有系统中均有打印功能，不再赘述。

3. 空气处理机监控点表配置

监控点表是对建筑机电设备实施监控内容的细化，在监控点表中应包括被控设备名称、被控设备数量、监控点类型、现场末端设备或接口等信息。制作监控点表的目的是对现场控制器、传感器、执行器、远程控制接口的选型和设计提供技术数据，也是制作设备清单和设备报价的原始依据。空气处理机监控点表见表 7-1。

表 7-1　空气处理机监控点表配置

被控设备　＼　监控点类型	被控数量	AI	AO	DI	DO	现场接口设备	自控设备数量
空气处理机	1						
新风温、湿度	2	2				风管式温、湿度传感器	1
送风温、湿度	2	2				风管式温、湿度传感器	1
回风温、湿度	2	2				风管式温、湿度传感器	1
CO_2 焓值监测	1	1				CO_2 焓值监测传感器	1
新风风阀驱动器	1		1			开关型风门驱动器	1
排风风阀驱动器	1		1			开关型风门驱动器	1
回风风阀驱动器	1		1			开关型风门驱动器	1
过滤器堵塞报警	1			1		过滤器压差开关	1

续表

监控点类型 被控设备	被控数量	AI	AO	DI	DO	现场接口设备	自控设备数量
低温防冻报警	1			1		防冻开关	1
盘管水阀	1		1			电动三通调节水阀	1
蒸汽加湿	1		1			电动二通调节蒸汽阀	1
送风机前后压差检测	1			1		气体压差开关	1
送风机启/停控制	1				1	常开无源触点(在启动柜内)	
送风机运行状态	1			1		常开无源触点(在启动柜内)	
送风机故障报警	1			1		常开无源触点(在启动柜内)	
送风机手/自动状态	1			1		常开无源触点(在启动柜内)	
回风机前后压差检测	1			1		气体压差开关	1
回风机启/停控制	1				1	常开无源触点(在启动柜内)	
回风机运行状态	1			1		常开无源触点(在启动柜内)	
回风机故障报警	1			1		常开无源触点(在启动柜内)	
回风机手/自动状态	1			1		常开无源触点(在启动柜内)	
小计	24	7	5	10	2		13

二、新风机监测与控制

在建筑物中,经常会使用新风机和风机盘管(冷/热处理)组合构成空调系统。新风机与空气处理机不同,空气处理机采用集中送风,而新风机则只解决房间的空气质量(部分新风机也具备加湿处理),房间的冷暖是通过风机盘管实现的。空气处理机具有整体温度、湿度、空气质量的调节,属于闭环调节系统。新风机则不调节房间的温度和湿度,即使是空气质量也不做任何调节,所以它属于开环系统。

1. 新风机基本组成

新风机主要由送风机系统、冷/热水盘管(用于新风自身温度改善)、过滤网、新风风门、电动水阀、加湿器和输入/输出风口组成。在智能建筑中,将现场末端设备、现场控制器嵌入到新风机中,由上位监控计算机对其实现监测与控制。新风机的监控原理如图 7-3 所示。

2. 新风机监控功能

1)实时监测

新风机借助于传感器,对送风、新风温度和湿度,过滤网两端的压差,送风机前后的压差,风机内低温报警,送风机运行状态、故障报警、手/自动转换等信息进行数据采集。DDC 实时接收来自传感器的监测信息,并与中央监控计算机进行在线通信,由中央监控计算机进行画面监测和数据处理。

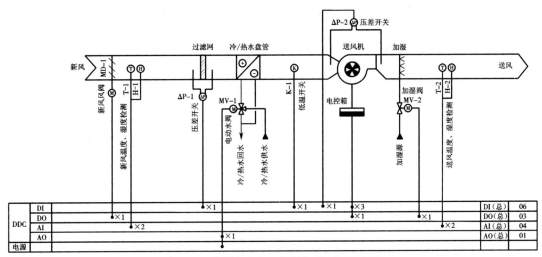

图 7-3　新风机组(二管制)系统监控原理

2)远程控制

(1)采用定时送风控制方式,根据 DDC 预先排定的工作时间表(工作日、双休日、节假日),定时启 / 停送风机并控制电动水阀的开闭,使具有一定温度的新风送向房间。

(2)采用定时加湿控制方式,根据 DDC 预先排定的工作时间表(工作日、双休日、节假日),定时启 / 停加湿器(加湿控制与送风控制同步进行),由此改变房间的送风湿度。

(3)DDC 对送风机、新风风阀、电动水阀、电动加湿阀实施联动控制。送风机停止后,新风风阀、电动水阀、电动加湿阀将自动关闭。

3)报警功能

当出现送风机故障、过滤网堵塞、温度过低、维修预警等信息时, DDC 和中央监控计算机均实施报警处理。

3. 新风机监控点表配置

新风机的监控点表也是对建筑机电设备实施监控内容的细化,可作为制作设备清单和设备报价的原始依据。新风机监控点表见表 7-2。

表 7-2　新风机监控点表配置

监控点类型 被控设备	被控数量	AI	AO	DI	DO	现场接口设备	自控设备数量
新风机(带加湿)	1						
送风温、湿度	2	2				风管式温、湿度传感器	1
新风温、湿度	2	2				风管式温、湿度传感器	1
新风风阀驱动器	1				1	开关型风门驱动器	1
过滤器堵塞报警	1			1		过滤器压差开关	1
低温防冻报警	1			1		防冻开关	1
盘管水阀	1				1	电动二通水阀	1
蒸汽加湿	1				1	电动二通蒸汽阀	1

续表

监控点类型 被控设备	被控数量	AI	AO	DI	DO	现场接口设备	自控设备数量
送风机前后压差检测	1			1		气体压差开关	1
送风机启/停控制	1				1	常开无源触点(在启动柜内)	
送风机运行状态	1			1		常开无源触点(在启动柜内)	
送风机故障报警	1			1		常开无源触点(在启动柜内)	
送风机手/自动状态	1			1		常开无源触点(在启动柜内)	
小计	14	4		7	3		8

三、制冷站监测与控制

夏季空调运行时需要有冷源做介质,制冷站即是为空调提供冷源介质的主要设备。它为空气处理机、新风机、风机盘管提供冷水,用于空调的运行。

1. 制冷站基本组成

制冷站由冷水机组、冷冻水泵、冷却水泵、冷却塔、补水泵、膨胀水箱、分水器、集水器等设备组成。在智能建筑中,将现场末端设备、现场控制器嵌入到制冷站系统中,由上位监控计算机对其实现监测与控制。制冷站的监控原理如图 7-4 所示。

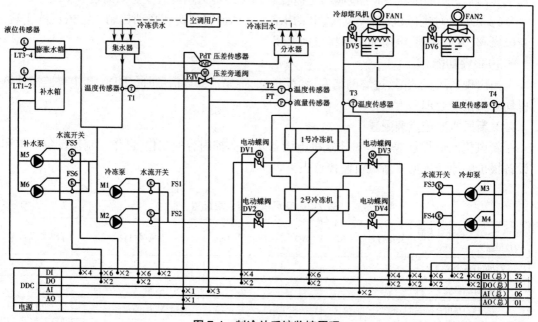

图 7-4　制冷站系统监控原理

2. 制冷站监控功能

1)实时监测

借助于传感器,对制冷站冷却水供/回水温度,冷冻水供/回水温度、供/回水压差、回水流量,冷水机组运行状态、故障报警、手/自动转换、电动蝶阀运行状态及故障报警,冷却水泵运行状态、故障报警、手/自动转换、水流开关状态,冷却塔风机运行状态、故障报警、手/自动转换、电动蝶阀运行状态及故障报警,冷冻水泵运行状态、故障报警、手/自动状态、水流开关状态,补水箱和膨胀水箱的液位等信息参数进行数据采集。DDC实时接收来自传感器的监测信息,并与中央监控计算机进行在线通信,由中央监控计算机进行画面监测和数据处理。

2)远程控制

(1)冷水机组一般具有独立的自动化控制系统,在建筑智能化中,通常不对冷水机组实施具体的控制。而是由DDC自动累计冷水机组的工作时间,对冷水机组(含电动蝶阀)实施自动控制运行及在线远程操作,并提示定期维修的诊断信息。

(2)根据冷冻水供/回水温差、冷冻水供/回水压差、冷冻水回水流量值的变化情况,由DDC进行冷负荷计算,然后比较冷水机组的制冷量,控制冷水机组投入的运行台数。

(3)若采用的是定风量控制,在楼层较高时就会在冷冻水循环系统中采用压差旁通控制模式。DDC根据冷冻水供/回水压差,按比例调节压差旁通阀的开度,保证冷冻水的压差恒定。若采用的是变风量控制,则不采用压差旁通阀控制,而是利用变频器采用恒压供水控制方式。

(4)冷却水泵是构成冷却循环水的主要设备,在建筑智能化中,DDC对冷却水泵实施自动控制运行及在线远程操作。通常冷却水循环系统也是采用变频控制。

(5)冷却塔风机是为冷却循环水实施降温的主要设备,在建筑智能化中,DDC对冷却塔风机(含电动蝶阀)实施自动控制运行及在线远程操作。

(6)冷冻水泵是构成冷冻循环水的主要设备,在建筑智能化中,DDC对冷冻水泵实施远程操作,采用变频恒压供水控制方式。

(7)补水泵是为冷冻循环水补充水源的设备,在建筑智能化中,DDC对补水泵(依据补水箱的液位)实施自动控制运行及在线远程操作。

(8)制冷站系统的启、停顺序如下:启动顺序为电动蝶阀→冷却塔风机→冷却水泵→冷冻水泵→冷水机组;停止顺序为冷水机组→冷冻水泵→冷却水泵→冷却塔风机→电动蝶阀。

3)报警功能

制冷站系统出现故障信息时,如水流开关报警、液位溢出报警、所有监测参数过限报警、所有设备故障报警等,DDC和中央监控计算机均实施报警处理(声、光报警和报警控制输出)。

3. 制冷站监控点表配置

制冷站的监控点表也是对建筑机电设备实施监控内容的细化,可作为制作设备清单和设备报价的原始依据。制冷站监控点表见表7-3。

表7-3 制冷站监控点表配置

监控点类型 被控设备	被控数量	AI	AO	DI	DO	现场接口设备	自控设备数量
冷水机组	2						
冷水机组启/停控制	2				2	常开无源触点(在启动柜内)	

被控设备 / 监控点类型	被控数量	AI	AO	DI	DO	现场接口设备	自控设备数量
冷水机组运行状态	2			2		常开无源触点（在启动柜内）	
冷水机组故障报警	2			2		常开无源触点（在启动柜内）	
冷水机组手/自动状态	2			2		常开无源触点（在启动柜内）	
冷冻水系统							
冷冻水供/回水温度	2	2				水管式温度传感器	2
冷冻水回水流量	1	1				水管式流量计	1
冷冻水供/回水压差	2	2				水管式压差传感器	1
冷冻水供/回水压差旁通阀	1		1			比例式电磁调节阀	1
冷冻水泵水流开关	2			2		水流开关	2
冷冻水泵启/停控制	2				2	常开无源触点（在启动柜内）	
冷冻水泵运行状态	4			4		常开无源触点（在启动柜内）	
冷冻水泵故障报警	2			2		常开无源触点（在启动柜内）	
冷冻水泵手/自动状态	2			2		常开无源触点（在启动柜内）	
冷冻水补水泵水流开关	2			2		水流开关	2
冷冻水补水泵启/停控制	2				2	常开无源触点（在启动柜内）	
冷冻水补水泵运行状态	2			2		常开无源触点（在启动柜内）	
冷冻水补水泵故障报警	2			2		常开无源触点（在启动柜内）	
冷冻水补水泵手/自动状态	2			2		常开无源触点（在启动柜内）	
冷冻水补水箱液位	2			2		液位开关	2
冷冻水膨胀水箱液位	2			2		液位开关	2
冷冻水电动蝶阀启/停控制	4				4	常开无源触点（在启动柜内）	
冷冻水电动蝶阀运行状态	4			4		常开无源触点（在启动柜内）	
冷冻水电动蝶阀故障报警	2			2		常开无源触点（在启动柜内）	
冷却水系统							
冷却水供/回水温度	2	2				水管式温度传感器	2
冷却水泵水流开关	2			2		水流开关	2
冷却水泵启/停控制	2				2	常开无源触点（在启动柜内）	
冷却水泵运行状态	4			4		常开无源触点（在启动柜内）	
冷却水泵故障报警	2			2		常开无源触点（在启动柜内）	
冷却水泵手/自动状态	2			2		常开无源触点（在启动柜内）	
冷却水电动蝶阀启/停控制	4				2	常开无源触点（在启动柜内）	
冷却水电动蝶阀运行状态	4			4		常开无源触点（在启动柜内）	
冷却水电动蝶阀故障报警	2			2		常开无源触点（在启动柜内）	
冷却塔风机启/停控制	2				2	常开无源触点（在启动柜内）	
冷却塔风机运行状态	2			2		常开无源触点（在启动柜内）	

续表

监控点类型 被控设备	被控数量	AI	AO	DI	DO	现场接口设备	自控设备数量
冷却塔风机故障报警	2			2		常开无源触点(在启动柜内)	
冷却塔风机手/自动状态	2			2		常开无源触点(在启动柜内)	
冷却塔电动蝶阀启/停控制	4				4	常开无源触点(在启动柜内)	
冷却塔电动蝶阀运行状态	4			4		常开无源触点(在启动柜内)	
冷却塔电动蝶阀故障报警	2			2			
小计	92	7	1	62	20		17

四、换热站监测与控制

既然制冷站为空调提供冷源介质,换热站就是为空调提供热源介质。它们都服务于空调系统,所以在供水管网系统中也会分为二管制和四管制,二管制即是冷水和热水共用一套供水管网,四管制是冷水和热水的供水管网分开。

1. 换热站基本组成

换热站由板式换热器、一次供热(或热蒸汽)管网、二次热水循环管网(二管制或四管制)等系统组成。在建筑智能化中,将现场末端设备、现场控制器嵌入到换热器中,由上位监控计算机对其实现监测与控制。换热器的监控原理如图 7-5 所示。

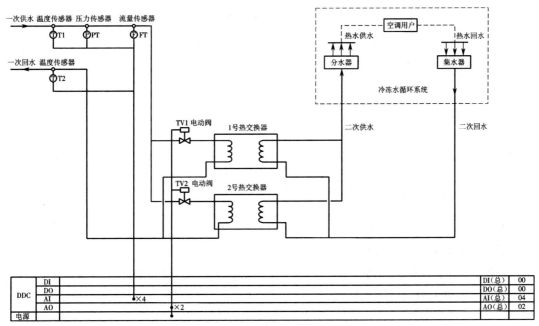

图 7-5　换热站系统监控原理

2. 换热站监控功能

1)实时监测

借助于传感器,对换热站一次侧的供/回水温度、供水压力、供水流量,二次测的供/回水温度、供/回水压差、回水流量、水流开关(换热后热水出口)的状态,补水箱和膨胀水箱的液位等信息参数进行数据采集。DDC 实时接收来自传感器的监测信息,并与中央监控计算机进行在线通信,由中央监控计算机进行画面监测和数据处理。

2)远程控制

(1)根据板式换热器二次侧供/回水温度与其温度设定值的偏差,DDC 实施 PID 运算,调节一次比例阀的开度,控制一次热源的流量,使二次侧供/回水温度维持在设定的范围内。

(2)换热器二次热水循环系统管网与制冷站冷冻循环水系统管网共用时,监控方式与制冷站冷冻水循环系统的监控内容相同,若采用的是四管制,则具有独立的供水管网监控系统。通常冬季与夏季采用不同的控制方式。供水泵的工作循环时间也因介质为热水而缩短。

3)报警功能

换热站系统出现故障信息时,如水流开关报警、液位溢出报警、所有监测参数过限报警、所有设备故障报警等,DDC 和中央监控计算机均实施报警处理(声、光报警和报警控制输出)。

3. 换热站监控点表配置

换热站的监控点表也是对建筑机电设备实施监控内容的细化,可作为制作设备清单和设备报价的原始依据。换热站监控点表见表 7-4。

表 7-4　换热站监控点表配置

被控设备 \ 监控点类型	被控数量	AI	AO	DI	DO	现场接口设备	自控设备数量
热交换器	2						
一次侧供/回水温度	2	2				水管式温度传感器	2
一次侧压力	1	1				水管式压力传感器	1
一次侧流量	1	1				水管式流量计	1
一次侧电动调节阀	2		2			比例式电磁调节阀	2
二次侧与冷冻水系统共用							
小计	8	4	2	0	0		6

五、送排风监测与控制

依据《采暖通风与空气调节设计规范》的规定,需要送风的场所包括中央空调、地下室、大型商场、楼梯间、封闭的办公空间等,需要排风的场所包括实验室、有毒或污染的厂房、大型商场、厨房、卫生间、公共浴室等。

1. 送排风基本组成

送排风系统由送风机、排风机和相应的风管道、风门、风阀、调节板等组成,通常放置在建筑物的屋顶。有的建筑物在正常情况下由送风机提供新风,发生火灾时,即转换为排烟风机进行排烟,从而使风道共用。在建筑智能化中,将现场末端设备、现场控制器嵌入到送排风系统中,由上位监控计算机对其实现监测与控制。送排风系统监控原理如图 7-6 所示。

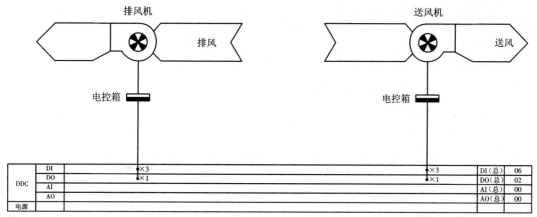

图 7-6　送排风系统监控原理

2. 送排风监控功能

1)实时监测

借助于传感器,对送排风机的运行状态、故障报警、手 / 自动状态等信息参数进行数据采集。DDC 实时接收来自传感器的监测信息,并与中央监控计算机进行在线通信,由中央监控计算机进行画面监测和数据处理。

2)远程控制

一般送风机、排风机均处于长期运行状态,其控制方式包括本地控制和远程控制,由 DDC 定时启 / 停送排风机。

3)报警功能

当出现送风机或排风机故障、CO 浓度超标时,DDC 和中央监控计算机均实施报警处理(声、光报警和报警控制输出)。

3. 送排风监控点表配置

送排风的监控点表也是对建筑机电设备实施监控内容的细化,可作为制作设备清单和设备报价的原始依据。送排风监控点表见表 7-5。

表 7-5　送排风监控点表配置

被控设备　＼　监控点类型	被控数量	AI	AO	DI	DO	现场接口设备	自控设备数量
送风机	1						
送风机启 / 停控制	1				1	常开无源触点(在启动柜内)	
送风机运行状态	1			1		常开无源触点(在启动柜内)	
送风机故障报警	1			1		常开无源触点(在启动柜内)	
送风机手 / 自动状态	1			1		常开无源触点(在启动柜内)	
排风机	1						
排风机启 / 停控制	1				1	常开无源触点(在启动柜内)	

监控点类型 被控设备	被控数量	AI	AO	DI	DO	现场接口设备	自控设备数量
排风机运行状态	1			1		常开无源触点(在启动柜内)	
排风机故障报警	1			1		常开无源触点(在启动柜内)	
排风机手/自动状态	1			1		常开无源触点(在启动柜内)	
小计	8			6	2		

教学单元2　给排水设备运行监控系统

给排水系统是为人们的生活、生产、市政和消防提供用水和废水排除设施的总称。它是建筑物中不可缺少的重要组成部分,给排水系统包括给水系统、排水系统和消防系统,这些系统都是建筑智能化的监控对象。

一、给水系统监测与控制

给水系统由生活给水系统、生产给水系统、消防给水系统和联合给水系统组成。其中,建筑给水系统的供水方式是根据建筑物的性质和高度、配水点的布置情况以及室内所需水压、室外管网水压和水量等因素决定的。

1. 供水的基本方式

在建筑物中,通常生活给水采用直接给水方式、变频恒压(水泵、清水池)给水方式、气压罐给水方式、分区给水方式等;消防给水采用水泵(消防水池、高层水箱)的给水方式。

1)高位水箱供水

高位水箱供水是将一个大容积的水箱安装在建筑物的顶层,通过水泵向水箱供水(水箱内有高、低液位开关),利用高位水箱的势能直接向楼层内用户供水。这种供水方式控制比较简单,但缺点是水箱内的水因停留时间过长容易造成二次污染,所以国家现已禁止饮用水使用高位水箱。目前,消防用水仍在使用高位水箱,为了保证消防用水量,出水口应安装在水箱的底部。

2)水泵直接供水

在许多高层供水系统中,可由水泵直接向终端用户供水。但为了保证不对自来水管网造成压力降低,不可以在自来水管网上直接加泵供水,而应设置一个缓冲用水池(清水池),一般放置在地下室或地面一层。清水池储水量不是很大(保证用水的快速流动),可满足用户15 min用水需求即可。水泵直接供水通常采用变频控制,对于楼层较高的用户,为了避免造成压差不均衡,还会采用分区供水的原则(高压区、低压区),也可以采用水泵接力方式,实现二次增压。

3)恒压泵供水

恒压泵是采用美国航空发动机技术制造的具有恒定水压的特种泵(扬程可达260 m以上,且保持水压不变)。它的供水流量与电动机电流成一定的比例(在某一负荷区域中呈线性),根据电流的变换可调整水泵的台数。其控制方式比较简单,但水泵的价格偏高,与现在比较流行的变频恒压供水价格差不多,所以目前在国内使用较少,但该技术是一种新兴技术,对电网的影响几乎为零。

4)变频恒压供水

变频恒压供水是通过监测用户供水管网的压力变化来改变变频器的频率,以此调整供水的压力变化。变频恒压供水通常采用变频—拖 X 技术,所谓一拖 X 就是变频器拖动 1 台水泵电动机,当变频泵频率达到 52 Hz 而供水管网压力仍在降低时,控制器将现行变频泵切换至工频,然后利用变频器启动另 1 台供水泵(实施软启动),实现多泵供水控制;而当变频泵频率降到 5 Hz 而供水管网压力仍在上升时,控制器将摘除 1 台工频泵,以此恒定供水管网的压力。变频—拖 X 技术的优点是节省变频器资源,实现水泵电动机的软启动,节约能源,在高层建筑中被广泛使用。

5)气压罐供水

气压罐供水是利用气压罐代替高位水箱的一种供水方式。气压罐可放置在水泵房附近,其外壳为金属封闭罐体,内嵌一个密封的气囊(置于储水空间下方,囊内充满氮气)。当罐内没有水时,电气控制系统启动水泵向罐内注水,水位上升,罐内的气囊被压缩,压力升高。水位升高到设定值时,水泵停止供水。随着用户用水,管网和罐内压力下降,罐内水位也在降低,水位下降到最低设定值时,电气控制系统再次启动水泵向罐内供水,这样反复动作达到自动向用户加压供水的目的。气压罐的作用相当于一个蓄能器,它除了能储存水源并实现向用户供水外,还可以平衡供水管网的压力波动。气压罐供水设备的供水高度与压力罐内的压力成正比。罐内每 0.1 MPa 的压力就能使供水管网的水位升高 10 m,罐内压力 0.6 MPa 时,供水高度可达 60 m。供水高度可以任意设定,但不能超越水泵的扬程。

2.给水系统基本组成

建筑物给水系统由水源(市政水源或自备储水池)、管网(水平、垂直干管,立管、横支管和建筑物引入管)、阀门、管网配件、水箱、水泵、气压装置、锅炉、直燃炉、水池、消火栓、水泵接合器、自动喷水灭火设施等组成。给水系统的监控原理如图 7-7 所示。

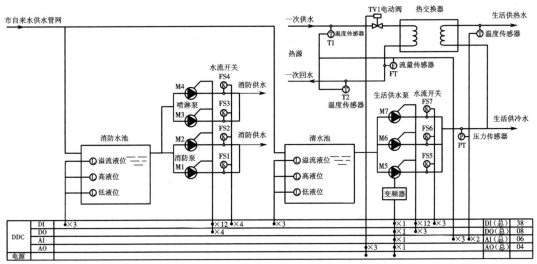

图 7-7　给水系统监控原理

3. 给水监控功能

1）实时监测

借助于传感器,对热交换器一次侧的供 / 回水温度、回水流量,二次侧的供水温度,生活供水压力,生活供水泵运行状态、故障报警、手 / 自动转换、水流开关状态,清水池低液位、高液位、溢流液位,消防泵运行状态、故障报警、手 / 自动转换、水流开关状态;喷淋泵运行状态、故障报警、手 / 自动转换、水流开关状态,消防水池低液位、高液位、溢流液位等信息参数进行数据采集。DDC 实时接收来自传感器的监测信息,并与中央监控计算机进行在线通信,由中央监控计算机进行画面监测和数据处理。

2）远程控制

（1）根据热交换器二次侧供 / 回水温度与其温度设定值的偏差,DDC 实施 PID 运算,调节一次比例阀的开度,控制一次热源的流量,使二次侧供 / 回水温度维持在设定的范围内。

（2）根据生活供水管网的压力与其压力设定值的偏差,DDC 输出变化的模拟量给变频器,变频器实施 PID 运算,调节供水泵的频率和流量,使生活供水管网压力保持恒定。

（3）根据变频器的频率设定值（加泵频率、减泵频率）,DDC 实施供水泵变频与工频的切换（即变频运行泵切换为工频,利用变频器启动其他供水泵变频运行）或摘除运行中的某台工频泵。

（4）根据消防联动信号,DDC 对消防泵或喷淋泵实施联动控制或在线远程操作。

3）报警功能

给水系统出现故障信息时,如水流开关报警、液位溢出报警、所有监测参数过限报警、所有设备故障报警等, DDC 和中央监控计算机均实施报警处理（声、光报警和报警控制输出）。

4. 给水系统监控点表配置

给水系统的监控点表也是对建筑机电设备实施监控内容的细化,可作为制作设备清单和设备报价的原始依据。给水系统监控点表见表 7-6。

表 7-6　给水系统监控点表配置

被控设备＼监控点类型	被控数量	AI	AO	DI	DO	现场接口设备	自控设备数量
消防给水系统							
消防泵出口水流开关	2			2		水流开关	2
消防泵启 / 停控制	2				2	常开无源触点（在启动柜内）	
消防泵运行状态	2			2		常开无源触点（在启动柜内）	
消防泵故障报警	2			2		常开无源触点（在启动柜内）	
消防泵手 / 自动状态	2			2		常开无源触点（在启动柜内）	
消防水池液位	3			3		液位开关	3
喷淋泵出口水流开关	2			2		水流开关	2
喷淋泵启 / 停控制	2				2	常开无源触点（在启动柜内）	
喷淋泵运行状态	2			2		常开无源触点（在启动柜内）	

监控点类型 / 被控设备	被控数量	AI	AO	DI	DO	现场接口设备	自控设备数量
喷淋泵故障报警	2			2		常开无源触点(在启动柜内)	
喷淋泵手/自动状态	2			2		常开无源触点(在启动柜内)	
喷淋水池液位	3			3		液位开关	3
生活给水系统							
供水泵出口水流开关	3			3		水流开关	3
供水泵启/停控制	3				3	常开无源触点(在启动柜内)	
供水泵运行状态(变频)	3			3		常开无源触点(在启动柜内)	
供水泵运行状态(工频)	3			3		常开无源触点(在启动柜内)	
供水泵故障报警	3			3		常开无源触点(在启动柜内)	
供水泵手/自动状态	3			3		常开无源触点(在启动柜内)	
供水泵变频器运行状态	1			1		常开无源触点(在启动柜内)	
供水泵变频器故障报警	1			1		常开无源触点(在启动柜内)	
供水泵变频器工作允许	1				1	常开无源触点(在启动柜内)	
供水泵变频器输出频率	1	1				输出模拟量(在变频器)	
供水管网压力	1		1			输出模拟量(在DDC)	
清水池液位	3			3		液位开关	3
热交换器	1						
一次侧供、回水温度	2	2				水道温度传感器	2
一次侧流量	1	1				水道流量计	1
一次侧电动调节阀	1		1			比例式电磁调节阀	1
生活热水温度	1	1				水道温度传感器	1
小计	58	5	2	42	8		21

二、排水系统监测与控制

建筑内部排水系统的功能是将人们在日常生活和工业生产过程中使用过的、受到污染的水以及降落到屋面的雨水和雪水收集起来,并及时排到室外。建筑内部排水系统分为污水排水系统和屋面雨水排水系统两大类。

1. 排水的基本概念

1)生活排水系统

生活排水是将建筑内的生活废水和生活污水排至室外,我国目前建筑排污分流设计中是将生活污水单独排入化粪池,而生活废水则直接排入市政下水道。

2)工业废水排水系统

工业废水排水系统用来排除工业生产过程中的生产废水和生产污水。生产废水污染程度较轻,如循环冷却水等。生产污水的污染程度较重,一般需要经过处理后才能排放。

3）建筑雨水回收系统

建筑雨水回收系统用来排除屋面的雨水，一般用于大屋面的厂房及一些高层建筑雨雪水的排除。

2. 排水系统基本组成

建筑物排水系统由卫生器具或生产设备受水器、排水管道、通气管、清通设备、污水提升设备、污水局部处理设施（沉淀、过滤、消毒、冷却和生化处理设施）、污水池、排污泵等组成。排水系统的监控原理如图7-8所示。

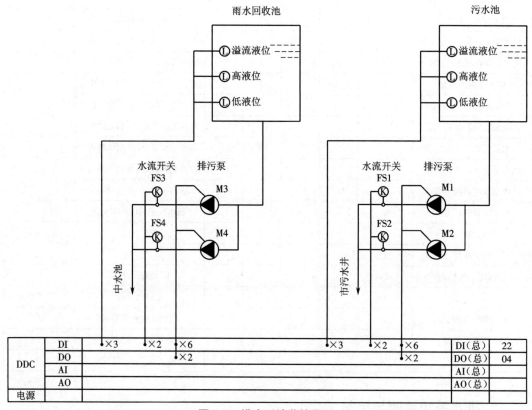

图 7-8　排水系统监控原理

3. 排水监控功能

1）实时监测

借助于传感器，对污水池排水泵运行状态、故障报警、手 / 自动转换、水流开关状态，污水池低液位、高液位、溢流液位，雨水回收池排水泵运行状态、故障报警、手 / 自动转换、水流开关状态，雨水回收池低液位、高液位、溢流液位等信息参数进行数据采集。DDC实时接收来自传感器的监测信息，并与中央监控计算机进行在线通信，由中央监控计算机进行画面监测和数据处理。

2）远程控制

根据污水池液位，DDC对污水的排污泵实施控制，高液位开泵，低液位关泵，使污水维持在稳定的范围内。

3）报警功能

当出现污水排水泵故障报警、水流开关报警、液位溢出报警和雨水回收排水泵故障报警、水流开关报警、液位溢出报警、所有监测参数过限报警时，DDC 和中央监控计算机均实施报警处理（声、光报警和报警控制输出）。

4.排水系统监控点表配置

排水系统的监控点表也是对建筑机电设备实施监控内容的细化，可作为制作设备清单和设备报价的原始依据。排水系统监控点表见表7-7。

表 7-7 排水系统监控点表配置

监控点类型 / 被控设备	被控数量	AI	AO	DI	DO	现场接口设备	自控设备数量
排水系统							
污水排水管网水流开关	2			2		水流开关	2
污水排水泵启 / 停控制	2				2	常开无源触点（在启动柜内）	
污水排水泵运行状态	2			2		常开无源触点（在启动柜内）	
污水排水泵故障报警	2			2		常开无源触点（在启动柜内）	
污水排水泵手 / 自动状态	2			2		常开无源触点（在启动柜内）	
污水池液位	3			3		液位开关	3
雨水排水管网水流开关	2			2		水流开关	2
雨水排水泵启 / 停控制	2				2	常开无源触点（在启动柜内）	
雨水排水泵运行状态	2			2		常开无源触点（在启动柜内）	
雨水排水泵故障报警	2			2		常开无源触点（在启动柜内）	
雨水排水泵手 / 自动状态	2			2		常开无源触点（在启动柜内）	
雨水回收池液位	3			3		液位开关	3
小计	26			22	4		10

教学单元3 其他机电设备运行监控系统

其他建筑机电设备运行监控系统主要包括照明系统、电梯系统、供配电系统。

一、照明系统监测与控制

1.照明的基本概述

智能建筑中的照明包括办公区域（办公室、大开间办公区、会议室、多功能厅）照明，公共区域（公共走廊、楼梯间、电梯前厅、一楼大厅）照明，生活区域（职工宿舍、职工食堂、洗浴室、水房、卫生间）照明，区街照明，大楼艺术泛光照明等。它们通常采用集中控制和管理。

2.照明监控功能

1）实时监测

对智能建筑中办公区域照明、公共区域照明、生活区域照明、区街照明、大楼艺术泛光照明等的运行状态、故障报警、手 / 自动转换等信息参数进行数据采集。DDC 实时接收来自现场的监测信息,并与中央监控计算机进行在线通信,由中央监控计算机进行画面监测和数据处理。照明系统的监控原理如图 7-9 所示。

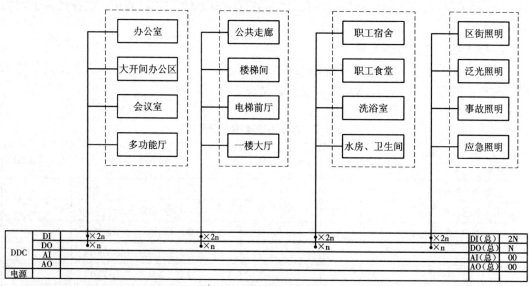

图 7-9　照明系统监控原理

2)远程控制

智能建筑中的照明一般采用定时控制,根据 DDC 预先排定的工作时间表(工作日、双休日、节假日),定时启/停各个区域的照明,自动累计该区域照明的工作时间。

3)报警功能

当各个照明区域出现故障报警时,DDC 和中央监控计算机均实施报警处理(声、光报警和报警控制输出)。

3. 照明系统监控点表配置

照明系统的监控点表也是对建筑机电设备实施监控内容的细化,可作为制作设备清单和设备报价的原始依据。照明系统监控点表见表 7-8。

表 7-8　照明系统监控点表配置

被控设备　　监控点类型	被控数量	AI	AO	DI	DO	现场接口设备	自控设备数量
办公区域照明	2						
办公区域照明启/停控制	2				2	常开无源触点(在启动柜内)	
办公区域照明运行状态	2			2		常开无源触点(在启动柜内)	
办公区域照明故障报警	2			2		常开无源触点(在启动柜内)	
办公区域照明手/自动状态	2			2		常开无源触点(在启动柜内)	
公共区域照明	2						
公共区域照明启/停控制	2				2	常开无源触点(在启动柜内)	
公共区域照明运行状态	2			2		常开无源触点(在启动柜内)	

被控设备＼监控点类型	被控数量	AI	AO	DI	DO	现场接口设备	自控设备数量
公共区域照明故障报警	2			2		常开无源触点（在启动柜内）	
公共区域照明手／自动状态	2			2		常开无源触点（在启动柜内）	
生活区域照明	2						
生活区域照明启／停控制	2				2	常开无源触点（在启动柜内）	
生活区域照明运行状态	2			2		常开无源触点（在启动柜内）	
生活区域照明故障报警	2			2		常开无源触点（在启动柜内）	
生活区域照明手／自动状态	2			2		常开无源触点（在启动柜内）	
泛光照明	2						
泛光照明启／停控制	2				2	常开无源触点（在启动柜内）	
泛光照明运行状态	2			2		常开无源触点（在启动柜内）	
泛光照明故障报警	2			2		常开无源触点（在启动柜内）	
泛光照明手／自动状态	2			2		常开无源触点（在启动柜内）	
小计	32			24	8		

二、电梯系统监测与控制

1. 电梯的基本概述

电梯是建筑物中的主要交通工具,在智能建筑中所监控的电梯主要为直升电梯和自动扶梯。直升电梯有多种分类,如客运电梯、观光电梯、货梯、消防电梯等。在高层建筑中,大多数电梯（在人员流动密集时）采用群控,而其他空闲时间则采用单梯运行控制。

2. 电梯监控功能

1）实时监测

对智能建筑中电梯的手／自动状态、电梯上行、电梯下行、故障报警、应急报警、消防报警等信息参数进行数据采集。DDC实时接收来自现场的监测信息,并与中央监控计算机进行在线通信,由中央监控计算机进行画面监测和数据处理,同时自动累计电梯的工作时间,提示定期维修的诊断信息。电梯系统的监控原理如图7-10所示。

2）联动控制

大楼内出现火灾时,消防报警中心对大楼内的电梯实施联动控制,将电梯紧急迫降至一楼,打开电梯门,不允许电梯再次启动运行。

3）报警功能

当电梯出现故障或发出应急报警（电梯内的呼救信号）时，DDC和中央监控计算机均实施报警处理（声、光报警和报警控制输出）。

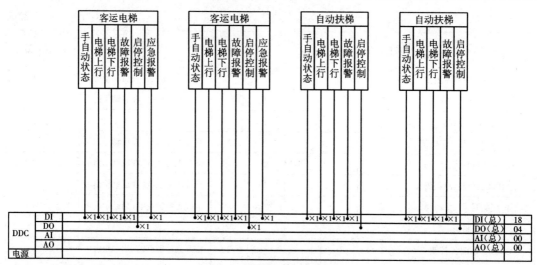

图 7-10　电梯系统监控原理

3. 电梯系统监控点表配置

电梯系统的监控点表也是对建筑机电设备实施监控内容的细化,可作为制作设备清单和设备报价的原始依据。电梯系统监控点表见表 7-9。

表 7-9　电梯系统监控点表配置

被控设备 ＼ 监控点类型	被控数量	AI	AO	DI	DO	现场接口设备	自控设备数量
客运电梯	2						
火灾报警联动信号	1			1		常开无源触点(在启动柜内)	
电梯控制(消防联动)	4				4		
电梯门控制(消防联动)	4				4		
电梯上/下行状态	4			4		常开无源触点(在启动柜内)	
电梯故障报警	2			2		常开无源触点(在启动柜内)	
电梯手/自动状态	2			2		常开无源触点(在启动柜内)	
客运扶梯	2					常开无源触点(在启动柜内)	
客运扶梯控制(消防联动)	2				2		
客运扶梯运行状态	2			2		常开无源触点(在启动柜内)	
客运扶梯故障报警	2			2		常开无源触点(在启动柜内)	
客运扶梯手/自动状态	2			2		常开无源触点(在启动柜内)	
小计	25			15	10		

三、供配电系统监测

1. 供配电的基本概述

供配电系统是建筑物的主要能源供给系统,它是将城市输送的高压电力经过变压器变换成低压电源(交流 380 V、220 V),然后在大楼内按照用电需求进行电能的分配。建筑配电系统就是将一路电源实施多路分配,每路有一个能独立控制电源供电的自动开关(低压断路器),以保证不同负荷的用电需求。在智能楼宇中建筑供配电的指标和电能消耗都是重点监测对象。

2.供配电监测功能

1)实时监测

对供配电系统变压器温度和变压器低压出线端的三相电压、三相电流、功率因数、有功功率、无功功率、重要负荷(如空气处理机、制冷站、给排水、送排风、照明、电梯等)低压断路器等信息参数进行数据采集。DDC 实时接收来自现场的监测信息,并与中央监控计算机进行在线通信,由中央监控计算机进行画面监测和数据处理。供配电系统的监控原理如图7-11 所示。

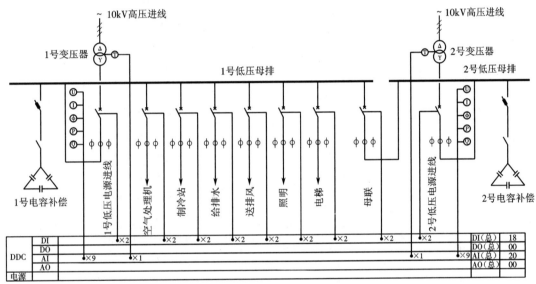

图 7-11　供配电系统监控原理

2)报警功能

当出现三相电压(或电流)不平衡、变压器超温、重要负荷过载时,DDC 和中央监控计算机均实施报警处理(声、光报警和报警控制输出)。

3.供配电系统监控点表配置

供配电系统的监控点表也是对建筑机电设备实施监控内容的细化,可作为制作设备清单和设备报价的原始依据。供配电系统监控点表见表 7-10。

表 7-10　供配电系统监控点表配置

监控点类型 被控设备	被控数量	AI	AO	DI	DO	现场接口设备	自控设备数量
变压器	2						
变压器温度	2	2				油浸式温度传感器	2
1# 低压总开关运行状态	1			1		常开无源触点(在启动柜内)	

续表

被控设备 ＼ 监控点类型	被控数量	AI	AO	DI	DO	现场接口设备	自控设备数量
1# 低压总开关故障报警	1			1		常开无源触点（在启动柜内）	
2# 低压总开关运行状态	1			1		常开无源触点（在启动柜内）	
2# 低压总开关故障报警	1			1		常开无源触点（在启动柜内）	
母联低压总开关运行状态	1			1		常开无源触点（在启动柜内）	
母联低压总开关故障报警	1			1		常开无源触点（在启动柜内）	
1# 低压电量监测							
三相电压	3	3				电压电量变送器	1
三相电流	3	3				电流电量变送器	1
功率因数	1	1				功率因数电量变送器	1
有功功率	1	1				有功功率电量变送器	1
无功功率	1	1				无功功率电量变送器	1
2# 低压电量监测							
三相电压	3	3				电压电量变送器	1
三相电流	3	3				电流电量变送器	1
功率因数	1	1				功率因数电量变送器	1
有功功率	1	1				有功功率电量变送器	1
无功功率	1	1				无功功率电量变送器	1
重要负荷监测	6						
空气处理机	1			1		常开无源触点（在启动柜内）	
制冷站	1			1		常开无源触点（在启动柜内）	
给排水	1			1		常开无源触点（在启动柜内）	
送排风	1			1		常开无源触点（在启动柜内）	
照明	1			1		常开无源触点（在启动柜内）	
电梯	1			1		常开无源触点（在启动柜内）	
小计	32	20		12			

模块小结

　　空气处理机是大楼内中央空调系统的主要设备，它直接向被控区域输送经过调节和处理的风源，在不同的季节具有不同的控制方式，如冬季送暖风、夏季送冷风、春秋季节送新风。空气处理机由送风系统、回风系统、温度调节系统、湿度调节系统、空气净化系统、风量调节系统、传输风道及输出风口组成。

　　新风机与空气处理机不同，它只解决房间的空气质量，房间的冷暖是通过风机盘管实现的。新风机主要由送风机系统、冷／热水盘管（用于新风自身温度改善）、过滤网、新风风门、电动水阀、加湿器和输入／输出风口组成。

　　空调运行时需要有冷 / 热源作介质,制冷站、换热站即是为空调提供冷 / 热源介质的主要设备。它为空气处理机、新风机、风机盘管提供冷 / 热水,用于空调的运行。

　　给排水系统是为人们的生活、生产、市政和消防提供用水和废水排除设施的总称。它是建筑物中不可缺少的重要组成部分,给排水系统包括给水系统、排水系统和消防系统,这些系统都是建筑智能化的监控对象。给水系统由生活给水系统、生产给水系统、消防给水系统和联合给水系统组成。建筑内部排水系统分为污水排水系统和屋面雨水排水系统两大类。

　　智能建筑中的照明包括办公区域(办公室、大开间办公区、会议室、多功能厅)照明,公共区域(公共走廊、楼梯间、电梯前厅、一楼大厅)照明,生活区域(职工宿舍、职工食堂、洗浴室、水房、卫生间)照明,区街照明,大楼艺术泛光照明等。

　　电梯是建筑物中的主要交通工具,在智能建筑中所监控的电梯主要为直升电梯和自动扶梯。直升电梯有多种分类,如客运电梯、观光电梯、货梯、消防电梯等。

　　供配电系统是建筑物的主要能源供给系统,它是将城市输送的高压电力经过变压器变换成低压电源(交流 380 V、220 V),然后分配给用电负荷。每路负荷都有一个能独立控制电源供电的自动开关(低压断路器),以保证不同负荷的用电需求。在智能楼宇中建筑供配电的指标和电能消耗都是重点监测对象。

复习思考题

1. 建筑设备监控系统主要对哪些设备实施监控?
2. 新风机组的主要组成是什么? BAS 对其进行哪些监控?
3. 给排水监控系统中,对供水泵(现场采用变频恒压供水)的监控原则是什么?
4. 制冷站是如何实施开机和关机顺序的, 为什么?
5. 智能建筑的设计原则有哪些? 设计的目标是什么?